Monkeys of Japan
日本のサル
哺乳類学としてのニホンザル研究
A Mammalogical Studies of Japanese Macaques

編
辻 大和・中川尚史
Yamato TSUJI and Naofumi NAKAGAWA, Editors

東京大学出版会
University of Tokyo Press

Monkeys of Japan:
A Mammalogical Studies of Japanese Macaques
Yamato TSUJI and Naofumi NAKAGAWA, Editors
University of Tokyo Press, 2017
ISBN 978-4-13-060233-4

目　次

序　章　日本の哺乳類学とニホンザル研究の
　　　　過去から現在　1……………………………………………中川尚史
　　　1　ニホンザル研究——黎明期から拡張期へ　1
　　　2　本書企画のコンセプト——京都大学だけではないサル研究　3
　　　3　本書の概要と執筆者，ならびに出身研究室紹介　4
　　　4　日本の哺乳類学との関係　8

I　ニホンザル研究の再考

第 1 章　食性と食物選択　17……………………………………澤田晶子
　　　1.1　霊長類の採食生態学　17
　　　1.2　食物選択の基準　20
　　　1.3　消化吸収能力　27
　　　1.4　サルの採食生態学の展望　30

第 2 章　毛づくろいの行動学　38…………………………………上野将敬
　　　2.1　毛づくろいの研究法　38
　　　2.2　毛づくろいの機能　39
　　　2.3　利他行動としての毛づくろいの進化　40
　　　2.4　毛づくろいの互恵性に見られる柔軟性　41
　　　2.5　毛づくろいの互恵性における行動戦術　44
　　　2.6　社会構造による制約と今後の課題　48

第 3 章　亜成獣期の存在に着目した社会行動の発達　53……勝　野吏子
  3.1　霊長類の生活史　53
  3.2　母娘関係の生涯発達　55
  3.3　他個体との関係の発達的変化　56
  3.4　社会行動の発達　61
  3.5　今後の展望　67

第 4 章　行動の伝播，伝承，変容と文化的地域変異　73………中川尚史
  4.1　日本の霊長類学と文化，およびその定義　73
  4.2　行動の伝播，伝承，および変容　75
  4.3　文化的地域変異　84
  4.4　文化霊長類学から文化哺乳類学へ　92

第 5 章　オスの生活史ならびに
   社会構造の共通性と多様性　100……………………川添達朗
  5.1　オスの一生と社会構造の地域変異　100
  5.2　群れオスの順位と親和的関係　105
  5.3　群れ外オスによるグループ形成と
     群れ外オスの社会関係　107
  5.4　オスの移籍に関わる要因　112
  5.5　オスの多様な生活史の理解へ向けて　115

II　ニホンザル研究の新展開

第 6 章　中立的・機能的遺伝子の多様性　123………………鈴木-橋戸南美
  6.1　中立的な遺伝マーカーから見た多様性　123
  6.2　機能的な遺伝子の多様性　129
  6.3　遺伝子研究の展望　138

第 7 章　四足歩行や二足歩行による身体の移動　143…………日暮泰男
  7.1　生きていくためには，歩き続けなければならない　143
  7.2　四肢のすべてを使った移動方法　145
  7.3　二足歩行　151

7.4 霊長類学と神経生理学とが出会うところ　159

第 8 章　コミュニケーションと認知　164……………………………香田啓貴

 8.1 サルの社会行動を支える心理基盤としての
   コミュニケーションと認知の研究　164

 8.2 養育行動を支える認知基盤と
   「かわいいと感ずるこころ」の起源　166

 8.3 「ヘビを恐怖と感ずるこころ」は生得的といえるのか？　174

 8.4 野生ザルの社会行動の研究を通じて期待される展開
   ——脱擬人化と擬人化のはざまで　178

第 9 章　群れの維持メカニズム　183………………………………西川真理

 9.1 群れの特徴とメンバー間の社会関係　183

 9.2 群れのメンバーが凝集するメカニズム　187

 9.3 群れのメンバーの広がり　191

第 10 章　寄生虫との関わり　203……………………………………座馬耕一郎

 10.1 無視されがちなムシ　203

 10.2 寄生虫とはどのような生き物か　204

 10.3 外部寄生虫　206

 10.4 内部寄生虫　213

 10.5 寄生虫の影響力　217

第 11 章　他種との関係　221…………………………………………辻　大和

 11.1 さまざまな種間関係　221

 11.2 サルとほかの動物の種間関係　222

 11.3 サルと植物の種間関係　226

 11.4 今後の展望と課題　238

III　人間生活とニホンザル

第 12 章　動物園の現状と課題　245…………………………………青木孝平

 12.1 飼育の歴史　245

 12.2 飼育の現状と問題点　246

12.3　問題点に対する取り組み　248
　　　12.4　今後の展望　260

第 13 章　共存をめぐる現実と未来　265……………………………江成広斗
　　　13.1　広がる軋轢　265
　　　13.2　サルの分布拡大と問題発生　268
　　　13.3　人間社会の空洞化と問題発生　277
　　　13.4　未来を創造する　281

第 14 章　福島第一原発災害による放射能汚染問題　287………羽山伸一
　　　14.1　原発の爆発と放射能汚染　287
　　　14.2　研究のきっかけ　288
　　　14.3　被ばく量の推定　291
　　　14.4　健康影響　295
　　　14.5　低線量長期被ばく影響の考え方　297
　　　14.6　放射能による生態系影響は評価できるか　299
　　　14.7　生態系をモニタリングするための視点　300

終　章　これからのニホンザル研究　305……………………………辻　大和
　　　15.1　ニホンザル研究の「いま」　305
　　　15.2　研究対象としてのサルの強み　306
　　　15.3　なにをすべきか　312

あとがき　321………………………………………………辻　大和・中川尚史
索引　325
執筆者一覧　330

序章
日本の哺乳類学と
ニホンザル研究の過去から現在

中川尚史

1 ニホンザル研究——黎明期から拡張期へ

　本書『日本のサル』は,『日本のクマ』(坪田敏男・山﨑晃司編, 2011) を皮切りに,『日本の外来哺乳類』(山田文雄ほか編, 2011),『日本の犬』(菊水健史ほか, 2015),『日本のネズミ』(本川雅治編, 2016) と続く,東京大学出版会による『日本の○○』と題する日本の哺乳類シリーズの一巻である.ニホンザル (*Macaca fuscata*) でなく『日本のサル』なのであるから,外来種であるタイワンザル (*M. cyclopis*) やアカゲザル (*M. mulatta*) も対象に含めるということも考えたが,『日本の外来哺乳類』との重複を避けるために,ここは在来種であるニホンザル一種のみを対象とすることをまずは宣言しておく.

　さてそのニホンザル (以下サル) の研究は,京都大学理学部動物学教室の当時無給講師であった今西錦司 (1902-1992) と,そのもとに集った学部3回生の川村俊蔵 (1927-2003) と1回生の伊谷純一郎 (1926-2001) の手によって始まった.1948 年 11 月,彼らは宮崎県都井岬の半野生馬の観察中,たまたま現れたサルに心を奪われ,馬の調査を中断して,サルがいるという情報を得ていた宮崎県幸島に,直線距離で 12 km の道のりを歩いて向かう.幸島における調査初日にあたる 12 月 3 日,彼らはサルには出会えなかったにもかかわらず,伊谷はこの日をもって「ニホンザル研究のスタートの日としたい」との言葉を残している (伊谷, 1991).そしてそれは同時に,この日が日本の霊長類学のスタートの日であることを意味していた.その後,伊谷に 2 年遅れで入学した河合雅雄と徳田喜三郎らも加わり,1951 年 6 月に

は動物学教室に第二講座教授の宮地伝三郎（1901-1988）を代表とした霊長類研究グループが結成された（伊谷，1991）．そして1952年8月には幸島，翌年2月には大分県高崎山，1954年には大阪府箕面でサルの餌付けが成功し，これまで森の中に逃げ隠れして見えなかったサルを至近距離で観察することが可能になり，個体識別にもとづく詳細な研究が可能になった（今西，1970）．かねてから人間に独自だとみなされていた文化や社会を動物と連続的なものとしてとらえようとしていた今西（今西，1951，1975）は，幸島ではイモ洗い文化（川村，1956；Kawai, 1965），高崎山ではサルの群れが中心部にメスと幼獣と高順位のオスが，周辺部には低順位のオスがいるという同心円二重構造（伊谷，1954），箕面では姉妹間では妹のほうが姉より順位が上になる末子優位の法則（Kawamura, 1958）など，文化や社会に関して華々しい成果を挙げるに至った．

　こうした研究のかたわらで宮地，今西ら霊長類研究グループは，研究体制づくりにも余念がなかった．東京大学を中心とする実験動物研究グループの協力を得て，1956年1月，財団法人日本モンキーセンター（JMC）を設立．伊谷や河合はその研究員に就任．翌1962年4月には，動物学教室の中に自然人類学研究室をつくり今西が初代教授に，10月には伊谷が助教授に就任した．1967年6月には，霊長類の基礎研究を総合的に推進する研究所としての京都大学霊長類研究所（以下，霊長研）の発足に漕ぎ着け，おもに生態学的研究を行う生活史研究部門，社会学的研究を行う社会研究部門それぞれの初代教授に，河合と川村が着任した．一方，伊谷は自然人類学研究室を母体として，1982年4月に霊長類の社会や文化のみならず，狩猟採集民，牧畜民の生態学的研究も行う人類進化論研究室の新設を果たし，初代教授に就任した．日本の霊長類学はこうして体制を整えるうちに，対象種も熱帯アジア，アフリカ，南米など海外にすむ霊長類に拡張する一方で，学問分野としても生態学，心理学，形態学，系統分類学，生殖生理学，神経生理学，生化学，集団遺伝学，獣医学などさまざまな分野に広がっていった（中川，2015）．

2　本書企画のコンセプト——京都大学だけではないサル研究

　前節のように書くと，サル研究のみならず，日本の霊長類学＝京都大学の霊長類学のように思われてしまうことだろう．確かに始まりは京都大学でのサルの文化や社会に関する野外研究であった．しかしじつは，川村は大学院を1年あまりで退学し大阪市立大学の教員に採用され，霊長研社会研究部門の教授になる前は同大理学部動物社会学教室の教授であり（小山，2003），同教室において箕面群で食物伝播の研究や香川県小豆島餌付け群で社会構造の群間変異の研究を行った山田宗睦（1933-1974）（山田，1958；Yamada, 1966）や京都府嵐山餌付け群で順位や血縁に関するさまざまな研究を行った小山直樹（たとえばKoyama, 1967）など，何人ものサル研究者を育てた．ただこうしたケースは，京都大学の霊長類学の「出店」みたいなものだともいえる．逆に，霊長研ができたときには，東京大学から大勢の研究者が教員スタッフとして招かれたが，彼らが本格的に霊長類の研究をしていくのはその後であるから，彼らを東京大学の出店とみなす必要はないであろう．しかし，こうしたいずれのケースでもない，京都大学の霊長類学の系譜とはまったく独立にサル研究が行われている場合がある．

　編者のひとりである辻大和は，現在は霊長研社会進化分野（旧社会研究部門）の教員であるが，大学院では長年おもにニホンジカ（*Cervus nippon*）を研究対象に，日本の哺乳類生態学をけん引してきた東京大学（現，麻布大学）の高槻成紀（高槻，2006）に師事した．その影響もあって本書第11章で紹介しているサルと動植物の種間関係の研究をしている．それに比べれば筆者は，現在は伊谷がつくった人類進化論研究室の教員であるし，大学院も霊長研生活史研究部門に所属し，河合とその後教授を引き継いだ杉山幸丸に師事し，どっぷり京都大学の霊長類学に浸かっている．ただ学部時代までさかのぼれば農学部畜産学科に席を置き，大井徹（現，石川県立大学）らが創設した野生生物研究会（大井，2009）というサークル活動として京都大学芦生演習林でニホンツキノワグマ（*Ursus thibetanus japonicus*）の研究まがいのことをしていた．現在でこそ人類進化論研究室の伝統的な課題ともいえる文化の研究に取り組んでいるが（第4章参照），大学院以来，およそ20年はおもに採食生態の研究をしていた（中川，1999）．大学院当時，筆者が強く

影響を受けたおひとりが宮崎大学の岩本俊孝である．岩本は，当時多くの哺乳類生態学者を輩出した九州大学の小野勇一（1930-2015）研究室の出身者で，河合の調査隊でエチオピアのゲラダヒヒ（*Theropithecus gelada*），その後幸島でサルのエネルギー収支の研究を推進した（岩本，1981）．以上のように，編者2人とごく身近な関係だけからでも，京都大学の霊長類学，京都大学のサル研究は，他大学，他研究室との学問的交流の結果，現在の日本の霊長類学に至っていることを垣間見ていただけたであろう．

3　本書の概要と執筆者，ならびに出身研究室紹介

そこで本書も，主題の多様性と同時に執筆陣の出身研究室の多様性にこだわって企画した．本節では各章の概要について列記するのと並行して，執筆陣の出身研究室について若干，その歴史性にも触れながら順に紹介していく．

第Ⅰ部「ニホンザル研究の再考」では，既存の理論の見直し，新手法の導入，長期データの蓄積により，ここ数年で理解の進んだ分野をレビューする．第1章「食性と食物選択」の執筆者である澤田晶子は，霊長研生態保全分野（旧生活史研究部門）の半谷吾郎に師事したが，学部はアメリカのワシントン州立大学天然資源管理学部を卒業している．サルが口に入れた食物の量までは，岩本や筆者，そして辻などが精密に測定したつもりだが，その後どの程度が消化されるかについては，推定が試みられてはいたもののデータが不足していた．有蹄類の栄養生態を専門とするリサ・A・シップレイに師事した経験から，彼女はサルの消化試験を行うところから研究を始めた．澤田はその成果を含め，食性や食物選択に焦点をあてて紹介する．第2章「毛づくろいの行動学」の上野将敬と第3章「亜成獣期の存在に着目した社会行動の発達」の勝野吏子は，いずれも大阪大学大学院人間科学研究科比較行動学研究分野に所属し，主宰する中道正之に師事した．この研究室は前身の文学部心理学研究室時代，天野利武（1904-1980），前田嘉明（1916-2000）の指導のもと，1957年4月から川村らに合流して箕面で餌付け群のサルを観察し始めるとともに，サルの飼育も始め心理学実験にも着手した．さらに同年11月には岡山県勝山（現，真庭市）の餌付け群の調査も開始し，糸魚川直祐，中道正之らの努力により現在まで長期継続調査が行われている（糸魚川，

1997；中道，1999)．上野は，成獣メス間の毛づくろいを互恵的利他行動という観点で見たときのそのお返し，そしてお返しを回収するための戦略について，勝山群を対象とした自身の研究を含めて紹介する．勝は，やはりメス間の毛づくろいが中心だがその発達について，とくに嵐山群を対象に行った毛づくろい時に発せられる音声の使い方の発達を交えて紹介する．第4章「行動の伝播，伝承，変容と文化的地域変異」を書いた筆者については，すでに紹介したとおりである．この章では，前述の霊長類学黎明期のイモ洗いから，最近筆者らが発表した抱擁行動に至るまで，サルのさまざまな文化的行動について紹介する．第5章「オスの生活史ならびに社会構造の共通性と多様性」の川添達朗は，人類進化論研究室で筆者の指導学生であったのだが，学部時代は宮城教育大学で伊沢紘生の薫陶を強く受けて育った．伊沢は伊谷の直弟子のひとりで，伊谷らの世代と異なり餌付けされていない純野生群にこだわり，南米のサルの調査をリードするかたわら，1968年から石川県白山と青森県下北半島という積雪地のサルの継続調査を本格的に開始した（伊沢，1981, 1982)．さらに，1982年JMC研究員から宮城教育大学へ異動となったことをきっかけに，宮城県金華山島で，白山や下北半島では困難であった，冷温帯における個体追跡が行える調査地を開拓し，現在まで継続調査を指揮し（伊沢，2009)，そこで辻や筆者をはじめ他大学を含めた多くの学部生，大学院生，教員らが調査をしてきた．川添は，サルのオスの生活史の中で，いまだによくわからなかった群れ外オスの社会性に着目して行った金華山島での調査結果を軸に，他地域と比較する中で見えてきたオスの社会構造の一貫性と多様性について紹介する．

第Ⅱ部「ニホンザル研究の新展開」では，これまでのサル研究ではほとんど扱われてこなかったトピックについて，最新の研究成果を紹介する．第6章「中立的・機能的遺伝子の多様性」の鈴木（橋戸）南美は，霊長研ゲノム進化分野の今井啓雄に師事した．今井は京都大学理学部生物物理学教室から2005年に霊長研に異動し，味覚，嗅覚，視覚などの感覚に関わる遺伝子と環境との関わりを調べるという新しい切り口を霊長類学に持ち込んだ．鈴木（橋戸）は，自身の取り組んでいる苦味受容体遺伝子と食性の関係の研究に加え，ゲノム進化分野の前身である生化学研究部門出身の村山美穂（現，京都大学野生動物研究センター）が取り組む攻撃性関連遺伝子と社会との関係

の研究，さらには川本芳ら霊長研の旧変異研究部門が長年取り組んできた集団遺伝学的研究を紹介する．第7章「四足歩行や二足歩行による身体の移動」の日暮泰男は，大阪大学大学院人間科学研究科生物人類学分野の熊倉博雄（1955-2015）に師事した．この研究室は，先の比較行動学分野といわば兄弟関係にあり，脳，感覚器，筋，骨などの適応に関する比較機能形態学を推進してきた．日暮は，なかでもこの研究室の伝統ともいえる移動（ロコモーション）について，哺乳類の中では珍しい前方交叉型の四肢の着地順序から入り，サルでもまれに示す二足歩行から人類の最大の特徴である直立二足歩行の進化について考える．第8章「コミュニケーションと認知」の香田啓貴は，霊長認知学習分野出身の教員である．この研究室を主宰しているのは長らく霊長類の音声研究をけん引してきた正高信男であり，大阪大学比較行動学分野の出身で，その後過去には何人もの霊長類研究者を輩出した東京大学理学部人類学教室を経て現在に至っている人物である（正高，1991）．香田は，自身が最近行ったサルの認知機能やコミュニケーションにまつわる研究を紹介しながら，認知やコミュニケーションに潜む行動発現機序の進化について紹介する．第9章「群れの維持メカニズム」の西川真理は，人類進化論研究室出身で筆者の指導学生であった．鹿児島大学理学部での卒業研究から鹿児島県屋久島の純野生群の研究を始めた．屋久島のサルは，1976年霊長研生活史研究部門の大学院生であった丸橋珠樹（現，武蔵大学）が，餌を介さず観察者にサルを慣らすことによって個体追跡によるサル研究を始めて以来（丸橋ほか，1986），外国人含め多くの研究者により長期継続調査が行われてきた調査地である．西川は，サルの群れの構造と群れ形成の究極要因について概説した後，群れのメンバーが凝集するメカニズムとして働く視覚的・聴覚的モニタリングについて紹介する．第10章「寄生虫との関わり」の座馬耕一郎は，1988年4月，伊谷から人類進化論研究室教授を引き継いだ西田利貞（1941-2011）に師事し，西田が始めたタンザニア・マハレのチンパンジー（*Pan troglodytes*）長期継続調査（中村，2015）メンバーとなる以前に，嵐山群のサルの外部寄生虫であるシラミに関する研究を行った．座馬は，自身の初期の研究を含め，最近では内部寄生虫にも展開されるようになったサルの寄生虫研究を概説する．第11章「他種との関係」を書いた辻大和についてはすでに紹介したとおりだが，章の概要について若干つけ加

えておく．その中心になっているのは，サルが落とした木の葉や果実を樹下でシカが食べるサルとシカとの片利共生関係や，種子散布というサルと植物との相利共生関係，そしてシカを介した間接効果などである．

第Ⅲ部「人間生活とニホンザル」では，サルと人間活動との関連についてのトピックを紹介する．第12章「動物園の現状と課題」の青木孝平は，大宮国際動物専門学校国際海洋飼育学科の出身である．東京都恩賜上野動物園の飼育員になった年からサル飼育担当班に配属され，サル一筋10年の飼育員である．大学と動物園の研究協力はずいぶんと進んできたが，動物園の職員自らが主導して研究を行うことは必ずしも多くない．青木は動物園のサルの生態が野生のサルのそれとどのような点で異なり，それらの違いがどのような問題を引き起こすのかを自身の研究を交えて紹介し，その問題を解決するための動物園の取り組みについて紹介する．第13章「共存をめぐる現実と未来」の江成広斗は，日本の哺乳類学，とくに保全研究の中心を担ってきた東京農工大学農学部の出身である．その後，霊長研の当時ニホンザル野外観察施設の渡邊邦夫（渡邉，2000），東京農工大学出身で宇都宮大学農学部の小金沢正昭といったサルの保全研究をリードしてきた研究室を経て，現在は山形大学農学部に自身の研究室を構えている．サルの被害問題は，生物学的な視点だけでは解決できず，人口減少にともなう人の，土地の，むらの，ひいては住んでいる人の誇りという4つの「空洞化」という社会問題の解決なしには根本的な解決とはならず，誇りの再建こそがそのきっかけとなると説く．第14章「福島第一原発災害による放射能汚染問題」の羽山伸一は，1984年に獣医系大学では初めて開設された野生動物学の専門講座である日本獣医畜産大学（現，日本獣医生命科学大学）野生動物学研究室の初代教授であり霊長類繁殖生理学の一翼を担ってきた和秀雄（和，1982）に師事し，現在当研究室を主宰している．羽山は，東日本大震災前から継続している，福島市で捕殺されたサルを材料に，被ばく量と健康影響を調べたその速報を本書に寄せてくれた．羽山（2001）の好著『野生動物問題』刊行当時では存在しなかった，人間にとってのみならずサルにとっての問題に対する取り組みの姿勢が提案されている．

本書の概要と執筆陣の紹介をすることを通じて，京都大学だけでなくさまざまな研究室が，さまざまな視点でサルの研究を行っていることを紹介して

きた．サルの野外研究通史については，山極（2008）やYamagiwa（2010）を，日本の霊長類学全般をカバーした研究室紹介は，中川ほか（2012）を参照されたい．本書で扱う具体的な研究内容についてはそれぞれの章をお読みいただくことになるが，じつは本書で扱う主題は，サル研究のすべてをカバーしてはいないことをお断りしておかねばならない．2008年，本書のシリーズ発行のきっかけとなった『日本の哺乳類学』（全3巻）が東京大学出版会から出版されている．サルについての章が掲載されたのはその第2巻『日本の哺乳類学②中大型哺乳類・霊長類』（高槻成紀・山極寿一編，2008）である．サルは中型哺乳類に含まれるにもかかわらず，書名に霊長類と別扱いになっていることにも表れているように，研究が進んでいるという理由から他種では1種1章である中，全16章中なんと破格の6章を占めていた．2010年には，Springer刊行の『The Japanese Macaques』（Nakagawa, Nakamichi, Sugiura編）が出版され，こちらは12の章と7つの話題からなっている．そこで本書では，先行した2冊の書籍との重複を極力避けるため，これらでは扱わなかった新しい主題であるか（おもに第Ⅱ部，第Ⅲ部第12, 14章），扱ってはいてもその後研究上それなりの積み上げがなされた主題に絞って（おもに第Ⅰ部，第Ⅲ部第13章）章立てを練ることにした．なお，新しい主題にチャレンジし，研究の積み上げを実際に担うのは，おもに大学院生やポスドク研究員であるので，執筆者の多くを博士号の学位を取得して数年程度の若手研究者にお願いした．

4　日本の哺乳類学との関係

1節の冒頭の記述ですでにお気づきかもしれないが，今西の当初の研究対象は必ずしも霊長類である必要はなかった．彼が目指したのは比較社会学だったので，都井岬の半野生馬の調査を中断してまで，サルの調査に出かけたのである．現に，1953-1954年にかけて，今西は，『日本動物記』（全4巻）を編纂し，その中で今西（1955）は都井岬の半野生馬の，川村（1957）は奈良公園のニホンジカの，河合（1955）は兵庫県篠山で飼いウサギのいずれも社会に関する研究の成果を著している．

しかし，1節で述べた経緯で，次々とサルで成果を挙げ，その研究体制も

整えていった．1956 年 1 月に設立した JMC が主催するプリマーテス研究会は，第 1 回が開催された 1958 年以降日本霊長類学会が設立されるまでの間実質学会の役割を演じ，1957 年 3 月にその第 1 巻第 1 号を発行した Primates は，世界初の霊長類学の国際学術雑誌となり，こうした場でさまざまな成果が公表されていった．また，その同じ年，JMC を事務局として，幸島や高崎山を皮切りに各地で次々に開苑していた野猿公苑でのサルの保護管理や運営上の情報交換の場として日本野猿愛護連盟が設立され，1958 年より雑誌『野猿』を開始し，日本語での成果公表の場となった．そしてこのころから，系統的にヒトに近い類人猿の研究に，川村は東南アジアへ，今西，伊谷，河合はアフリカに乗り出していくことになる（西田，1999）．

　他方，哺乳類研究者は，1923 年にはすでに日本哺乳動物学会という学会組織を立ち上げてはいたが，太田嘉四夫（1915-1994；北海道大学），徳田御稔（1906-1975；京都大学），平岩馨邦（1897-1967；九州大学）を中心としたネズミ類の生態，分類，防除などの研究をしていたネズミ研究グループの活動（和田，2007）は顕著なものの，当時，中大型哺乳類の野外研究にはサル以外見るべきものがなかった（高槻，2008）．1970 年代に入ると，ようやく中大型哺乳類の個体数密度，行動圏，生息地利用，食性など基本的な生態学的研究が行われるようになる（阿部，1993；高槻，2008）．サルでも下北半島，白山，長野県志賀高原などの積雪地における純野生群から，これまでの餌付け群では関心を持たれてこなかった，上記に相当する生態学的データが出てくるようになった（和田，1979；伊沢，1981，1982）ので，学問的接点は持ちえたはずだが，日本の哺乳類研究者集団の中で活発に活動しているサル研究者はほとんどいなかったようである．そうした状況の中で，北海道大学獣医学部時代から大黒島のゼニガタアザラシ（*Phoca vitulina*）の研究も継続し，1955 年，日本哺乳動物学会から先のネズミ研究グループが中心となって分離独立した，若手研究者による哺乳類研究グループの創設時メンバーのひとりであった和田一雄（田隅，1980；和田ほか，1986）は稀有な存在といえる．

　満を持して日本霊長類学会が設立された 1985 年から 2 年後の 1987 年，三十余年分裂状態にあった日本哺乳動物学会と哺乳類研究グループが合併し，日本哺乳類学会が設立された（内田，1987）．それと同時に英文学会誌 Journal of the Mammalogical Society of Japan が刊行され，1996 年には現在の英文学会誌 Mammal Study へ衣替えを果たした．このころまでに，中大型哺乳類の生態学的研究は厚みを増し，川村が霊長研へ異動後しばらくして大阪市立大学動物社会学教室での哺乳類研究を引き継いだ川道武男のもとでは社会学的，行動学的研究が行われた．また，サルを含め獣害問題，外来種問題が表面化した 1980 年代後半以降は，保全研究がさかんとなり（阿部，1993），その需要の高まりとともに日本哺乳類学会の会員数はどんどん増加し，合併直後の 1987 年には 556 名（内田，1987）だったのが，2008 年にはとうとう 1000 名を超えた（https://ja.wikipedia.org/wiki/日本哺乳類学会）．日本霊長類学会の総会員数は 1985 年の設立時に 423 名，1992 年に 600 名を初めて超え，その後 2008 年までは 600-656 名を推移していたが，2009 年から 600 名を切って以降，2016 年 9 月現在 503 名と漸減傾向にあるのとは対照的である（日本霊長類学会各年度総会資料）．

　日本哺乳類学会には，獣害問題，外来種問題への対応策として 1989 年に哺乳類保護管理専門委員会が設立され，1998 年から順次その下部組織として種ごとの作業部会ができ，2008 年度にはニホンザル保護管理検討作業部会ができて，必然的に渡邊邦夫，大井徹，江成広斗ら霊長類学会保全・福祉担当理事や幹事も参加することとなり，交流の場ができることとなる．そして，2011 年 3 月 11 日の東日本大震災を機に，2012 年 5 月に日本野生動物医学会，野生生物保護学会（現，「野生生物と社会」学会）と合同でシンポジウム「どうなる野生動物！　東日本震災の影響を考える」が開催されるに至る．2013 年，清水慶子と織田銑一というそれぞれの当時の学会長がいずれも岡山理科大学動物学科にいたという偶然の産物であるという側面はあったが，第 29 回日本霊長類学会と日本哺乳類学会 2013 年度大会の合同大会が，初めて開催されるに至った．その中で，日本哺乳類学会保護管理専門委員会と日本霊長類学会保全・福祉委員会共催で，「放射能影響を受ける野生哺乳類のモニタリングと管理問題」，ならびに「千葉県の外来種アカゲザル問題を考える」という 2 つの集会が開催された．また，2014 年には，「鳥獣の保護及び管理並びに狩猟の適正化に関する法律」に寄せる期待と展望と称する共同声明を，ほかの 2 学会とともに環境大臣などにあてて提出．2015 年には日本哺乳類学会が主催した第 5 回国際野生動物管理学術会議（IWMC

2015）において，日本霊長類学会保全・福祉委員会主催で「Radiation monitoring and conservation of wildlife after Fukushima」と題するシンポジウムを開催するなど，両学会の交流は，保全の分野では会員間の個人的な交流を超え学会間の交流へと広がっている．

　他方，保全分野以外での交流は，まだ活発とはいえない．前述の合同大会やそれに先立つ 2005 年に日本哺乳類学会が主催した第 9 回国際哺乳類学会議（IMC9）のみならず，通常の日本哺乳類学会大会において，辻や筆者はじめ数名の霊長類学会員が霊長類以外の哺乳類研究者と一緒に集会を企画してはいる．サルをはじめとして，霊長類は一般に哺乳類の中では野生状態での観察が比較的容易であり，本書の中でもそのメリットを生かした研究が数多く紹介されている．他方，容易に観察できるがために，その生態を知るための新しい調査器材や手法の導入が遅い傾向にある．たがいに交流することで相手の得意なところは取り入れ，自分の不得意なところは補うことにつながると思うのだが，残念ながら大きな流れを引き起こせるところまでには至っていない．じつは，IMC9 を記念して，2008 年に刊行された『日本の哺乳類学』（全 3 巻）の第 2 巻『日本の哺乳類学②中大型哺乳類・霊長類』では，哺乳類側は高槻成紀が，霊長類側は山極寿一（現，京都大学総長）が，それぞれ編者を務めて，一冊の本ができあがってはいる．本書もその流れを受け，さらに両学会の交流が進むことを期待して，本書では，霊長類学でなじみの用語をあえて封印して，一般の哺乳類学でよく使われている用語で統一した．たとえば，遊動域は行動圏に，オトナ，ワカモノ，コドモ，アカンボウは，それぞれ成獣，亜成獣，幼獣，新生子に，といった具合である．霊長類学者には多少，読みづらいかとは思うが，どうかご理解いただきたい．

引用文献

阿部永．1993．日本の哺乳類学．哺乳類科学，32：117-124．
羽山伸一．2001．野生動物問題．地人書館，東京．
今西錦司．1951．人間以前の社会．岩波書店，東京．
今西錦司．1955．都井岬のウマ．（今西錦司，編：日本動物記 1）pp. 10-140．光文社，東京．
今西錦司．1970．動物の社会．思索社，東京．
今西錦司．1975．人間性の進化．（今西錦司全集 7）pp. 3-53．講談社，東京（初出は 1952 年発行の『人間』（今西錦司，編）pp. 36-94．毎日新聞社，東京）．

伊谷純一郎．1954．高崎山のサル．（今西錦司，編：日本動物記2）光文社，東京．
伊谷純一郎．1991．サル・ヒト・アフリカ　私の履歴書．日本経済新聞出版社，東京．
糸魚川直祐．1997．サルの群れの歴史——岡山県勝山集団の36年の記録．どうぶつ社，東京．
岩本俊孝．1981．ゲラダヒヒとニホンザルの採食生態．生物科学，33：78-84．
伊沢紘生（編著）．1981．下北のサル．どうぶつ社，東京．
伊沢紘生．1982．ニホンザルの生態——豪雪の白山に野生を問う．どうぶつ社，東京．
伊沢紘生．2009．野生ニホンザルの研究．どうぶつ社，東京．
河合雅雄．1955．飼いウサギ．（今西錦司，編：日本動物記1）pp. 142-283．光文社，東京．
Kawai, M. 1965. Newly-acquired pre-cultural behavior of the natural troop of Japanese monkeys on Koshima islet. Primates, 6：1-30.
川村俊蔵．1956．人間以前のカルチュア——野生ニホンザルを中心として．自然，11：28-34．
川村俊蔵．1957．奈良公園のシカ．（今西錦司，編：日本動物記4）pp. 7-165．光文社，東京．
Kawamura, S. 1958. The matriarchal social order in the Minoo-B group. Primates, 1：149-156.
菊水健史・永澤美保・外池亜紀子・黒井眞器．2015．日本の犬——人とともに生きる．東京大学出版会，東京．
Koyama, N. 1967. On dominance and kinship of a wild Japanese monkey troop in Arashiyama. Primates, 8：189-215.
小山直樹．2003．川村俊蔵先生の足跡と私（訃報）．霊長類研究，19：292-293．
丸橋珠樹・山極寿一・古市剛史．1986．屋久島の野生ニホンザル．東海大学出版会，東京．
正高信男．1991．ことばの誕生——行動学からみた言語起源論．紀伊國屋書店，東京．
本川雅治（編）．2016．日本のネズミ——多様性と進化．東京大学出版会，東京．
中川尚史．1999．食べる速さの生態学——サルたちの採食戦略．京都大学学術出版会，京都．
中川尚史．2015．"ふつう"のサルが語るヒトの進化と起源．ぷねうま舎，東京．
Nakagawa, N., M. Nakamichi and H. Sugiura (eds.). 2010. The Japanese Macaques. Springer, Tokyo.
中川尚史・友永雅己・山極寿一（編著）．2012．日本のサル学のあした——霊長類研究という「人間学」の可能性．京都通信社，京都．
中道正之．1999．ニホンザルの母と子．福村出版，東京．
中村美知夫．2015．「サル学」の系譜——人とチンパンジーの50年．中央公論新社，東京．
和秀雄．1982．ニホンザル——性の生理．どうぶつ社，東京．

西田利貞．1999．霊長類学の歴史と展望．（西田利貞・上原重男，編：霊長類学を学ぶ人のために）pp. 2-24．世界思想社，京都．
大井徹．2009．ツキノワグマ——クマと森の生物学．東海大学出版会，東京．
田隅本生．1980．哺乳類研究グループの 25 年——未来のための回顧．哺乳類科学，40：25-42．
高槻成紀．2006．シカの生態誌．東京大学出版会，東京．
高槻成紀．2008．日本の中大型哺乳類——研究の足跡をたどる．（高槻成紀・山極寿一，編：日本の哺乳類学②中大型哺乳類・霊長類）pp. 1-28．東京大学出版会，東京．
高槻成紀・山極寿一（編）2008．日本の哺乳類学②中大型哺乳類・霊長類．東京大学出版会，東京．
坪田敏男・山﨑晃司（編）．2011．日本のクマ——ヒグマとツキノワグマの生物学．東京大学出版会，東京．
内田照章．1987．日本哺乳類学会の発足に当たって．哺乳類科学，27：1-3．
和田一雄．1979．野生ニホンザルの世界——志賀高原を中心とした生態．講談社，東京．
和田一雄．2007．若者の分派活動の勧め——日本哺乳類学会史の視点から．哺乳類科学，47：183-184．
和田一雄・新妻昭夫・鈴木正嗣（編）．1986．ゼニガタアザラシの生態と保護．東海大学出版会，東京．
渡邉邦夫．2000．ニホンザルによる農作物被害と保護管理．東海大学出版会，東京．
山田文雄・池田透・小倉剛（編）．2011．日本の外来哺乳類——管理戦略と生態系保全．東京大学出版会，東京．
山田宗睦．1958．ニホンザル社会における新しい食物の獲得過程——ミノオ谷 B 群の場合．Primates, 1：30-46．
Yamada, M. 1966. Five natural troops of Japanese monkeys in Shodoshima Island (I)：distribution and social organization. Primates, 7：315-362.
山極寿一．2008．日本の霊長類——ニホンザル研究の歴史と展望．（高槻成紀・山極寿一，編：日本の哺乳類学②中大型哺乳類・霊長類）pp. 29-49．東京大学出版会，東京．
Yamagiwa, J. 2010. Research history of Japanese macaques in Japan. *In* (Nakagawa, N., M. Nakamichi and H. Sugiura, eds.) The Japanese Macaques. pp. 3-25. Springer, Tokyo.

I
ニホンザル研究の再考

1
食性と食物選択

澤田晶子

　採食行動とは，すなわち食物を食べる行動である．植物のように光合成によって自ら栄養をつくりだすことのできない動物は，生きるため，繁殖するために食物から栄養を吸収する必要がある．霊長類はその食性によって昆虫食者，果実食者，葉食者の3つに大別できる．ニホンザル（以下サル）は果実食者に分類され，果実を主食としながらも種子・葉・花・キノコ・昆虫などさまざまなタイプの食物を食べる．食物構成は季節や地域によって異なり，また同じ群れのサルであっても異なる食物タイプを選択することもある．本章では，サルの食性と食物の選択基準について解説し，近年の技術革新にともない登場した新たな分析方法が，採食生態学の分野にもたらす可能性と展望について紹介する．

1.1　霊長類の採食生態学

（1）　採食生態学とは

　「採食生態学」を定義するにあたり，「採食行動の〈5W1H〉を調べる学問」という中川（1994）の説明がおそらくもっともわかりやすいだろう．つまり，「だれが（Who）」，「いつ（When）」，「どこで（Where）」，「なにを（What）」，「どのように（How）」食べ，それが「なぜ（Why）」なのか明らかにしようと試みる学問，それが採食生態学である．具体的な例として，世界的にも有名な宮崎県幸島のサルによるイモ洗い行動について見てみよう．サルが海水でサツマイモを洗うというこの行動を通じて真っ先に得られる知

見が,「だれが」「なに(イモ)を」「どのように」食べるのかという3点であることは想像に難くない.次に「いつ」からイモを洗い出したのか,サルの家系や性・年齢と関連づけることで,イモ洗い行動がどのように広まったのかという文化的側面(第4章)に焦点をあてることが可能となる.また,サルたちが浜の「どこで」イモを洗うのか着目することで,イモ洗い場として好まれる地形条件(水深,波の強さ,砂浜か岩場かなど)が明らかになるかもしれない.「なぜ」イモを洗うのかという問いに対する厳密な答えはサルに聞いてみないとわからないが,イモについた砂を洗い流すため,あるいはイモに塩味をつけるためだと考えられている.このイモ洗いの事例からも明らかなように,採食行動のどの部分に着眼するかによってさまざまな議論へと発展させることができる.

採食行動や食性は,動物の社会行動や繁殖,遊動パターン,群れのサイズ,個体数(Burt, 1943; リドゥリー,1988; 中川,1994, 1999a; Hanya and Chapman, 2013)などさまざまな要因に影響を与える(図1.1).採食生態を知ることは動物の社会や繁殖生態を理解するうえで基礎的かつ非常に重要な知見をもたらすため,多くの研究がなされてきた.サルの社会生態学的研究がどのような歩みを遂げてきたのかについては,山極(2008)にくわしい.さま

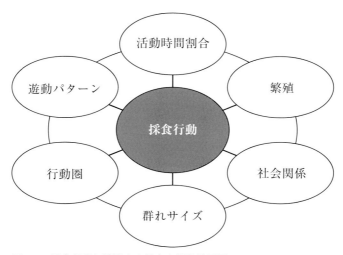

図 1.1 採食行動と関連する社会生態学的要因.

ざまなテーマへと発展しうるとはいえ，採食生態学の原点であり根幹をなすところは，やはり「なにを」食べているかである．本章では，サルが「なにを」「なぜ」食べているのか，食性や食物選択に焦点をあて，サルの採食生態に関する研究を紹介する．

（**2**） **調査手法──どのようにして食性を調べるのか**

霊長類の食性を調べる手法は，直接観察，糞分析，胃内容物分析の3通りに大別できる．近年，新たな手法として分子種同定やメタゲノム解析，安定同位体解析などが取り入れられつつあるが，これらについては本章の最後（1.4節（1）項）で言及する．

直接観察は，文字どおり対象動物の採食行動を直接観察することで，なにを食べているのか明らかにする手法である．非侵襲的な（＝動物を傷つけることのない）直接観察は，霊長類研究ではもっとも一般的な手法であり，サル研究においても広く用いられてきた（中川，1997）．この手法では食物品目データに加え，採食時間割合や採食速度を指標に，なにをどれだけ食べたのかという定量的なデータを得ることができる．糞分析は，糞に含まれる食物の組織片を調べる方法である（Hanya *et al.*, 2003；江成ほか，2005）．調査対象が人馴れしていない，調査地の地形が厳しい，植生が密すぎるなどの理由で直接観察が困難な場合に有効な手段である．しかし，咀嚼・消化された食物の断片の分析には労力を要するだけでなく，データの精度がそれを調べる研究者の経験や能力に大きく依存する（Pompanon *et al.*, 2012）．また，食物品目によって消化率が異なるため，食性の定量的な評価がむずかしい（Cork and Kenagy, 1989；Claridge and Cork, 1994）．胃内容物分析では，胃や結腸の中にある食物組織を調べる．体内で消化作用を受けた時間が短いため，消化率の違いによるバイアスが糞分析より少ないというメリットがあり，マンドリル（*Mandrillus sphinx*）やオナガザル属のサル（*Cercopithecus* spp.）など，アフリカの霊長類を対象とした研究に用いられてきた（Gautier-Hion *et al.*, 1980；Lahm, 1986）．胃内容物を調べるために動物を捕殺する必要があることから，現在では食性調査を目的に実施されることはない．サルでは，有害駆除された個体の胃内容物分析が行われることがある（大槻，2000）．猿害を引き起こす群れの食性を知ることは，効果的な猿害対

策を講じるうえで貴重な手がかりとなる．

（3） サルの採食生態

　サルの食性調査も直接観察が中心である．全国規模でサルの食性データを整理した辻ほか（2011）によると，収集した文献のうち75%以上（239件中184件）が直接観察によるものであった．これはサルが昼行性の動物であり，比較的人付けしやすい種であることに起因する．直接観察による最大のメリットは，サルがなにをどれだけ食べたのかを定量的に評価できる点にある．〈5W1H〉に関する採食時間や頻度，採食速度，食物選択，食物パッチ選択，採食戦略，活動時間配分といったさまざまな情報を得ることができるため，エネルギー収支の計算や最適採食戦略の検証などを行うことが可能となる．くわしくは，中川（1994）を参照されたい．北は青森県下北半島から南は鹿児島県屋久島まで，サルの食性が調べられている調査地は全国で56カ所ある（辻ほか，2011, 2012）．なかでも餌付けによる影響を受けていない純野生群が生息する屋久島や宮城県金華山島では，長期にわたる食性データが蓄積されており，両者の環境条件や社会生態を比較検証した研究も多い．両地域でさかんにサル研究が行われてきたのは，個体追跡による行動観察が容易であるためだが，その究極的な理由として，屋久島低地林ではもともと，金華山島ではニホンジカ（*Cervus nippon*）による食圧のため，林床植生がまばらであったことが挙げられる（山極，2008）．

1.2　食物選択の基準

　食物の利用可能性（availability）が変化する環境に生息する霊長類は，季節に応じて食物構成を変化させるが，サルも例にもれずじつに多様な食物を食べる．サルの生息環境は北の冷温帯落葉広葉樹林帯から，南の暖温帯常緑広葉樹林帯まで幅広く，ゆえに食性における地域差も大きい（図1.2）．辻ほか（2011, 2012）によると，全国の野生のサルが食物として利用する動植物は1154種にもおよぶ．その大半を占めるのは，木本植物（78科204属451種）と草本類（67科258属460種）であった．多様な植物を食べるサルだが，生息地内にあるすべての植物を利用しているわけではない．地域や調

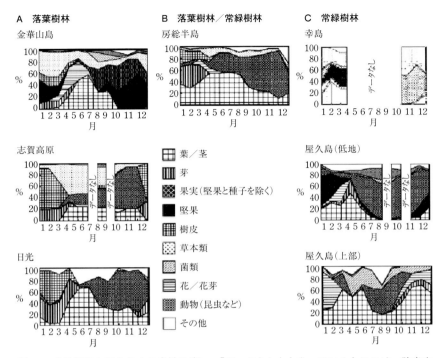

図 1.2 7地域におけるサルの食性の違い.「データなし」となっているところは,該当する採食データが存在しない(Tsuji, 2010より改変).

査期間によって異なるものの,一般的には,サルが食物として利用するのは生息地内の植物種の多くても3分の1程度である(Tsuji, 2010).たとえば屋久島低地林では,サルは231種の植物のうち33%に相当する76種しか利用しなかった(Maruhashi, 1980).そのうちの10種だけが集中的(観察された採食行動全体の84%)に利用されたことからも,サルが強い選択性をもって食物を採食していることは明らかである.

(1) 食物の利用可能性と季節変異

野生のサルの食性を決定する第一の要因は,食物の利用可能性である.とりわけ果実の結実量は季節によって大きく変動するが,その結実パターンは温帯林においては予測可能である(Hanya et al., 2011).たとえば屋久島で

は，果実の乏しい時期のサルは葉を主要食物とする．同じ木本植物の葉であっても，春にはタンパク質含有量の高い若葉を，冬にはそれより質の劣る成熟葉を食べる（Hanya, 2004）．夏には昆虫やキノコ，果実とさまざまな食物を食べ，秋には種子を中心に食べる．

食物を選好食物（preferred food）と救荒食物（fallback food）に分類することがある．選好食物とは，実際の利用可能性からすると不釣り合いなほど採食される食物である．一方の救荒食物は，比較的栄養価は低いが大量に存在し，選好食物が不足するときに食べられる食物と定義されることが多い（Hanya, 2004; Lambert et al., 2004）．サルにおいては，果実や種子が選好食物，成熟葉・冬芽・樹皮などが救荒食物とされる（Hanya, 2004; Tsuji et al., 2008）．Marshall and Wrangham（2007）は，救荒食物を定義する際に，重要性（importance）と選好性（preference）を分けて考えるべきだと主張している．重要性の高い食物とは，エネルギーや栄養収支という観点から重要な食物のことで，必ずしも選好性が高いとは限らない．逆もまたしかりで，選好性の高い食物であっても，量的にわずかしか食べないのであれば，重要性は高いとはいえない．したがって，Marshall and Wrangham（2007）の定義によると，果実や種子の乏しい時期にサルが依存する主要救荒食物（staple fallback food）は，重要性の高い食物ということになる．

（2） 栄養

動物は食物を食べることで生きていくために必要な栄養やカロリーを吸収する．よって食物に含まれる栄養分（タンパク質，脂質，繊維，灰分など）やカロリーが，食物選択における重要な基準の1つになっているのは明白である．栄養要求量は，妊娠や授乳による影響を受ける．妊娠中のメスのキイロヒヒ（*Papio cynocephalus*）はエネルギー摂取量が増加し（Silk, 1986），授乳中のベローシファカ（*Propithecus verreauxi*）は妊娠していないメスの1.5倍のエネルギーを必要とする（Saito, 1998）．

栄養要求量は年齢や体サイズによっても異なる．屋久島のサルの場合，幼獣はより多くの昆虫を食べ，成獣オスはより多くの成熟葉を食べる（Agetsuma, 2001; Hanya et al., 2003）．これは，哺乳類のエネルギーおよびタンパク質要求量が体重の0.75乗に比例し，体重が大きいほど体重あたりの必要

エネルギー量は少なくなるためで,ジャーマン・ベル原理(Jarman-Bell Principle)として知られる(Gaulin, 1979).ゆえに,体の小さな幼獣にとっては量は少なくても質の高いものが,体の大きな成獣オスにとっては大量に存在するものが必要となる.その結果が,幼獣がより多くの昆虫を食べ,成獣オスはより多くの成熟葉を食べることにつながったのだろう.食物の栄養含有量やサルの栄養摂取量については,中川(1994)にくわしい.

粗タンパク質(CP)と中性デタージェント繊維(NDF)の比率は,成熟葉の質を評価する指標である.セルロース,ヘミセルロース,リグニンから

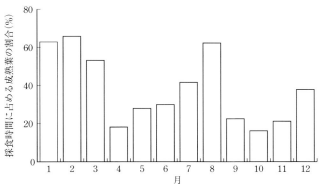

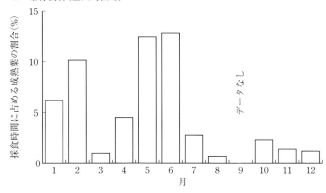

図 1.3 屋久島のサルの採食時間に占める成熟葉の割合(Hanya et al., 2007 より改変).

なる NDF はいわゆる繊維成分（1.3 節（1）項参照）と呼ばれる物質で，植物の細胞壁の主成分である（van Soest *et al.*, 1991）．屋久島上部の針葉樹林と低地常緑広葉樹林のサルは，どちらも粗タンパク質含有量あるいは CP/NDF 比率が高く，粗灰分含有量も高い葉を選択的に食べており，針葉樹林のサルにおいては，同時にタンニン（縮合型タンニン，加水分解性タンニン；1.2 節（4）項参照）含有量の高い葉を避けていることもわかっている（Hanya *et al.*, 2007）．果実や種子の乏しい針葉樹林に生息するサルにとって，成熟葉は主要食物である（図1.3）．タンニンを大量に摂取しないために，成熟葉への依存度が高い針葉樹林のサルは，タンニン含有量の高い葉を忌避しているのだと考えられる．近年では，CP/NDF 比率を用いて，樹上性の葉食性霊長類の生物（体）量（biomass）を推測するような研究もある（Chapman *et al.*, 2002）．

（3） におい成分

食物を選択するにあたり，直接的な基準（至近要因）となるのは，味やにおいである．多くの植物は，植食者（植物を食べる動物）に果肉や種子の付着物を食べてもらうことで種子を散布し，分布域を広げる．いわば果肉や付着物は食べてもらうための器官であり，ゆえに多くの植食者を惹きつけるような味やにおいを持つよう進化してきたと考えられる．サルの味覚については，第6章を参照されたい．

食物のにおい成分は誘引効果を持つこともあれば，逆に動物に対する忌避効果を持つこともある．たとえば，胞子が十分に成熟したトリュフは，多くの動物を惹きつける強いにおいを発するようになる．地下生のトリュフは動物に食べられることで初めて胞子散布が可能となるが，そのためには地上にいる動物に自身の存在をアピールし，掘り起こしてもらう必要があるからだ．キノコの発するにおいのシグナルは，受け取り手によって異なる意味を持つこともある．たとえば，ヒトクチタケ（*Cryptoporus volvatus*）の放つ強い臭気はヒトにとっては不快なものであるが，胞子散布者である昆虫には誘引効果をもたらす（今関・本郷，1957）．また，マツタケ（*Tricholoma matsutake*）の持つ特有の香りはわれわれ日本人を魅了してやまないが，アメリカ人にとっては汚れた靴下のような不快なにおいに感じられるという（Arora, 1989).これは，においに対する嗜好性や嫌悪感が生得的な（＝生まれつき備わった）ものではなく，経験や学習を通じて形成されるからだろう．

事実，サルは味やにおいを手がかりとし，キノコを選択的に食べていることがわかってきた（Sawada *et al.*, 2014）．屋久島のサルはさまざまなキノコを食べるが，ときおりキノコのにおいを確認したり，かじった破片を吐き出したりすることがある．サルがそのような「検査行動」を見せるキノコは有毒種であることが多く，このことは味やにおいが毒キノコを回避するうえで重要な手がかりになっている可能性を示すものである（Sawada *et al.*, 2014）．

（4） 二次代謝物

植食者に食べてもらえるよう進化した果実に対し，葉や未熟果は植物にとって食べられたくない部位である．葉を食べられてしまうと光合成によって生命活動に必要なエネルギーをつくりだすことができなくなるし，未熟種子を散布されても発芽しないためである．植食者から逃れることのできない植物は，さまざまな被食防衛戦略を進化させることで植食者に対抗している．そのうちの1つは，植食者にとって毒となる防御物質の生成であり，「質的防御（qualitative defense）」と「量的防御（quantitative defense）」の2つに分けることができる（Feeny, 1976）．質的防御物質とはアルカロイドやテルペノイドなど少量で致命的に作用する毒のことで，量的防御物質とは低毒性ではあるものの大量に摂取すれば著しい消化阻害作用をもたらすタンニンやフェノールなどの化学物質のことである（小池，2004）．サルが食べる植物の葉にも当然ながら消化阻害物質が含まれている．屋久島で幼獣のサルがより多くの昆虫を食べ，成獣オスがより多くの成熟葉を食べる（Agetsuma, 2001；Hanya *et al.*, 2003）のは，前項で述べたような栄養要求量の違いだけでなく，阻害物質が関連している可能性も考えられる．植物が生成する消化阻害物質は，成熟葉に多く含まれる．体の小さな幼獣は，阻害物質に対して成獣ほどの許容量を持っておらず，採食行動の違いはそれを反映しているのかもしれない．

（5） 採食速度

一般的に，葉に比べて繊維含有量が低い果実は，可溶性炭水化物を多く含

み，すぐに利用できるエネルギーに富む一方で，タンパク質含有量は低い（中川，1999b）．しかし，なぜその果実を食べるのか，実際の採食行動を反映させた栄養やエネルギー収支を検証するためには，さらにもう一歩踏み込んだ考察が必要になる．そこで手がかりとなるのが採食速度である．ある食物の採食速度には，探索時間（食物を探す），処理時間（皮をむく，かみ割るなど），摂取時間（口に入れる）など一連の行動が含まれる（中川，1996）．ゆえに，食物の大きさ，硬さ，分布様式（点在しているのか密集しているのかなど）といった情報も考慮する必要がある．たとえば，たいていの果実はほかの採食部位に比べて単位重量が大きい．そうすると，タンパク質含有量は低くても，タンパク質摂取速度は速いということになる（中川，1994）．また，集中的に分布する果実なら，採食場所内で探索時間や移動コストをかけずに連続的に摂取することができ，採食効率も向上する．

（6） 食物の物理的特性

食物の物理的特性にもとづき，成獣と新生子が異なる食物を選んでいることを示す研究が発表された（Taniguchi, 2015）．咀嚼や運動能力といった身体的制約のもと，青森県下北半島のサルの新生子は，母親とは異なる食物を選んで食べているという．新生子があまり利用しないのは，サルナシ（*Actinidia argute*）の樹皮やカラスザンショウ（*Zanthroxylum ailanthoides*）の枝など，硬さ 2000 J/m^2 以上の食物である（Taniguchi, 2015；図 1.4）．硬い食物を食べる際は，皮をむいたり割ったり咀嚼したりするのに技術や力が必要であるうえ，時間とエネルギーも要する．サルは生後 7.5 カ月で乳歯列が完成し，生後 19 カ月あたりで永久歯が萌出する（岩本ほか，1984, 1987）．したがって，当時新生子には乳歯しか生えておらず，硬い食物を咀嚼できなかったと考えられる．また，運動能力の違いも食物選択に影響しうる．母親に比べると新生子が樹高 5 m 以上の採食樹を利用することは少ない（Taniguchi, 2015）．このことは，新生子の手足がまだそれほど発達していないため樹木にうまく登ることができず，落下を恐れて高所を避けるためではないかと推測されている．

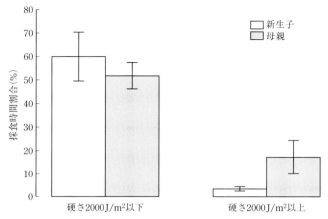

図 1.4 下北半島のサルの母子が採食した食物の硬さと採食時間割合 (Taniguchi, 2015 より改変).

1.3 消化吸収能力

(1) 消化率とは

　動物がどれだけの栄養を摂取したのか考慮するにあたり，摂取した栄養やエネルギーに加え，消化能力も考慮しなくてはならない．動物が食べたものは，すべてが消化吸収されるわけではないからだ．食物を消化・吸収する能力は，その動物の生存率や繁殖能力に直結する重要な要因である．摂取した栄養素やエネルギーのうち，排出されずに体に取り込まれる割合を消化率と呼び，動物の消化能力や食物の質を評価するうえで重要な指標となっている．細胞壁を構成するセルロースやヘミセルロースといった繊維は植物の主要成分であるが，哺乳類自身はそれを分解する酵素を持たない．そのため，消化管内で共生している微生物の力を借りて繊維を消化する必要がある．

(2) 前胃発酵者と後腸発酵者

　霊長類は，消化管の形態にもとづいて前胃発酵者と後腸発酵者に大別できる．前胃発酵者に含まれるのは葉食に特化したコロブス亜科の霊長類で，ウシなどの反芻胃によく似た大きく複雑な前胃で微生物による繊維成分を発酵

したのちに，長い小腸で栄養分を吸収する（図1.5）．サル（ニホンザル）などは後腸発酵者に分類され，微生物による発酵の場は盲腸や結腸である．食物が消化管内に留まっている時間を消化管内容物滞留時間（以下，滞留時間）と呼ぶ．一般的に，前胃発酵者は後腸発酵者よりも長い滞留時間を持ち，消化能力も高い．マカカ属の霊長類（サル（ニホンザル）とアカゲザル *M. mulatta*）とコロブス亜科のシルバールトン（*Trachypithecus cristatus*）に同じ固形飼料を与えると，後者では滞留時間が約2倍長くなり，消化率も約30%高くなる（Sakaguchi *et al.*, 1991）．繊維成分の消化には時間を要するため，葉食者であるシルバールトンが，食物を長く消化管内に留めて消化を高める能力を獲得していることがうかがえる．

（3） 採食効率重視のサル

繊維質な食物を主食とする草食動物においては滞留時間と消化率は比例し，霊長類複数種間においても同様の傾向が見られる（Stevens and Hume, 1998；Clauss *et al.*, 2007a, 2007b, 2008；図1.6）．しかし，種内比較の結果

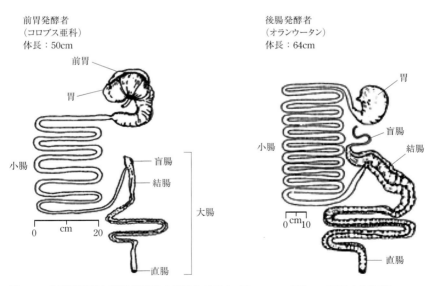

図1.5 前胃発酵者と後腸発酵者の消化システム（Stevens and Hume, 1998 より改変）．

はこれにあてはまらない．霊長類を対象にした消化試験では，滞留時間と消化率に相関は見られず，2種類の食物の消化率はそれぞれ一定になり，有蹄類で見られるような体サイズと滞留時間の正の相関もなかった（Clauss *et al*., 2007a; Sawada *et al*., 2011, 2012；図 1.7）．滞留時間に影響を与える要因は繊維摂取量で，体重あたりの繊維摂取量が増加すると滞留時間は短くなった（Sawada *et al*., 2011；図 1.8）．以上から，サルは消化困難な繊維分をできるだけ早く排泄することで，採食効率を高める戦略をとっていると考えられる．その一方で，体重あたりの繊維摂取量が 5 g を超え，滞留時間が約 30 時間に達すると，それ以上短くなることはなかった（Sawada *et al*., 2012）．30 時間というのが，サルの消化管の構造上，最低限必要な時間であるのかもしれない．また，体サイズの違いだけでは説明ができないほど，幼獣の滞留時間が短くなったことは，成長段階にともなう腸の蠕動運動や腸内細菌叢の違いが影響している可能性を示唆するものであり，今後の研究が待たれる．

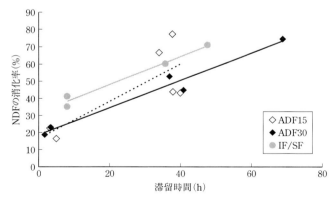

図 1.6 複数霊長類種における滞留時間と NDF 消化率の関連性．NDF（中性デタージェント繊維）：セルロース，ヘミセルロース，リグニンなど，ADF15：ADF（酸性デタージェント繊維：NDF からヘミセルロースを抜いたもの）含有量が 15% の固形飼料，ADF30：ADF 含有量が 30% の固形飼料，IF/SF：不溶性繊維／水溶性繊維を含む固形飼料（Clauss *et al*., 2008 より改変）．

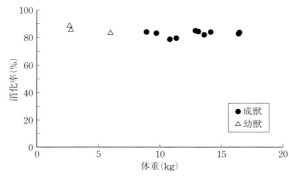

図 1.7 サルの体サイズと低繊維飼料（NDF 13.6%）の消化率.

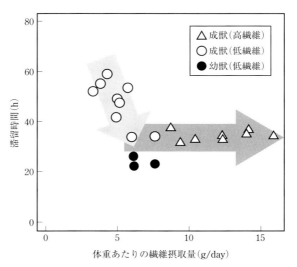

図 1.8 サルの体重あたりの繊維摂取量と滞留時間.

1.4 サルの採食生態学の展望

1948年にサルの研究が開始されてから今日まで，日本全国で調査が行われ，膨大なデータが蓄積されてきた．近年の技術革新によって新しい分析方

法が登場し，採食生態学の分野でも応用されつつある．今後，サルの採食生態研究がよりいっそう活性化されるためにも，以下の3つを提案したい．

（1） 新しい手法を取り入れる

2000年代後半から広く用いられている分子種同定は，採食生態学に新たな知見をもたらしている．分子種同定には2通りの方法がある．1つめは，食べ残した破片あるいは糞中の組織片からDNAを抽出し，採食品目を同定する方法である．Sawada et al. (2014) がサルが食べ残したキノコ片の分子種同定を実施したところ，年間を通じて67種ものキノコを採食していることが明らかになり，この手法の有効性が示された．

もう1つの方法は，糞からDNAを丸ごと抽出し，次世代シーケンサーで解析するメタゲノム解析である．たとえ肉眼では見えなくても，DNAさえ糞に含まれていれば検出することが可能であることから，直接観察では見落としてしまうような採食頻度の低い食物や，糞に組織片が含まれないような食物（たとえば樹液），または昆虫やキノコのように種多様性が高くて形態学的種同定が困難な食物を調べるうえでは有効な手段であるといえる．実際に，メタゲノム解析によって，南米の小型霊長類ウェッデルタマリン (*Saguinus weddelli*) が10目15科の節足動物を食べていることが明らかにされた (Mallott et al., 2015)．サルを含めた霊長類にとって，タンパク質やアミノ酸を多く含む昆虫は重要な食物である．しかし，サイズが小さいうえに種数の多い昆虫は種の同定がむずかしく，とりわけ外骨格を持たない幼虫や卵は消化されやすいため，従来の糞分析では検出できないこともある．そのような弱点を補うことができるメタゲノム解析は，昆虫が重要な位置を占める霊長類の食性を調べるうえで有効な手法であり，今後広く用いられるようになるのではないだろうか．

一見万能に見えるメタゲノム解析であるが，問題がないわけではない．注意すべき点は，採食部位に関する情報が得られないということである．組織片がなくてもDNA抽出が可能ということは，果実を食べたのか，葉を食べたのか，形態学的に特定する手がかりがないということである．熟果／未熟果の区別や，特定の部位（たとえば皮をむいて果肉のみ食べる）に対する選好性もまたこの手法では調べることができない．分子的手法にもとづく食性

の調査は大きな可能性を秘めている一方で，克服すべき弱点があることも事実である．よって，分子種同定と直接観察のどちらか一方を選ぶのではなく，直接観察と相補的なものとして並行して行うことが望ましい．また近年，安定同位体を用いた食性研究も出てきている．たとえば，チンパンジー（*Pan troglodytes*）は小型哺乳類を狩猟してその肉を食べるが，その毛のケラチンの窒素安定同位体比（$\delta^{15}N$ 値）を調べたところ，成獣オスたちがより頻繁に肉食を行っていることが証明された（Fahy *et al.*, 2013）．狩猟・肉食行動におけるオスの優位性という知見は行動観察によっても得られていたが，それを安定同位体解析が裏づける形になっている．

（2） 複数の手法を組み合わせる

長期にわたって採食生態研究が実施されている調査地では，サルの行動を比較的容易に直接観察することができる．これはサル研究の最大の強みであり，直接観察だけでも必要なデータは十分に収集できる．しかし，あえて直接観察以外の手法を取り入れることを提案したい．行動観察も継続しつつ，別の手法を組み合わせることで相補的なデータが得られ，相乗効果が期待できる．

Phillips and McGrew（2013）は，直接観察による採食データと糞に含まれる食物片を比較することで，チンパンジーがいつその食物を食べたのか推測し，滞留時間を推定した．滞留時間の測定には，対象個体に化学マーカーを与えて，一定期間（5日程度）の糞を全量回収する必要がある．よってこれまでは，飼育個体で実験的に検証されるものであった（Clauss *et al.*, 2008; Sawada *et al.*, 2011, 2012）．滞留時間は消化率と合わせて，動物の消化吸収能力を判定する重要な指標である．しかし飼育下では，食物構成や採食頻度など野生個体の行動生態を反映していないことは明白であり，滞留時間の推定にも大きな誤差が生じている可能性も否めない．Phillips and McGrew（2013）のようなフィールドと栄養生理学的実験をつなぐ研究は生態学的に非常に意義があり，今後増加が期待される．たとえば，種子を丸呑みすることのあるサルは，生態系において種子散布者として重要な役割を担っている（Terakawa *et al.*, 2008; Tsuji *et al.*, 2011; 第11章参照）．もし野生個体のデータから滞留時間を推定できるようになれば，サルの種子散布者と

(3) 非主要食物に着目する

　これまでの研究では，採食生態を通じて動物の社会生態を深く理解するという趣旨のもと，おもにサルの主要食物に焦点があてられてきた．しかし，主要でない食物の中にも，サルの行動に影響を与える食物がある．たとえば，下北半島や金華山島のサルは海藻類を食べる（Izawa and Nishida, 1963; Tsuji and Takatsuki, 2004）．採食時間はわずか数％ではあるが，海藻類を食べるためには，干潮時にわざわざ海岸まで下りる必要があり，移動には時間とエネルギーを要する．幸島のサルは，浜に打ち上げられた魚や釣り人が捨てた魚を食べる（Watanabe, 1989）．多くの個体が魚を食べるもののその頻度は低い．良質の動物性タンパク質源であるにもかかわらず，明らかに魚に対する選好性が低いという点もじつに興味深い（第4章参照）．土食行動は，全国14カ所で報告されている（辻ほか，2012）．土にはアルカロイドを吸着したり胃を落ち着かせたりする作用があるといわれるが（Wakibara *et al.*, 2001），実際に阻害物質を多く含む成熟葉の消化に貢献しているのか，採食行動との関連性は依然として不明である．屋久島のサルはキノコを選択的に食べていることがわかってきた（Sawada *et al.*, 2014）．毒成分の有無やにおい成分がその選択の基準となっているのかどうかについては，さらなる検証が必要である．

　非主要食物の多くは，菌類，草本類，昆虫類といった木本植物以外の食物で，食性における地域差が比較的大きいうえ，定量的なデータが不足している（辻ほか，2011, 2012）．その採食頻度の低さゆえに観察中に見落としてしまいがちで，労力を投じてまで積極的に詳細なデータを収集しようとする研究者は少ない．しかしながら，非主要食物は食性の地域差を調べる新たな切り口となる可能性を秘めている．Marshall and Wrangham（2007）の定義に従うと，非主要食物の中には，重要性が低くとも選好性の高いものが存在する．事実，菌類や昆虫類は量的にはわずかしか食べないものの，選好性の高い食物であるといえる．またどちらも種多様性が高く，分布域の地域差と食性の地域差の関連性も興味深い．菌類や昆虫類はサイズが小さく，形態的に類似した種も多いことから，直接観察によってサルが食べた種を同定す

るのはほぼ不可能である．今後は，先に紹介した分子種同定やメタゲノム解析を応用した研究が増えることが期待される．

引用文献

Agetsuma, N. 2001. Relation between age-sex classes and dietary selection of wild Japanese monkeys. Ecological Research, 16：759-763.
Arora, D. 1989. Mushrooms Demystified. Ten Speed Press, California.
Burt, W.H. 1943. Territoriality and home range concepts as applied to mammals. Journal of Mammalogy, 24：346-352.
Chapman, C.A., L.J. Chapman, K.A. Bjorndal and D.A. Onderdonk. 2002. Application of protein-to-fiber ratios to predict colobine abundance on different spatial scales. International Journal of Primatology, 23：283-310.
Claridge, A. and S. Cork. 1994. Nutritional value of hypogeal fungal sporocarps for the long-nosed potoroo (*Potorous tridactylus*), a forest-dwelling mycophagous marsupial. Australian Journal of Zoology, 42：701-710.
Clauss, M., A. Schwarm, S. Ortmann, W.J. Streich and J. Hummel. 2007a. A case of non-scaling in mammalian physiology? body size, digestive capacity, food intake, and ingesta passage in mammalian herbivores. Comparative Biochemistry and Physiology ─ Part A：Molecular & Integrative Physiology, 148：249-265.
Clauss, M., W.J. Streich, A. Schwarm, S. Ortmann and J. Hummel. 2007b. The relationship of food intake and ingesta passage predicts feeding ecology in two different megaherbivore groups. Oikos, 116：209-216.
Clauss, M., W.J. Streich, C.L. Nunn, S. Ortmann, G. Hohmann, A. Schwarm and J.Gg. Hummel. 2008. The influence of natural diet composition, food intake level, and body size on ingesta passage in primates. Comparative Biochemistry and Physiology ─ Part A：Molecular & Integrative Physiology, 150：274-281.
Cork, S.J. and G.J. Kenagy. 1989. Nutritional value of hypogeous fungus for a forest-dwelling ground squirrel. Ecology, 70：577-586.
江成広斗・松野葉月・丸山直樹．2005．白神山地北東部に生息する野生ニホンザル（*Macaca fuscata*）の農地利用型食物選択．野生生物保護，9：77-92.
Fahy, G.E., M. Richards, J. Riedel, J.-J. Hublin and C. Boesch. 2013. Stable isotope evidence of meat eating and hunting specialization in adult male chimpanzees. Proceedings of the National Academy of Sciences of the United States of America, 110：5829-5833.
Feeny, P. 1976. Plant apparency and chemical defense. *In*（Wallace, J.W. and R.L. Mansell, eds.）Biochemical Interaction between Plants and Insects. pp. 1-40. Springer US, Boston, MA.
Gaulin, S.J.C. 1979. A Jarman/Bell model of primate feeding niches. Human Ecology, 7：1-20.

Gautier-Hion, A., L. H. Emmons and G. Dubost. 1980. A comparison of the diets of three major groups of primary consumers of Gabon (primates, squirrels and ruminants). Oecologia, 45：182-189.

Hanya, G. 2004. Diet of a Japanese macaque troop in the coniferous forest of Yakushima. International Journal of Primatology, 25：55-71.

Hanya, G. and C.A. Chapman. 2013. Linking feeding ecology and population abundance：a review of food resource limitation on primates. Ecological Research, 28：183-190.

Hanya, G., N. Noma and N. Agetsuma. 2003. Altitudinal and seasonal variations in the diet of Japanese macaques in Yakushima. Primates, 44：51-59.

Hanya, G., M. Kiyono, H. Takafumi, R. Tsujino and N. Agetsuma. 2007. Mature leaf selection of Japanese macaques：effects of availability and chemical content. Journal of Zoology, 273：140-147.

Hanya, G., N. Ménard, M. Qarro, M. Ibn Tattou, M. Fuse, D. Vallet, A. Yamada, M. Go, H. Takafumi, R. Tsujino, N. Agetsuma and K. Wada. 2011. Dietary adaptations of temperate primates：comparisons of Japanese and Barbary macaques. Primates, 52：187-198.

今関六也・本郷次雄．1957．原色日本菌類図鑑．保育社，大阪．

岩本光雄・濱田穰・渡辺毅．1984．ニホンザル乳歯の萌出年令．人類學雜誌，92：273-279.

岩本光雄・渡辺毅・濱田穰．1987．ニホンザル永久歯の萌出年令．霊長類研究，3：18-28.

Izawa, K. and T. Nishida. 1963. Monkeys living in the northern limits of their distribution. Primates, 4：67-88.

小池孝良．2004．樹木生理生態学．朝倉書店，東京．

Lahm, S.A. 1986. Diet and habitat preference of *Mandrillus sphinx* in Gabon：implications of foraging strategy. American Journal of Primatology, 11：9-26.

Lambert, J.E., C.A. Chapman, R.W. Wrangham and N.L. Conklin-Brittain. 2004. Hardness of Cercopithecine foods：implications for the critical function of enamel thickness in exploiting fallback foods. American Journal of Physical Anthropology, 125：363-368.

Mallott, E.K., R.S. Malhi and P.A. Garber. 2015. High-throughput sequencing of fecal DNA to identify insects consumed by wild Weddell's saddleback tamarins (*Saguinus weddelli*, Cebidae, Primates) in Bolivia. American Journal of Physical Anthropology, 156：474-481.

Marshall, A. and R. Wrangham. 2007. Evolutionary consequences of fallback foods. International Journal of Primatology, 28：1219-1235.

Maruhashi, T. 1980. Feeding behavior and diet of Japanese monkey (*Macaca fuscata yakui*) on Yakushima Island, Japan. Primates, 21：141-160.

中川尚史．1994．サルの食卓——採食生態学入門．平凡社，東京．

中川尚史．1996．霊長類の最適食物選択再考．日本生態学会誌，46：291-307.

中川尚史．1997．金華山のニホンザルの定量的食物品目リスト．霊長類研究，13：73-89．

中川尚史．1999a．食は社会をつくる――社会生態学的アプローチ．（西田利貞・上原重男，編：霊長類学を学ぶ人のために）pp. 50-92．世界思想社，京都．

中川尚史．1999b．食べる速さの生態学．京都大学学術出版会，京都．

大槻晃太．2000．野生獣類（ニホンザル）に係る森林被害防除法の開発並びに生息数推移予測モデル確立のための基礎調査．福島県林業試験場研究報告，33：109-128．

Phillips, C.A. and W.C. McGrew. 2013. Identifying species in chimpanzee (*Pan troglodytes*) feces：a methodological lost cause? International Journal of Primatology, 34：792-807.

Pompanon, F., B.E. Deagle, W.O.C. Symondson, D.S. Brown, S.N. Jarman and P. Taberlet. 2012. Who is eating what：diet assessment using next generation sequencing. Molecular Ecology, 21：1931-1950.

リドゥリー，M.（中牟田潔，訳）．1988．新しい動物行動学．蒼樹書房，東京．

Saito, C. 1998. Cost of lactation in the Malagasy primate *Propithecus verreauxi*：estimates of energy intake in the wild. Folia Primatologica, 69：414.

Sakaguchi, E., K. Suzuki, S. Kotera and A. Ehara. 1991. Fibre digestion and digesta retention time in macaque and colobus monkeys. *In*（Ehara, A., T. Kumura, O.Takenaka and M. Iwamoto, eds.）Primatology Today：Proceedings of XIIIth Congress of the International Primatological Society. pp. 671-674. Elsevier Science Publishers B. V., New York.

Sawada, A., E. Sakaguchi and G. Hanya. 2011. Digesta passage time, digestibility, and total gut fill in captive Japanese macaques (*Macaca fuscata*)：effects food type and food intake level. International Journal of Primatology, 32：390-405.

Sawada, A., E. Sakaguchi, M. Clauss and G. Hanya. 2012. A pilot study on the ontogeny of digestive physiology in Japanese macaques (*Macaca fuscata*). Mammalian Biology, 77：455-458.

Sawada, A., H. Sato, E. Inoue, Y. Otani and G. Hanya. 2014. Mycophagy among Japanese macaques in Yakushima：fungal species diversity and behavioral patterns. Primates, 55：249-257.

Silk, J.B. 1986. Eating for two：behavioral and environmental correlates of gestation length among free-ranging baboons (*Papio cynocephalus*). International Journal of Primatology, 7：583-602.

Stevens, C.E. and I.D. Hume. 1998. Contributions of microbes in vertebrate gastrointestinal tract to production and conservation of nutrients. Physiological Reviews, 78：393-427.

Taniguchi, H. 2015. How the physical properties of food influence its selection by infant Japanese macaques inhabiting a snow-covered area. American

Journal of Primatology, 77：285-295.
Terakawa, M., Y. Isagi, K. Matsui and T. Yumoto. 2008. Microsatellite analysis of the maternal origin of *Myrica rubra* seeds in the feces of Japanese macaques. Ecological Research, 24：663-670.
Tsuji, Y. 2010. Regional, temporal, and interindividual variation in the feeding ecology of Japanese macaques. *In* (Nakagawa, N., M. Nakamichi and H. Sugiura, eds.) The Japanese Macaques. pp. 9-127. Springer, Tokyo.
Tsuji, Y. and S. Takatsuki. 2004. Food habits and home range use of Japanese macaques on an island inhabited by deer. Ecological Research, 19：381-388.
Tsuji, Y., K. Sato and Y. Sato. 2011. The role of Japanese macaques (*Macaca fuscata*) as endozoochorous seed dispersers on Kinkazan island, northern Japan. Mammalian Biology, 76：525-533.
辻大和・和田一雄・渡邊邦夫．2011．野生ニホンザルの採食する木本植物．霊長類研究，27：27-49.
辻大和・和田一雄・渡邊邦夫．2012．野生ニホンザルの採食する木本植物以外の食物．霊長類研究，28：21-48.
Tsuji, Y., N. Kazahari, M. Kitahara and S. Takatsuki. 2008. A more detailed seasonal division of the energy balance and the protein balance of Japanese macaques (*Macaca fuscata*) on Kinkazan Island, northern Japan. Primates, 49：157-160.
van Soest, P.J., J.B. Robertson and B.A. Lewis. 1991. Methods for dietary fiber, neutral detergent fiber, and nonstarch polysaccharides in relation to animal nutrition. Journal of Dairy Science, 74：3583-3597.
Wakibara, J.V., M.A. Huffman, M. Wink, S. Reich, S. Aufreiter, R.G.V. Hancock, R. Sodhi, W.C. Mahaney and S. Russel. 2001. The adaptive significance of geophagy for Japanese macaques (*Macaca fuscata*) at Arashiyama, Japan. International Journal of Primatology, 22：495-520.
Watanabe, K. 1989. Fish：a new addition to the diet of Japanese macaques on Koshima island. Folia Primatologica, 52：124-131.
山極寿一．2008．日本の霊長類——ニホンザル研究の歴史と展望．(高槻成紀・山極寿一，編：日本の哺乳類学②中大型哺乳類・霊長類) pp. 29-49．東京大学出版会，東京．

2 毛づくろいの行動学

上野将敬

　ニホンザル（以下サル）は群れ他個体とたがいに毛づくろいをする．毛づくろいを受けた個体は，衛生状態を維持し，不安や緊張を緩和することができる．サルの毛づくろいには互恵性が見られ，毛づくろいを行った相手から，お返しに毛づくろいを受けられるだけでなく，攻撃的交渉時の支援やハドル（サル団子）形成といった利益を得ることもできる．サルはさまざまな行動戦術を用いて，毛づくろいを行った相手から利益を回収している．交渉機会の多い親密な相手には，相手からその場で毛づくろいが受けられなくても，毛づくろい交渉を継続し，長期的に利益を回収することができる．親密でない相手からは，毛づくろい後，その場で利益を回収する戦術が有効であり，毛づくろいを受けられない場合には，交渉相手を切り替えることもある．本章では，サルの毛づくろいの互恵性に関する研究をまとめ，今後の課題を検討する．

2.1　毛づくろいの研究法

　動物園や野猿公苑でサルの行動をしばらく見ていれば，彼らがおたがいの体を毛づくろいしている場面を観察することができるだろう（図 2.1）．他個体に行われる毛づくろいは社会的毛づくろいと呼ばれ，自分自身に行う自己毛づくろいと区別される．本章で毛づくろいという言葉は，社会的毛づくろいを指す．毛づくろいという行動を研究するための手法はそれほどむずかしいものではない．特定の個体を追跡する個体追跡観察法や群れ全体の走査サンプリング法がよく用いられ（井上ほか，2013），毛づくろいを行う時間

図 2.1 サルの成獣メス同士の毛づくろいの様子.

や頻度とその相手，毛づくろいの最中や前後の行動などが分析の対象となる．毛づくろいは，サルを含む霊長類における古典的な研究テーマの1つであるが，毛づくろいに関する研究成果は現在も多く発表されている．

2.2 毛づくろいの機能

毛づくろいを観察すれば，サルが相手の体毛の中からなにかを摘み上げ，それを口に入れていることにも気がつくかもしれない．彼らは，相手の体からシラミの卵を取り除き，相手の衛生状態を向上させているという（Tanaka and Takefushi, 1993；第 10 章参照）．また，毛づくろいはマッサージのようにも働き，受け手の不安や緊張，ストレスを軽減する（Ueno et al., 2015）．このように毛づくろいは，衛生的・心理的な利益を受け手に与える行動だといえる．

さらに毛づくろいは，他者と社会関係を築く機能を持つ行動であると考えられている．サルは，食物や社会交渉相手などの限られた資源をめぐって，群れ内の他個体と喧嘩をすることがある．喧嘩の直後には，毛づくろいなどの親和的行動がときどき行われる．喧嘩の後で毛づくろいが行われると，喧嘩によって損なわれた相手との社会関係が修復され，相手から再度攻撃を受

けることが少なくなる（Kutsukake and Castles, 2001）．つまり，毛づくろいによって仲直りをすることができる．ヒヒの研究では，毛づくろいなどの親和的行動を他個体と多く行う個体は，それが少ない個体に比べて長く生存し，また出産した子供の生存率が高くなる（Silk *et al*., 2003, 2010）．そのため，毛づくろいを行って他者と社会関係を築くことが，サルを含む霊長類の進化過程で非常に重要であったのだと考えられる．

2.3 利他行動としての毛づくろいの進化

毛づくろいを行う個体には，時間やエネルギーといったコストが生じる．そのため，毛づくろいは，行為者がコストを負いながら，被行為者に利益を与える利他行動であると考えられてきた．では，利他行動である毛づくろいを行うことが，なぜ進化の過程で有利に働いてきたのだろうか．

利他行動の進化を説明するために用いられるのが，血縁選択仮説と互恵的利他行動仮説である．ウィリアム・ハミルトンの提唱した血縁選択仮説では，血縁個体に利他行動を行うと，おたがいが共有する遺伝子の生存率が高まると考える（Hamilton, 1964）．メスが出自群で生涯を過ごすことの多いサルでは，母娘，姉妹，祖母孫といった母系血縁関係で毛づくろいが多く行われる（Koyama, 1991）．一方，非血縁個体間の利他行動を説明するために用いられるのが，ロバート・トリヴァースの提唱した互恵的利他行動仮説である（Trivers, 1971）．互恵的利他行動仮説では，利他行動の行為者にコストが生じたとしても，のちに相手と役割を交代することで，失ったコスト以上の利益を相手から得ることができると考える．サルの毛づくろいには互恵性が見られ，毛づくろいを行った相手から，お返しとして毛づくろいをしてもらえたり（Muroyama, 1991; Schino *et al*., 2003），別の個体と攻撃的交渉が生じた際には，毛づくろい相手から支援をしてもらえたりする（Schino *et al*., 2007）．以上のことから，血縁選択仮説や互恵的利他行動仮説は，サルの毛づくろいの進化的説明にも適用できると考えられる．

しばしば誤解されることだが，血縁個体間であっても毛づくろいが互恵的に行われることは珍しくない．岡山県真庭市神庭の滝周辺に生息する餌付け群（勝山群）では，成獣の母娘間であっても 61.5% のペアでは，おたがい

に同程度の頻度で毛づくろいを行っていた（Nakamichi and Shizawa, 2003）．また，Schino and Aureli（2010）は，14 種 25 群の霊長類における毛づくろいデータをメタ分析し，相手に行った毛づくろいの量が，母系由来の血縁度（母系血縁度）や相手から受けた毛づくろいの量で説明できることを明らかにした．しかし，相手から受けた毛づくろいの量を統制すると，母系血縁度の説明力は減少し，相手に行った毛づくろい量に関して 3% 程度の説明力しか持たなかった．他方，相手から受けた毛づくろいの量は，ほかの変数を統制しても，20% ほどの説明力を持っていた．血縁個体間であっても，互恵的に毛づくろいを行いあって利益を高めることが進化の過程で重要だったのかもしれない．

以上のように，サルを含む霊長類の進化過程で毛づくろいが有利に働いた理由の 1 つは，毛づくろいを行った相手からなんらかの見返りが得られる，すなわち互恵性があるためだと考えられる．

2.4　毛づくろいの互恵性に見られる柔軟性

霊長類は毛づくろいを行うことで，後で相手からさまざまな形で利益を得ることができる．鹿児島県屋久島の成獣メスを対象とした研究では，相手に多く毛づくろいを行っているほど，その相手からも多く毛づくろいを受けており，採食時には，毛づくろい相手の近くにいることが多くなる．さらに，成獣オスとの間で攻撃的交渉が生じた際には，毛づくろい相手から支援を受けることが多かった（Ventura *et al.*, 2006）．

毛づくろいが，どのような種類の利益と交換されるのかは，毛づくろいの行為者がなにを求めているのか，毛づくろいの受け手がなにを提供できるのかによって変化する．多くの霊長類の群れでは順位関係が形成されており，優位個体から劣位個体に毛づくろいを行うよりも，劣位個体が優位個体に頻繁に毛づくろいを行う傾向にある（Seyfarth, 1977）．順位の高い個体ほど優先的に食物などの資源を得ることができるため，優位個体に毛づくろいを行うことで，優位個体から毛づくろいを受けられなくても，食物獲得時の寛容性を得たり，別の個体と攻撃的交渉が生じた際に，支援を受けたりすることができる．また，新生子を持たないパタスモンキー（*Erythrocebus patas*）

のメス同士は，毛づくろいと毛づくろいをおたがいに交換するが，新生子を持たないメスが新生子の母親に毛づくろいをする場合には，お返しとして毛づくろいを受ける代わりに，魅力的な存在である新生子に接することができる（Muroyama, 1994）．このように，霊長類は毛づくろいを用いて，自身や相手の状況に応じてさまざまな利益を得ていると考えられる．

　サルでも，劣位個体に対してよりも，優位個体に毛づくろいを多く行っていることや（Oki and Maeda, 1973），相手に毛づくろいを多く行うと，別の個体と攻撃的交渉が生じたときに支援を受けやすくなることは報告されている（Schino et al., 2007）．しかし，それ以外の利益に関しては，サルが毛づくろいを柔軟に用いて，自身や相手の状況に応じて異なる種類の利益を得ていることを示す研究は非常に少ない．

　Ueno and Nakamichi（in preparation）は，サルが毛づくろいを用いてハドルを形成しているかを検討した．ハドルとは，おたがいの身体を接触させることで暖を取る行動であり，一般的にはサル団子という言葉で知られる（図 2.2）．ハドルを形成するためには，相手に近づき身体を接触させる必要があるが，成獣個体が近くにいる場合には緊張が生じる（Aureli et al., 1999）．サルは，成獣メスに毛づくろいを行うことによってその緊張を緩和し，ハドル形成を許容してもらっているのかもしれない．

　ただし，成獣メスとハドルを形成する必要が大きいのは，幼い子を持たないメスであろう．勝山群では，0 歳もしくは 1 歳の子を持つメスは，体温保護が必要な状況で，自身の幼い子とハドルを形成し，ほかの成獣メスとハドルを形成することはほとんどなかった．他方で，幼い子を持たないメスは，冬期の体温保護が必要な状況で成獣メスとハドルを形成していた（Ueno and Nakamichi, 2016）．ゆえに，成獣個体とハドルを形成する際に毛づくろいを行う必要があるとすれば，幼い子を持たないメスが毛づくろいを行い，成獣メスとハドルを形成する場合だと予測される．

　上述の勝山群の成獣メスを対象として，成獣メス同士が冬期に行った毛づくろい交渉事例を調べてみると，幼い子を持つメスはほかの成獣メスとハドルを形成すること自体が少ないため，毛づくろい交渉後にハドルを形成することもほとんどなかった．他方で，幼い子を持たないメスは，ほかの成獣メスに毛づくろいを行った後でお返しの毛づくろいを受けたときよりも，お返

図 2.2 サルのハドル形成事例．A：成獣メス同士のハドル形成．向かって左側の個体が右側の個体の背中に腹部を接触させている．B：成獣メス同士のハドル形成．おたがいの腹部を接触させている．C：成獣メスと，その幼い子によるハドル形成．

しの毛づくろいを受けなかったときに，つまり，相手に一方的に毛づくろいを行った後でハドルをよく形成していた．さらに，ハドル形成前の毛づくろいは，ハドル形成時の位置関係にも影響する．サルでは，背中などの部位に比べて，腹部の体毛の密度が薄いため（Zamma, 2002），体の熱は，背中よりも腹部から外気に放散されやすい．ゆえに，背中を接触させてハドルを形成するよりも，腹部を接触させてハドルを形成するほうが，体温保持効果が高いと考えられる．ハドル形成前に毛づくろいを行っていると，毛づくろいなくハドルを形成した場合に比べて，相手に腹部を接触させてハドルを形成していることが多かった．また，毛づくろいを行った個体は，毛づくろいを受けた個体よりも，ハドル形成時に腹部を接触させる割合が高かった．つまり，サルは，毛づくろいを行うことによって，より有利な位置でハドルを形

成していた．以上の結果は，とりわけ幼い子を持たないサルのメスが，ほかの成獣メスに毛づくろいを行うことによって，ハドル形成による利益を得ていたことを示唆している．

　ここまで述べてきたように，サルを含めた霊長類は，毛づくろいを行うことで，お返しとしてさまざまな利益を得る．さらに，霊長類は利益の需要や供給に応じて，毛づくろいの相手や毛づくろいの量を変化させることがある（生物市場理論；Noë and Hammerstein, 1995）．生物市場理論では，ある個体が所有する「商品」の需要が供給に対して高ければ，「商品」の価値が高まり，ほかの個体が「商品」を得るためにより多くの利他行動を行うと考える．生物市場理論を霊長類の毛づくろいに適用した Henzi and Barrett (1999) は，毛づくろいを「通貨」に，毛づくろいのお返しとして得られるさまざまな利益を「商品」にたとえている．

　需要や供給の変動が霊長類の毛づくろいに影響するという考え方は，さまざまな研究から支持される．たとえば，新生子へのアクセスは，毛づくろいによって得られる「商品」の1つとみなすことができる．群れ内に新生子の数が少ないときには，母親に行われる毛づくろいの時間が長くなることが報告されている（Henzi and Barrett, 2002; Gumert, 2007）．新生子の数が少ないと，新生子1頭あたりの価値が相対的に高くなるため，霊長類は価値の高い「商品」を得るために長い時間毛づくろいを行うのだと考えられる．また，サバンナモンキー（*Chlorocebus aethiops*）では，需要と供給による毛づくろい相手や毛づくろい時間の変化が，毛づくろいと食物分配の交換でも確認されている（Fruteau *et al.*, 2009）．しかしながら，利益の需要や供給に応じて毛づくろい時間が変動することをサルで指摘した研究はなく，サルの毛づくろい研究における今後の課題の1つである．

2.5　毛づくろいの互恵性における行動戦術

　利他行動の互恵性において，お返しとなる利益を得られないリスクを小さくすることが重要な課題となる．本節では，サルにおいて，毛づくろいと利益の交換がどのような仕組みによって行われているかを検討する．

(1) 短期的交換

サルは，相手に毛づくろいを行った後で，相手の前に背中を向けて座ったり，横たわったりすることがある．すると，それまで毛づくろいを受けていた個体が，自分の前に座ったり横たわったりする個体（それまで毛づくろいを行っていた個体）に毛づくろいをして，毛づくろいの役割交代が生じる（図2.3）．毛づくろいの役割交代の際に行われた身体提示は催促行動と呼ばれ，この行動を行うと，相手から毛づくろいを受けやすくなる（Ueno et al., 2014）．Muroyama（1991）は，宮崎県幸島の餌付け群を対象として，サルが毛づくろい交渉を中断したときに，どのようにして毛づくろい交渉を再開しているかを調べた．非血縁個体間では，毛づくろいが中断したとき，それまで毛づくろいを行っていた個体が催促行動を行い，役割交代を要求することによって，毛づくろい交渉を再開する傾向があったが，血縁個体間ではそのような傾向は見られなかった．このような結果から，サルは毛づくろいを行った後，即座に毛づくろいのお返しを要求することで，非血縁個体からお返しを得られないリスクを小さくしているのだと考えられた．とくにサルは，

図 2.3 毛づくろいの催促行動と役割交代．A：向かって左側にいる個体が右側の個体に毛づくろいをしている．B：毛づくろいをしていた個体が，相手の前に横たわる（催促行動）．C：右側の個体から横たわった個体に毛づくろいが行われ，役割交代が成立する．

毛づくろいを行うことでさまざまな種類の利益を得ている．さまざまな種類の利益の中から，お返しとして毛づくろいを求めていることを相手に伝えるために，毛づくろいの催促行動を行う必要があるのかもしれない（上野，2016）．

（2） 長期的交換

サルがほかの成獣個体と毛づくろいをする場合，即座に役割交代が生じることもあれば，役割交代なく毛づくろい交渉が終了することもある．Schino *et al.*（2003）は，ローマ動物園の飼育群（大分県高崎山由来）を対象として，毛づくろいの交換がどのような時間間隔で行われるのかを調べた．即座に交換された毛づくろい交渉を分析すると，相手に行った毛づくろい時間と，その後すぐに相手から受けた毛づくろい時間には関連が見られなかった．しかしながら，8カ月間の観察期間で記録されたすべての毛づくろい時間を合わせると，毛づくろいを相手に多く行うほど相手から毛づくろいを多く受ける傾向があった．つまり，ローマ動物園のサルは，毛づくろいを必ずしも即座に交換しているわけではなく，より長期的な時間間隔の中でおたがいの毛づくろい時間を均等に近づけていた．

サル（ニホンザル）以外の霊長類でも，毛づくろいの役割交代が即座に行われるのは全体の毛づくろい交渉の一部にすぎず，毛づくろいの交換がより長期的な時間間隔（数カ月から1年以上）で行われていることを示す研究がいくつか発表された（Gomes *et al.*, 2009 など）．毛づくろいを行った個体が，どのような時間間隔で返報となる利益を得ているのかという問題は，近年の毛づくろい研究のホットトピックの1つである．しかし，この時間間隔がどのような要因によって決まるのか，じつはほとんどわかっていない．

サルは，群れの個体すべてと同じように社会交渉を行うわけではない．普段一緒にいることの多い個体間もあれば，普段一緒にいることが少ない個体間が存在する．筆者は，これまでの研究で，普段の近接率1%以上の個体間を親密な個体間と定義している．勝山群では，血縁度が0.25以上の個体間のほとんどは，親密な個体間とみなすことができる．Ueno *et al.*（2014）は，勝山群の成獣メスを対象に，親密な社会関係を考慮して，催促行動が毛づくろいの互恵性に影響しているかを検討した．1年間で観察された毛づくろい

2.5 毛づくろいの互恵性における行動戦術

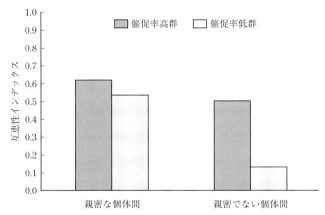

図 2.4 毛づくろい後の催促頻度と互恵性インデックスの関係（Ueno *et al.*, 2014 のデータをもとに作成）．互恵性インデックスは，各ペア間において1年間に観察された毛づくろい時間から算出しており，数値が大きいほど，おたがいが行った毛づくろい時間が均等に近くなる（最大値は1）．

時間のバランスは，親密な個体間では，毛づくろい後に頻繁に催促をするかどうかによっては違いがなかった（図2.4）．毛づくろい後に催促行動を行わない場合，毛づくろいの役割交代は生じにくい．親密な個体間では，毛づくろい後にお返しの毛づくろいを催促しなくても，おたがいが行った毛づくろい時間が複数回の毛づくろい交渉を通して均等に近くなることがあると考えられる．しかし，親密でない個体間では，毛づくろい後に頻繁に催促をしていた場合のほうが，頻繁には催促をしない場合よりも，毛づくろい時間はより均等に近くなっていたため，毛づくろいの長期的な交換は行われていないようであった．このように，相手と親密な関係にあるか否かによって，毛づくろい交換を行う仕組みが異なっており，親密な個体間では，長期的に毛づくろいを交換することが可能であるようだ．親密な個体間では，普段から交渉の機会を多く持っているために，利益を回収できないリスクは比較的小さく，毛づくろいの直後に催促行動を行わなかったとしても長期的に毛づくろいを交換することができるのだと考えられる．

(3) 交渉相手の切り替え

サルは，複数の交渉相手が存在する群れで生活している．相手から毛づくろいを受けられない場合には，その相手との交渉を続ける以外にも，最初の相手との交渉をやめて，別の相手と毛づくろい交渉を行うこともできる．第三者個体が毛づくろいの意思決定に影響しているかどうかを検討した研究は，サル（ニホンザル）以外の霊長類を含めてもほとんどない．

サルは相手の前に自分の体を提示することで毛づくろいを催促する．しかし，催促をしても必ずしも毛づくろいを受けられるとは限らない．Ueno et al.（in preparation）は，勝山群を対象として，サルが毛づくろいの催促を行ったにもかかわらず，その催促行動が失敗し，毛づくろいが受けられなかった場合にどのように行動しているのかを，親密な社会関係を考慮して分析した．その結果，親密な相手への催促が失敗した場合には，親密でない相手の場合と比べて，相手に逆に毛づくろいを行い利益を与えることで交渉を継続する傾向があった．また，催促した相手が親密でない場合には，そのときに別の毛づくろい相手が近くにいると，その別の個体と毛づくろい交渉を行うことが多かった．以上のように，親密な関係にあるか否かによって，相手から毛づくろいを受けられないとき，相手に利益を与えるか，それとも相手との交渉をやめて別の相手との交渉に切り替えるか意思決定を行っていることが示唆された．もしかするとサルは，毛づくろい相手と親密でない場合には，交渉相手を切り替えながら，自身により多く利益をもたらす相手を選択しているのかもしれない．

2.6　社会構造による制約と今後の課題

相手との親密さによって，サルの毛づくろい時の意思決定に違いが生じることがある．その違いには，サルが持つ専制的な社会構造が影響しているかもしれない．寛容な社会構造を持つ霊長類では，他者に接近をしても相手から攻撃されるリスクが小さいため，毛づくろいはさまざまな相手に分散して行われる（Duboscq et al., 2013）．一方，サルは一部の相手と集中的に毛づくろいを行う傾向がある（Nakamichi and Shizawa, 2003）．専制的な社会構

造を持つサルでは攻撃されるリスクが大きいために，特定の親密な相手と繰り返し交渉を行う傾向がほかの霊長類よりも顕著であり，相手と親密かどうかによって，毛づくろいの意思決定を変化させているのかもしれない．

生物市場理論では，より多くの利益を得られる相手を選択するための戦術の１つとして，相手から十分な利益を得られないときには，交渉相手を切り替えることが想定される（Noë and Hammerstein, 1995）．サルでは，催促失敗時の交渉相手の切り替えは，親密でない相手の場合には見られたが，親密な相手の場合には見られなかった．生物市場理論がサルの毛づくろい交渉にあてはまるかどうかはまだわからないが，サル（ニホンザル）のように専制的な種では，他種の霊長類に比べて，攻撃されるリスクが大きいために，利益の需要や供給に応じて自由に毛づくろい相手を選択することがむずかしいかもしれない．専制的なサルの毛づくろいに生物市場理論の影響が見られるかどうかを検討することで，専制的な社会構造が生物市場理論の制約となりうることを示せる可能性がある（Gumert, 2007）．

以上のように，ある程度の柔軟性を持ちながらも，専制的な社会構造の制約によって特定の個体と集中的に毛づくろいを行うことが，サルにおける毛づくろいの特徴といえるだろう．ただし，同じサルであっても，群れによって寛容性に違いがある（中川，2013）．専制的な群れと，比較的寛容な群れの毛づくろい交渉を比較することによって，毛づくろいの互恵性における社会的制約をより明瞭にすることができると考えられる．

霊長類の毛づくろいは，これまで多く研究がなされたテーマであるが，サルで検討する価値のある課題はまだ多くある．最後に２つの課題を提示して，本章を締めくくる．まず，交渉機会の多い親密な個体間では，即座に毛づくろいを交換しなくても，サルが長期的に毛づくろいを交換できるのはなぜだろうか．サルは，「この個体とは，交渉機会が多いから，すぐにお返しをもらわなくてもよいだろう．この個体とはあまり関わる機会がないので，すぐにお返しをしてもらおう」などと考えているとは限らない．Ueno et al. (2015) は，親密な相手に毛づくろいを行うこと自体がストレス減少という利益になっていることを示した．このように，毛づくろいを行うこと自体になんらかの利益が存在するために，親密な個体間では，即座にお返しを求めなくてもたがいに毛づくろいを行いあえるのかもしれない．

また，サルが，必要とする利益の種類をどのようにして相手に伝えているのかという問題は，あまり議論されていない．サルは，お返しとして毛づくろいを求める場合，自身の身体を相手に提示することによって毛づくろいを催促できる．では，毛づくろい以外の利益を求める際にはどのような行動が行われるのだろうか．勝山群では，ハドル形成時に唇を突き出し気味にして，リズミカルに小刻みに開閉するリップスマックという表情をともないながらおたがいの体を前後に揺することがある．この一連の行動によってハドル形成の意思を相手に伝えているのかもしれない．毛づくろい後にどのような要求行動が見られるかを検討することで，毛づくろい交渉における認知過程を明らかにすることが期待できる．

引用文献

Aureli, F., S.D. Preston and F.B.M. de Waal. 1999. Heart rate responses to social interactions in free-moving rhesus macaques (*Macaca mulatta*): a pilot study. Journal of Comparative Psychology, 113: 59-65.

Duboscq, J., J. Micheletta, M. Agil, J.K. Hodges, B. Thierry and A. Engelhardt. 2013. Social tolerance in wild female crested macaques, *Macaca nigra*, in Tangkoko-Batuangus Nature Reserve, Sulawesi, Indonesia. American Journal of Primatology, 75: 361-375.

Fruteau, C., B. Voelkl, E. van Damme and R. Noë. 2009. Supply and demand determine the market value of food providers in wild vervet monkeys. Proceedings of the National Academy of Sciences of the United States of America, 106: 12007-12012.

Gomes, C.M., R. Mundry and C. Boesch. 2009. Long term reciprocation of grooming in wild West African chimpanzees. Proceedings of the Royal Society B: Biological Sciences, 276: 699-706.

Gumert, M.D. 2007. Grooming and infant handling interchange in *Macaca fascicularis*: the relationship between infant supply and grooming payment. International Journal of Primatology, 28: 1059-1074.

Hamilton, W.D. 1964. The genetical evolution of social behavior. Journal of Theoretical Biology, 7: 1-51.

Henzi, S.P. and L. Barrett. 1999. The value of grooming to female primates. Primates, 40: 47-59.

Henzi, S.P. and L. Barrett. 2002. Infants as a commodity in a baboon market. Animal Behaviour, 63: 915-921.

井上英治・中川尚史・南正人．2013．野生動物の行動観察法――実践 日本の哺乳類学．東京大学出版会，東京．

Koyama, N. 1991. Grooming relationships in the Arashiyama group of Japanese monkeys. *In* (Fedigan, L.M. and P.J. Asquith, eds.) The Monkeys of Arashiyama: Thirty-five Years of Research in Japan and the West. pp.211-226. State University of New York Press, Albany.

Kutsukake, N. and D.L. Castles. 2001. Reconciliation and variation in post-conflict stress in Japanese macaques (*Macaca fuscata fuscata*): testing the integrated hypothesis. Animal Cognition, 4: 259-268.

Muroyama, Y. 1991. Mutual reciprocity of grooming in female Japanese macaques (*Macaca fuscata*). Behaviour, 119: 161-170.

Muroyama, Y. 1994. Exchange of grooming for allomothering in female patas monkeys. Behaviour, 128: 103-119.

中川尚史. 2013. 霊長類の社会構造の種内多様性. 生物科学, 64: 105-113.

Nakamichi, M. and Y. Shizawa. 2003. Distribution of grooming among adult females in a large, free-ranging group of Japanese macaques. International Journal of Primatology, 24: 607-625.

Noë, R. and P. Hammerstein. 1995. Biological markets. Trends in Ecology and Evolution, 10: 336-339.

Oki, J. and Y. Maeda. 1973. Grooming as a regulator of behavior in Japanese macaques. *In* (Carpenter, C.R., ed.) Behavioral Regulators of Behavior in Primates. pp.149-163. Bucknell University Press, Lewisburg.

Schino, G. and F. Aureli. 2010. The relative roles of kinship and reciprocity in explaining primate altruism. Ecology Letters, 13: 45-50.

Schino, G., R. Ventura and A. Troisi. 2003. Grooming among female Japanese macaques: distinguishing between reciprocation and interchange. Behavioral Ecology, 14: 887-891.

Schino, G., E. Polizzi di Sorrentino and B. Tiddi. 2007. Grooming and coalitions in Japanese macaques (*Macaca fuscata*): partner choice and the time frame of reciprocation. Journal of Comparative Psychology, 121: 181-188.

Seyfarth, R.M. 1977. A model of social grooming among adult female monkeys. Journal of Theoretical Biology, 65: 671-698.

Silk, J.B., S.C. Alberts and J. Altmann. 2003. Social bonds of female baboons enhance infant survival. Science, 302: 1231-1234.

Silk, J.B., J.C. Beehner, T.J. Bergman, C.F. Crockford, A.L. Engh, L.R. Moscovice and D.L. Cheney. 2010. Strong and consistent social bonds enhance the longevity of female baboons. Current Biology, 20: 1359-1361.

Tanaka, I. and H. Takefushi. 1993. Elimination of external parasites (lice) is the primary function of grooming in free-ranging Japanese macaques. Anthropological Science, 101: 187-193.

Trivers, R. L. 1971. The evolution of reciprocal altruism. Quarterly Review of Biology, 46: 35-57.

上野将敬. 2016. 霊長類における毛づくろいの互恵性に関する研究の展開. 動物心理学研究, 66: 91-107.

Ueno, M. and M. Nakamichi. 2016. Japanese macaque (*Macaca fuscata*) mothers

huddle with their young offspring instead of adult females for thermoregulation. Behavioural Processes, 129：41-43.
Ueno, M. and M. Nakamichi. in preparation. Grooming for forming huddles at Katsuyama, Japan.
Ueno, M., K. Yamada and M. Nakamichi. 2014. The effect of solicitations on grooming exchanges among female Japanese macaques in Katsuyama. Primates, 55：81-87.
Ueno, M., K. Yamada and M. Nakamichi. 2015. Emotional states after grooming interactions in Japanese macaques (*Macaca fuscata*). Journal of Comparative Psychology, 129：394-401.
Ueno, M., K. Yamada and M. Nakamichi. in preparation. Behavioral responses after the failure of receiving grooming in *Macaca fuscata*.
Ventura, R., B. Majolo, N.F. Koyama, S. Hardie and G. Schino. 2006. Reciprocation and interchange in wild Japanese macaques: grooming, cofeeding, and agonistic support. American Journal of Primatology, 68：1138-1149.
Zamma, K. 2002. Grooming site preferences determined by lice infection among Japanese macaques in Arashiyama. Primates, 43：41-49.

3 亜成獣期の存在に着目した社会行動の発達

勝 野 吏 子

　発達研究では新生子や幼獣に注目が集まりがちである．しかし実際には発達は生涯続き，ヒト以外の霊長類において性成熟を迎えた後の発達段階である亜成獣から成獣にかけては，社会関係や社会交渉の仕方が大きく変化することが示唆されている．本章ではニホンザル（以下サル）における社会行動の発達に関して，とくに亜成獣メスに重点を置いて紹介する．まず，サルのメスにおける社会関係の一般的な発達的変化と，亜成獣メスにおける母や母以外の成獣メスとの社会交渉を紹介する．次に，性行動や音声コミュニケーションといった，亜成獣期以降にも発達的な変化が見られる行動を紹介する．性行動のレパートリーの多さやその方策，非血縁メスとの関係調整に用いられる発声に関して，亜成獣メスでは成獣と同様の行動パターンが見られないことが報告されている．このことは，幼獣期のみではなく亜成獣期も，社会行動に関する効率のよい振る舞いを身につける期間であることを示唆している．

3.1　霊長類の生活史

　動物の生活史に関する研究では，生まれてから離乳までを新生子期，離乳から性成熟までの期間を幼獣期，繁殖可能な年齢を成獣期と呼ぶことが多い（Kappeler *et al.*, 2003）．ヒト（*Homo sapiens*）を含めた霊長類の発達で特徴的な点は，同サイズのほかの哺乳類と比較して幼獣期が長く，寿命が長いことである（Pereira, 1993）．さらにヒトに独自の特徴として，性成熟から実際の繁殖開始までの期間である青年期（Bogin, 2001）や，女性における

老年不妊期（Walker and Herndon, 2008）の存在が挙げられる．ヒトにおいて青年期は親からの心理的離乳を果たし，オトナとの競争を回避しながら社会的経験を蓄積する期間，つまり社会的に成熟したオトナになるまでの移行段階だといわれている（Bogin, 1999）．

霊長類においては幼獣期と成獣期は，性成熟を迎えること，つまり繁殖が可能かどうかという生理的な指標で区別される（Pereira, 1993）．ヒト以外の動物に青年期はないといわれているが（Bogin, 1999），ヒト以外の霊長類においても性成熟後すぐに成獣と同程度の繁殖が可能になるわけではない．サルのメスでは性成熟・初発情を迎えるのは3.5歳ごろだが，実際に初産を迎えるのは餌付け群でもその翌年以降の5歳以上（和，1982；Koyama *et al.*, 1992），餌付けされていない純野生群では6歳以上であることが多い（Takahata *et al.*, 1998）．餌付け群での横断的なデータによれば，メスの年齢別平均体重は4-5歳までほぼ直線的に増加し，それ以降増加率は減少し始めるものの増加は続く（和，1982）．さらに，サルにおいても思春期スパートと呼ばれる，性成熟後に身長の成長速度がピークを迎えるという，ヒトにしか存在しないと考えられてきた特徴が確認されている（Hamada *et al.*, 1999）．和（1982）は，体重や性腺の発達などを総合的に考慮すると，飼育下のサルでは成獣と呼べる水準に達するのはメスでは6歳前後だと述べている．つまり性成熟を迎えても身体的発達はまだ続いており，繁殖は可能であるが最適とはいえない状態が1年，あるいは個体によっては数年続く．このようにヒト以外の霊長類でも青年期に相当する期間があることが明らかになってきており，これは亜成獣期と呼ばれる（スプレイグ，2004；図3.1）．平均初産年齢を基準とするとサルのメスでは3.5-5歳の個体が亜成獣に相当

図 3.1 各年齢段階のサル．A：新生子（0歳），1歳の幼獣，18歳の成獣の母子．B：5歳の亜成獣メスと19歳の成獣の祖母と孫．

するが，亜成獣メスとして扱われる範囲には研究により幅があるため，3.5歳から10歳までの未経産メスを本章では亜成獣として扱う．

ヒト以外の霊長類において，亜成獣期の社会行動には幼獣期や成獣期とは異なる特徴があるのだろうか．長い幼獣期は繁殖を後回しにして脳の成長にエネルギーが割かれる期間であり，生存のための知識や経験を身につける学習期間だと考えられている（Kappeler *et al.*, 2003）．しかし，幼獣期と比べると亜成獣期に関しては体系的な研究が少ない．本章では，まず母やほかのメスとの関係は，発達段階に応じてどのように変遷していくのかを紹介する．そして，ヒトの青年期のように社会経験を蓄積するという特徴があるのかを検討するために，亜成獣期のメスにおける母やそれ以外のメスとの社会関係に関する研究を紹介する．最後に，性行動と音声コミュニケーションという2つの社会行動の発達に関する研究を紹介する．

3.2　母娘関係の生涯発達

サルの群れは複数のオスとメスで構成されるが，オスは通常性成熟（4-5歳）とともに出自群から出ていき，メスは生まれた群れに一生留まる母系群である（Kawai, 1958）．メスは母を中心とした血縁個体との関係を密接に保つ．新生子期（0歳）の個体では母との関わりが大部分を占めており，新生子から3歳までの幼獣が，毛づくろいをもっとも頻繁に行う相手は母である（Nakamichi, 1989）．幼獣期の母子間の毛づくろいは母からの投資という側面が強く，母は子からお返しを受けることがなくても，子に対して毛づくろいを行うことが多い（Muroyama, 1995）．その後は子が成長するにつれ，母から子への毛づくろいが少なくなり，反対に子から母への毛づくろいが増加する（Nakamichi, 1989；Muroyama, 1995）．幼獣のメスでは優劣順位の形成にも母が大きな役割を果たしている（Kawai, 1958；Mori *et al.*, 1989）．母は兄弟姉妹（以下，たんにきょうだい）の中でももっとも年下の子に対して支援を行うため，メスの子は年齢の若い順に母のすぐ下の順位を占めることが多いが（Kawamura, 1958；Chapais *et al.*, 1991），鹿児島県屋久島ではあてはまらないことも知られている（Hill and Okayasu, 1995；第12章参照）．

成獣メスでは，出産経験が多くなるにつれ自分の母との毛づくろい交渉は

減少する（Grewal, 1980）．一方，成獣になり自分の子を持つようになっても，母の存在は重要であることが示唆されている．成獣メスで毛づくろいがもっとも頻繁に行われるのは母娘間であり（Nakamichi and Shizawa, 2003），母を含む血縁メスは闘争の際に介入し，援助しあうことが多い（Watanabe 1979；Koyama 2003）．岡山県真庭市神庭の滝周辺に生息する餌付け群（勝山群）において，ある年とその10年後の成獣メスの毛づくろい関係を比較した研究では，多くの成獣メスはどちらの年にも血縁の近いメスと頻繁に毛づくろいを行っていた（Nakamichi and Yamada, 2007）．つまり，血縁の近い母娘間では長期にわたり毛づくろい関係を持っている可能性が高いことを示している．

　以上の研究は，年齢段階にともない母娘間の関わりは減少する傾向はあるが，成獣になっても母との交渉を持ち続けることを示している．母は娘にとって，生涯にわたる親密なパートナーだと考えられる．

3.3　他個体との関係の発達的変化

（1）　新生子，および幼獣の社会交渉

　新生子や幼獣は，社会的遊びにより同世代の個体やきょうだいなどの血縁個体と関わることが多い（Hayaki, 1983；Eaton *et al.*, 1985）．社会的遊びをもっとも多く行うのは1歳の個体で，それ以降は年齢とともに減少し，成獣においてはほとんど見られなくなる（Imakawa, 1990）．社会的遊びに適応的機能があるのかどうか，はっきりとは明らかになっていないが，運動技術の発達と生理系の機能の向上，心理的・社会的発達，社会的順位の成立，そして親密な関係を築くことによる社会的統合といった役割があるのではないかと考えられている（Smith, 1978）．社会的遊びを通じて身につけたものは，集団生活を営むうえで重要な役割を果たしていると考えられている（小山，1998）．

　社会交渉の性差は新生子の間に明らかになり始め，新生子や幼獣のメスはオスよりも毛づくろいや他個体と近接していることが多く，社会的遊びはオスよりも少ない（Eaton *et al.*, 1985；Glick *et al.*, 1986）．社会的遊びの減少

にともない，メスでは母ザル以外の個体との毛づくろいが増加する（Nakamichi, 1989）．メスの幼獣はオスと比較すると，より幅広い年齢段階のメスと近接している（Nakamichi, 1989）．このような性差は，通常出自群から移出するオスとは異なり，メスが生涯群れに留まることが影響していると考えられている．また，新生子や幼獣は母と近接していることが多いため，これらの個体における同年齢個体との近接関係は，母の他個体との近接関係を反映していることが多い（Nakamichi, 1996）．

（2） 亜成獣の社会交渉

幼獣期以降のメス，とくに亜成獣メスにおいて頻繁に見られる行動として，infant handling（乳母行動；allomothering などとも呼ばれる）が挙げられる．Infant handling とは，母以外の個体が新生子に対して行う働きかけを総称したもので，新生子を抱く，毛づくろいする，運搬するなどの親和的な交渉，あるいは手や口や鼻で触る，注意深く見るといった中立的な行動から，威嚇や身体の一部を引っ張るなどの敵対的交渉も含まれる（Maestripieri, 1994）．旧世界ザルの infant handling を総説した Maestripieri（1994）によると，infant handling をなぜ行うのか，どのような適応的意義があるのかはその個体の年齢や出産経験などにより異なるという．未経産のメスは親和的，あるいは中立的な infant handling を経産メスよりもよく行うが，敵対的なものは経産メスと比較するとあまり行わない（Schino *et al.*, 2003）．ほかの霊長類種における研究では，未経産のメスが infant handling を行いやすい背景として，未経産のメスにとって幼い個体が魅力的であることや（チャクマヒヒ *Papio cynocephalus ursinus*; Silk *et al.*, 2003），infant handling を通して未経産のメスが養育能力を身につける可能性（ベルベットモンキー *Chlorocebus pygerythrus*; Fairbanks, 1990）が挙げられている．

4-5 歳の亜成獣メスでは，同年齢の個体よりも年下の個体と近接することのほうが多い（Hayaki, 1983）．毛づくろいに関しては，5-10 歳の亜成獣メスは成獣や老齢のメスと比べると毛づくろいを相手から受けるのではなく，相手に行うことが多い（Pavelka, 1990）．この傾向はとくに非血縁メスとの毛づくろいで顕著であり，5-9 歳の亜成獣メスは成獣や老齢のメスよりも，毛づくろいを非血縁メスに行うことが多い（Nakamichi, 2003）．

（3） 初産後の社会交渉

　初産によりメスの社会関係は転機を迎え，非血縁個体から社会交渉を受けることが多くなる（宮藤，1986）．ヒヒにおける研究から，これは，他個体にとって幼い子や，幼い子を持つメスが魅力的であることと（Silk et al., 2003），幼い子の母は，自身に毛づくろいをした個体に対し，子への infant handling を許容しやすくなること（Frank and Silk, 2009）が，理由として挙げられている．つまり，積極的に他個体に対して働きかけていた亜成獣メスは，初産を機に他個体から働きかけを受けることが増加すると考えられる（宮藤，1986）．その後，出産・子育てを複数回経験した成獣メスは，自分の子を中心とした社会関係を形成する（Grewal, 1980）．そして量的に見れば血縁メスと比較して低い水準だが，非血縁の成獣メスとの関わりを維持し（Grewal, 1980；宮藤，1986），互恵的な毛づくろい関係を結んでいることが特徴である（Muroyama, 1991）．

（4） 社会関係の個体差

　サルの社会関係に関して，ここまでは一般的な傾向としての発達的変化を総説してきたが，母子関係には個体差が存在することが報告されている．Bardi and Huffman（2002, 2006）は，母が赤ん坊に対して行う拒否的な行動や保護的な行動の生起率の高さ（子育てスタイル）には個体差があること，この子育てスタイルの違いは子と他個体との社会交渉の頻度に影響を与えることを報告している．母が子を制限する行動や身体接触の多さに代表される保護性の高い母に育てられた子は，自ら他個体と社会交渉を持つことが少ない一方，母が子からの接触を拒否する行動の多さに代表される，拒否性の高い母に育てられた子は，自ら他個体と社会交渉を持つことが多い（Bardi and Huffman, 2002）．母子関係の個体差が子の社会的な働きかけに与える影響は，1歳の子供でも確認されている（鋤納ほか，2011）．この研究は，母から比較的離れて過ごすことが多くなる1歳においても，母との関係が影響する場合があることを示唆している．

　幼獣期以降の母子関係について，宮藤（1986）は，亜成獣メスの他個体との毛づくろい関係を，血縁個体に集中するか，非血縁個体に対しても活発か，

もしくはほとんど行わないかのいずれかに大別している．Yamada *et al.* (2005) は，孤児の亜成獣メス（5-7歳）とそうでない亜成獣メスを比較し，孤児の亜成獣メスにおいても他個体との社会交渉の総量が少なくなるわけではないこと，孤児の亜成獣メスのほうが非血縁メスとの毛づくろい量が多く，毛づくろい相手となった非血縁メス数も多いことを報告している．さらに，京都府嵐山の餌付け群において母が生存している 6-9 歳の亜成獣メスを対象とした研究から，母との関係が非血縁メスとの毛づくろい関係の個体差に影響する可能性が示唆されている（Katsu *et al.*, 2013）．6-9 歳の亜成獣メスが他個体から受けた毛づくろいは，ほとんどが母からのものだった一方，非血縁成獣メスとの間では毛づくろいを行った割合に対し，相手から受けることは少なかった（図 3.2）．幼獣における報告（Koyama, 1991; Muroyama, 1995）と同様に，亜成獣メスでも母に対しては毛づくろいを行った量よりも受けた量が多い傾向が見られたが，亜成獣メスが母と近接して過ごす割合は 3% から 15% と個体により幅があった．母から毛づくろいを受けることの少なかった亜成獣メスほど多くの非血縁メスから毛づくろいを受け，母との近接が少ない亜成獣メスほど，非血縁成獣メスから多くの毛づくろいを受けていた．これらの結果は，母との関わりが少ない個体では，非血縁成獣メスと毛づくろい関係を広く築いていることを示唆している．また，母が次の子を

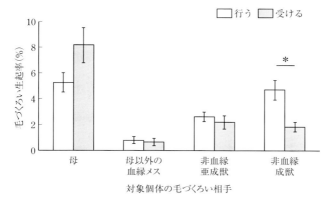

図 3.2 各血縁・年齢カテゴリーの個体との間で生じた毛づくろいの生起率．誤差範囲は標準誤差を示す．＊：$p < 0.05$（ウィルコクソンの符号順位検定）．

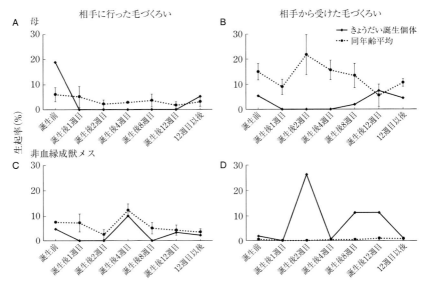

図 3.3 母の出産にともなう亜成獣メスと母や非血縁成獣メスとの毛づくろい生起率の経時変化.実線はきょうだいが誕生した対象個体(7歳),点線はそれ以外の7歳個体の平均を表す.誤差範囲は標準誤差を示す.A:母に対して行った毛づくろい.B:母から受けた毛づくろい.C:非血縁成獣メスに対して行った毛づくろい.D:非血縁成獣メスから受けた毛づくろい.

出産して亜成獣メスと母との関わりが急速に減少した場合には,その母の出産から数日中に非血縁成獣メスから受ける毛づくろいが増加していた(図3.3).1個体のみの事例ではあるが,母との関わりが少なくなることにより非血縁成獣メスとの毛づくろい関係が広がる場合もあることを示唆している.

サルはマカカ属の中でも順位関係が厳格で血縁びいきな種であり(Matsumura, 1999),毛づくろいは非血縁個体よりも血縁個体との間で行われることが多い(Thierry, 2000).一方で毛づくろい相手がどれほど血縁個体に集中しているのかに関しては,かなりの個体差があることも報告されている.Nakamichi and Shizawa(2003)は血縁メスよりも非血縁メスと多く毛づくろいを行う成獣メスがどの家系にも1頭は見られることを明らかにしている.成獣において非血縁メスとの関わりの程度に個体差が生じているのは,一連の研究が示すように母が存在するかどうかということや,母との関係が影響

しているのかもしれない．毛づくろいなどの社会交渉を通じて他個体と親密な社会関係を維持することは，成獣メスやその子の生存にとって重要であることが，とくに母系群を形成する種において明らかになりつつある（チャクマヒヒ；Silk *et al.*, 2009）．少数ではあるが，同じ非血縁メスと毛づくろい関係を 10 年後にも維持していたという報告もある（Nakamichi and Yamada, 2007）．親密なパートナーシップは，割合としては低いが非血縁メス間でも存在すると考えられる．非血縁メスと関わることは，血縁メスとの関わりが少ない場合の補償（Yamada *et al.*, 2005）としての意味合いが考えられるが，そのほかにも利益はあるのだろうか．順位の低いメスにとって順位の高い個体は非血縁であることが多く，順位の高い個体と親和的な関わりを持つことにより，他個体と闘争が生じた際に支援を受けることができる（Chapais *et al.*, 1991）．このほかにも自身よりも順位の高い個体に対して毛づくろいを行うと，順位に関連した利益と交換されるという報告が数多くある（総説として Henzi and Barrett, 1999）．メスにおいて血縁個体のみではなく非血縁個体とも親和的な関係を築くことは，社会生活を送るうえで有利だと考えられる．

3.4 社会行動の発達

　ヒトは言葉づかいや礼儀といった他者との関係をうまく保つための技量を，オトナになる過程において身につける．ヒト以外の霊長類においても，採食や捕食者回避に関する知識や技量に加え（Kappeler *et al.*, 2003），社会生活に関する知識や技量が幼獣期に身につけられる（Pereira, 1993）．たとえば優劣順位（Mori *et al.*, 1989）は幼獣期の初期に獲得されるほか，社会的遊びや infant handling を通じ，幼獣や亜成獣は同年齢段階の個体や年下個体と関わる能力を向上させると考えられる．幼獣期以降における社会行動の発達について，性行動と音声コミュニケーションに関する最近の研究を紹介する．

（1） 性行動

　霊長類の性行動の発達には，性成熟にともなう内分泌系の変化のみではな

く，他個体との関わりといった社会的刺激も必要とされる（Dixon, 2012）．Leca *et al.*（2014, 2015）および Gunst *et al.*（2015）は，嵐山群における一連の研究において，亜成獣メスの性行動の発達を，異性間，同性間の性行動双方に関して報告している．

サルの性行動は誘いかけと，通常は複数回のマウンティングによって構成され，発情した2頭がマウンティングとマウンティング間に近接や接触を繰り返している状態をコンソートと呼ぶ（Vasey and VanderLaan, 2012；図3.4A）．性行動の誘いかけは，姿勢やジェスチャー，音声といった接触をともなわないもの，相手をつかむといった接触をともなうものに分けられ，一部の行動はマウンティングを行う側，受ける側に特有だが，基本的には双方で見られる（Vasey and VanderLaan, 2012）．この誘いかけとマウンティング，コンソートという3つの要素に関して，Leca *et al.*（2014）は1-2歳の幼獣メス，3-4歳の亜成獣メス，7-21歳の成獣メスを比較した．その結果，幼獣では性行動は観察されなかった．亜成獣は成獣と比べると誘いかけのレパートリーが少なく，マウンティングが不完全に終わることが多かった．成獣は身体接触をともなう誘いかけや，マウンティングの合間に相手にしがみつくといった行動をとることにより，長時間のコンソートを維持していた．

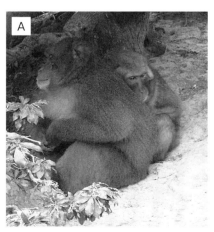 

図 3.4 サルにおける異性間，同性間の性行動．A：コンソート関係にある成獣メスと成獣オス．B：3.5歳亜成獣メスにマウンティングする成獣メス．

これらの結果は，年齢が高くなるにつれ効率のよくない性行動は減少することを示している．

また，サルのいくつかの群れではメス同士の性行動が報告されており，とくに嵐山群ではその頻度が高い（Vasey and VanderLaan, 2012；図 3.4B）．嵐山群の 3-4 歳亜成獣メスと成獣オスとの性行動と，亜成獣メスと成獣メスとの性行動を比較すると，同性間のほうが異性間よりも性行動の頻度が高く，誘いかけやマウンティングなどは，同性間のほうが異性間よりも早い段階で成獣と類似のパターンが出現していた（Leca et al., 2015）．異性間では同性間と比べると，亜成獣メスが誘いかけを行ってもマウンティングに至る割合が低く，亜成獣メスは性行動の間に相手の成獣オスから攻撃を受けやすいことが示されている（Gunst et al., 2015）．つまり，身体サイズが小さい亜成獣メスにとって，成獣オスとの性行動はリスクが大きく成功率も低いために，成獣オスとの性行動の頻度が低いと考えられる．亜成獣メスはこの比較的ゆっくりとした発達の間に，より性行動に協力的で攻撃を行いにくい成獣オスを選択する能力を身につけるのではないかと考察されている（Leca et al., 2015）．

Vasey and VanderLaan（2012）は，同性間の性行動は異性間の性行動のための練習として機能しているというより，それ自体が報酬となる，性行動の 1 つの形なのではないかと述べている．一連の研究は，異性間と同様に同性間に関しても，性成熟の時点では効率のよい性行動は完成していないこと，相手の動作と協応した行動パターンや，パートナーの選択といった社会的な知識は，亜成獣期以降に身につけられることを示唆している．

（2） 音声コミュニケーション

サルはクーコール（coo call；図 3.5A）と呼ばれる音声を，敵対的ではないさまざまな場面で用いる（Green, 1975）．サルはクーコールを鳴き交わすことにより集団内の個体の位置を確認し，集団のまとまりを維持していると考えられている（Sugiura, 2007）．このクーコールの音響的な特徴や用い方は発達的に変化することが報告されている．鹿児島県屋久島の餌付けされていない純野生群と，屋久島で捕獲された個体で形成された愛知県日本モンキーセンターの放飼場群である大平山群の新生子を縦断的に観察した研究では，

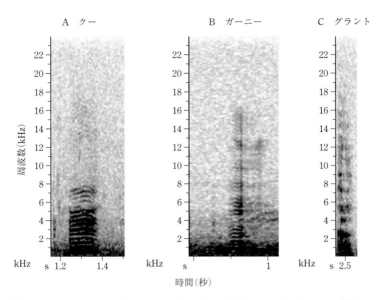

図 3.5 サルのクー，ガーニー，グラントの音響スペクトログラム．縦軸は周波数，横軸は時間を示す．

生後 4-5 カ月ではクーコールの音の高さに関する特徴に群れによる違いは見られないが，生後 7-8 カ月と生後 9-11 カ月では大平山群のほうが低いことが示されている（Tanaka et al., 2006）．純野生群と飼育群という，栄養状態が異なる群れ間の比較であるものの，発達にともない音声の高さに群れによる違いが表れることは，音響的な特徴は環境に応じて柔軟に変化する可能性を示唆している．

また，成獣ではクーコールの返答はある一定の時間内に起こることが多く，同じ個体がその一定時間内に連続して発声することはほとんどないため，鳴き交わしの際には相手の返答を一定時間待つことが示唆されている（Sugiura, 1993）．しかし，飼育群における研究により，新生子（8-10 カ月）は成獣と比べ，鳴き交わしの際に同一個体が短い間隔で連続して発声することが明らかになっている（Lemasson et al., 2013）．つまり，発声した後には相手の返答を待ってもう一度発声するというパターンは，新生子では見られない．

サルはクーコールに加え，ガーニー（girney）やグラント（grunt）と呼

ばれる「グーグー」や「グッグッ」と聞こえる音量の小さい音声を用いる（図 3.5B, C）．サルはこれらの音声をおもに相手と対面した場面で用い，自身に敵意がないことを相手に伝えている（Katsu *et al.*, 2016）．サルは血縁個体よりも非血縁個体と関わる際に，これらの音声を高い割合で用いる（Mori, 1975；志澤, 2001）．非血縁個体のようにとくに緊張状態が生じやすい相手に対してこれらの音声を用いることで，交渉を円滑に行うことができると考えられる．嵐山群におけるメスの新生子，幼獣，亜成獣（5歳），成獣（7-25歳）を対象とした観察から，このように相手との関係に応じた音声の用い方は，発達的に変化することが示されている（Katsu *et al.*, 2014）．グラントやガーニーの頻度そのものは，成獣よりも新生子や幼獣，亜成獣のほうが高かった（図 3.6）．対象個体が音声を発した際の状況を調べると，幼獣や亜成獣，成獣ではほとんどが対象個体の 5 m 以内に近接している正面の個体（受け手）に音声を発していた一方，新生子は，音声が届きにくいと考えられる遠くの相手に対して，あるいは周囲に個体がいない場合にも音声を用いる割合が高かった（図 3.7）．つまり，新生子は発声頻度が高いも

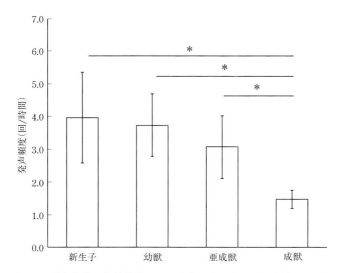

図 3.6 対象個体の年齢段階による発声頻度の違い．誤差範囲は標準誤差．＊：$p < 0.05$（Tukey 法）．

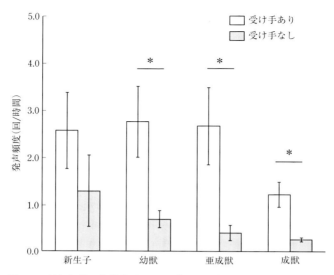

図 3.7 対象個体の年齢段階による受け手に向けた発声と受け手のいない発声の頻度の違い．誤差範囲は標準誤差．＊：$p < 0.05$（Tukey法）．

のの，受け手がおらず他個体に伝達するには効率のよくない発声も多いことを示している．さらに，成獣は非血縁メスに近づく際には血縁メスに近づくときよりも音声を用いることが多かった一方，亜成獣や幼獣は相手との血縁関係の違いにより音声を用いた割合が異なるとはいえなかった（図 3.8）．この結果は，幼獣や亜成獣は一般的に関わりの少ない相手である非血縁メスに対して，音声を多く用いるわけではないことを示している．

クーコールの自集団における音響的特徴は新生子期に身につけられ，クーコールを鳴き交わす際の発声タイミング，グラントやガーニーの受け手に対する発声は，新生子と成獣との間で違いが見られた．非血縁メスに対するグラントやガーニーの発声は，亜成獣において成獣との間で違いが見られた．音声コミュニケーションにおける効率のよい振る舞いも，発達に従い徐々に身につけられるといえる．さらに，亜成獣メスにおいても成獣メスのように，グラントやガーニーを非血縁メスに頻繁に用いていなかったことは，非血縁メスとの関係調整において役立つ行動は，ある程度年齢が高くなってから出

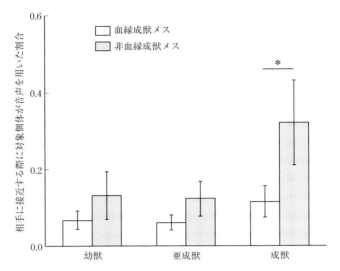

図 3.8 対象個体の年齢段階による血縁成獣メスと非血縁成獣メスに接近する際に音声を用いた割合の違い．誤差範囲は標準誤差．＊：$p < 0.05$（Tukey法）．

現することを示唆している．

3.5 今後の展望

　Maestripieri and Roney（2006）はヒトも含めた霊長類の進化発達心理学に関する総説において，幼獣期は幼獣期特有の課題に対処し，将来的に必要となる能力を身につけるための発達段階だとしている．亜成獣期においては，性成熟を迎え，社会関係が変化することにより，性行動や関係を調整する発声に関して発達が促進されることが示唆されている．今後の課題として，幼獣期や亜成獣期の発達的な変化に，社会経験が影響しているのかを明らかにすることが必要である．例として仲直り行動の研究が挙げられる．仲直りは個体間で葛藤が生じた後にその個体間で行われる親和的交渉のことで，葛藤により損なわれた関係を修復する機能があると考えられている（de Waal and van Roosmalen, 1979）．寛容性の高い種であるベニガオザル（*Macaca arctoides*)では，寛容性が低い種であるアカゲザル（*M. mulatta*）と比べて仲直りが起こりやすい（Thierry, 2000）．しかし，ベニガオザルとともに5カ月間飼育された幼獣のアカゲザルは，アカゲザルのみで飼育された幼獣よりも，その後の観察期間において仲直りを行う割合が大幅に高くなった（de Waal and Johanowicz, 1993）．この研究は幼獣において仲直り行動自体が身につけられるわけではないものの，その群れの傾向に応じて，仲直りの行いやすさが修正されることを示唆している．性行動や音声コミュニケーションに関しても，他個体との関わりの多さが発達の速さや行動の個体差といった違いをもたらすのかを縦断的に調べることにより，社会経験が影響するのかを明らかにできると考えられる．知識や経験を生かし，社会場面で生じる問題に対処する能力は社会的知性（social intelligence）と呼ばれる（バーン・ホワイトゥン，2004）．新生子や幼獣に限らず，亜成獣や成獣も対象として社会行動の発達的な側面に注目することで，社会的知性がいかに獲得されるのかを理解する手がかりとなると考えられる．

引用文献

Bardi, M. and M.A. Huffman. 2002. Effects of maternal style on infant behavior in Japanese macaques (*Macaca fuscata*). Developmental Psychobiology, 41：364-372.

Bardi, M. and M.A. Huffman. 2006. Maternal behavior and maternal stress are associated with infant behavioral development in macaques. Developmental Psychobiology, 48：1-9.

Bogin, B. 1999. Patterns of Human Growth. Cambridge University Press, Cambridge.

Bogin, B. 2001. The Growth of Humanity. Wiley-Liss, New York.

バーン，R., A. ホワイトゥン（藤田和生・山下博志・友永雅己, 監訳）．2004. マキャベリ的知性と心の理論の進化論——ヒトはなぜ賢くなったか．ナカニシヤ出版，京都．

Chapais, B., M. Girard and G. Primi. 1991. Non-kin alliances, and the stability of matrilineal dominance relations in Japanese macaques. Animal Behaviour, 41：481-491.

de Waal, F.B.M. and A. van Roosmalen. 1979. Reconciliation and consolation among chimpanzees. Behavioral Ecology and Sociobiology, 5：55-66.

de Waal, F.B.M. and D.L. Johanowicz. 1993. Modification of reconciliation behavior through social experience: an experiment with two macaque species. Child Development, 64：897-908.

Dixon, A.F. 2012. Primate Sexuality : Comparative Studies of the Prosimians, Monkeys, Apes, and Humans. Oxford University Press, Oxford.

Eaton, G.G., D.F. Johnson, B.B. Glick and J.M. Worlein. 1985. Development in Japanese macaques (*Macaca fuscata*) : sexually dimorphic behavior during the first year of life. Primates, 26 : 238-247.

Fairbanks, L.A. 1990. Reciprocal benefits of allomothering for female vervet monkeys. Animal Behaviour, 40 : 553-562.

Frank, R.E. and J.B. Silk. 2009. Grooming exchange between mothers and non-mothers: the price of natal attraction in wild baboons (*Papio anubis*). Behaviour, 146 : 889-906.

Glick, B.B., G.G. Eaton, D.F. Johnson and J.M. Worlein. 1986. Development of partner preferences in Japanese macaques (*Macaca fuscata*) : effects of gender and kinship during the second year of life. International Journal of Primatology, 7 : 467-479.

Green, S.M. 1975. Variation of vocal pattern with social situation in the Japanese monkey (*Macaca fuscata*) : a field study. *In* (Rosenblum, L., ed.) Primate Behavior. pp.1-102. Academic Press, New York.

Grewal, B.S. 1980. Changes in relationships of nulliparous and parous females of Japanese monkeys at Arashiyama with some aspects of troop organization. Primates, 21 : 330-339.

Gunst, N., J.B. Leca and P.L. Vasey. 2015. Influence of sexual competition and social context on homosexual behavior in adolescent female Japanese macaques. American Journal of Primatology, 77 : 502-515.

Hamada, Y., S. Hayakawa, J. Suzuki and S. Ohkura. 1999. Adolescent growth and development in Japanese macaques (*Macaca fuscata*) : punctuated adolescent growth spurt by season. Primates, 40 : 439-452.

Hayaki, H. 1983. The social interactions of juvenile Japanese monkeys on Koshima Islet. Primates, 24 : 139-153.

Henzi, S. and L. Barrett. 1999. The value of grooming to female primates. Primates, 40 : 47-59.

Hill, D.A. and N. Okayasu. 1995. Absence of 'youngest ascendancy' in the dominance relations of sisters in wild Japanese macaques (*Macaca fuscata yakui*). Behaviour, 132 : 367-379.

Imakawa, S. 1990. Playmate relationships of immature free-ranging Japanese monkeys at Katsuyama. Primates, 31 : 509-521.

Kappeler, P.M., M.E. Pereira and C.P. van Schaik. 2003. Primate life histories and socioecology. *In* (Kappeler, P.M. and M.E. Pereira, eds.) Primate Life History and Socioecology. pp.1-23. The University of Chicago Press, Chicago.

Katsu, N., K. Yamada and M. Nakamichi. 2013. Social relationships of nulliparous young adult females beyond the ordinary age of the first birth in a free-ranging troop of Japanese macaques (*Macaca fuscata*). Primates, 54 :

7-11.

Katsu, N., K. Yamada and M. Nakamichi. 2014. Development in the usage and comprehension of greeting calls in a free-ranging group of Japanese macaques (*Macaca fuscata*). Ethology, 120：1024-1034.

Katsu, N., K. Yamada and M. Nakamichi. 2016. Function of grunts, girneys and coo calls of Japanese macaques (*Macaca fuscata*) in relation to call usage, age and dominance relationships. Behaviour, 153：125-142.

Kawai, M. 1958. On the rank system in a natural group of Japanese monkey (I). Primates, 1：111-130.

Kawamura, S. 1958. Matriarchal social ranks in the Minoo-B troop: a study of the rank system of Japanese monkeys. Primates, 1：149-156.

Koyama, N. 1991. Grooming relationships in the Arashiyama group of Japanese monkeys. *In* (Fedigan, L.M. and P.J. Asquith, eds.) The Monkeys of Arashiyama：Thirty-five Years of Research in Japan and the West. pp.211-226. State University of New York Press, Albany.

Koyama, N., Y. Takahata, M.A. Huffman, K. Norikoshi and H. Suzuki. 1992. Reproductive parameters of female Japanese macaques: thirty years data from the Arashiyama troops, Japan. Primates, 33：33-47.

Koyama, N.F. 2003. Matrilineal cohesion and social networks in *Macaca fuscata*. International Journal of Primatology, 24：797-811.

小山幸子．1998．社会的順位と遊び行動．（糸魚川直祐・南徹宏，編：サルとヒトのエソロジー）pp.71-83．培風館，東京．

宮藤浩子．1986．ワカメスの社会行動．（森梅代・宮藤浩子，著：ニホンザルメスの社会的発達と社会関係）pp.94-134．東海大学出版会，東京．

Leca J.B., N. Gunst and P.L. Vasey. 2014. Development of sexual behavior in free-ranging female Japanese macaques. Developmental Psychobiology, 56：1199-1213.

Leca, J.B., N. Gunst and P.L. Vasey. 2015. Comparative development of heterosexual and homosexual behaviors in free-ranging female Japanese macaques. Archives of Sexual Behavior, 44：1215-1231.

Lemasson, A., M. Guilloux, Rizaldi, S. Barbu, A. Lacroix and H. Koda. 2013. Age- and sex-dependent conact call usage in Japanese macaques. Primates, 54：283-291.

Maestripieri, D. 1994. Social structure, infant handling, and mothering styles in group-living Old World monkeys. International Journal of Primatology, 15：531-553.

Maestripieri, D. and J.R. Roney. 2006. Evolutionary developmental psychology：contributions from comparative research with nonhuman primates. Developmental Review, 26：120-137.

Matsumura, S. 1999. The evolution of "egalitarian" and "despotic" social systems among macaques. Primates, 40：23-31.

Mori, A. 1975. Signals found in the grooming interactions of wild Japanese mon-

keys of the Koshima troop. Primates, 16：107-140.
Mori, A., K. Watanabe and N. Yamaguchi. 1989. Longitudinal changes of dominance rank among the females of the Koshima group of Japanese monkeys. Primates, 30：147-173.
Muroyama, Y. 1991. Mutual reciprocity of grooming in female Japanese macaques (*Macaca fuscata*). Behaviour, 119：161-170.
Muroyama, Y. 1995. Developmental changes in mother-offspring grooming in Japanese macaques. American Journal of Primatology, 37：57-64.
Nakamichi, M. 1989. Sex differences in social development during the first 4 years in a free-ranging group of Japanese monkeys, *Macaca fuscata*. Animal Behaviour, 38：737-748.
Nakamichi, M. 1996. Proximity relationships within a birth cohort of immature Japanese monkeys (*Macaca fuscata*) in a free-ranging group during the first four years of life. American Journal of Primatology, 40：315-325.
Nakamichi, M. 2003. Age-related differences in social grooming among adult female Japanese monkeys (*Macaca fuscata*). Primates, 44：239-246.
Nakamichi, M. and Y. Shizawa. 2003. Distribution of grooming among adult females in a large, free-ranging group of Japanese macaques. International Journal of Primatology, 24：607-625.
Nakamichi, M. and K. Yamada. 2007. Long-term grooming partnerships between unrelated adult females in a free-ranging group of Japanese monkeys (*Macaca fuscata*). American Journal of Primatology, 69：652-663.
和秀雄．1982．ニホンザル——性の生理．どうぶつ社，東京．
Pavelka, M.S.M. 1990. Do old female monkeys have a specific social role? Primates, 31：363-373.
Pereira, M.E. 1993. Juvenility in animals. *In* (Pereira, M.E. and L.A. Fairbanks, eds.) Juvenile Primates: Life History, Development and Behavior. pp.17-27. The University of Chicago Press, Chicago.
Schino, G., L. Speranza, R. Ventura and A. Troisi. 2003. Infant handling and maternal response in Japanese macaques. International Journal of Primatology, 24：627-638.
志澤康弘．2001．ニホンザルによる発声と毛づくろいの関連性．動物心理学研究，51：39-46.
Silk, J.B., D. Rendal, D.L. Cheney and R.M. Seyfarth. 2003. Natal attraction in adult female baboons (*Papio cynocephalus ursinus*) in the Moremi Reserve, Botswana. Ethology, 109：627-644.
Silk, J.B., J.C. Beehner, T.J. Bergman, C. Crockford, A.L. Engh, L.R. Moscovice, R.M. Wittig, R.M. Seyfarth and D.L. Cheney. 2009. The benefits of social capital: close social bonds among female baboons enhance offspring survival. Proceedings of the Royal Society B：Biological Science, 276：3099-3104.
Smith, E. 1978. Social Play in Primates. Academic Press, New York.
スプレイグ，D. 2004．サルの生涯，ヒトの生涯——人生計画の生物学．京都大

学学術出版会, 京都.
Sugiura, H. 1993. Temporal and acoustic correlates in vocal exchange of coo calls in Japanese macaques. Behaviour, 124：207-225.
Sugiura, H. 2007. Effects of proximity and behavioral context on acoustic variation in the coo calls of Japanese macaques. American Journal of Primatology, 69：1412-1424.
鋤納有実子・大西賢治・中道正之．2011．ニホンザルの１歳齢の社会的な関わりに母ザルの子育てスタイルが及ぼす影響．霊長類研究, 27：11-19.
Takahata, Y., S. Suzuki, N. Agetsuma, N. Okayasu, H. Sugiura, H. Takahashi, J. Yamagiwa, K. Izawa, T. Furuichi, D.A. Hill, T. Maruhashi, C. Saito, S. Saito and D.S. Sprague. 1998. Reproduction of wild Japanese macaque females of Yakushima and Kinkazan Islands: a preliminary report. Primates, 39：339-349.
Tanaka, T., H. Sugiura and N. Masataka. 2006. Cross-sectional and longitudinal studies of the development of group differences in acoustic features of coo calls in two groups of Japanese macaques. Ethology, 112：7-21.
Thierry, B. 2000. Covariation of conflict management patterns across macaque species. *In* (Aureli, F. and F.B.M. de Waal, eds.) Natural Conflict Resolution. pp.106-128. University of California Press, California.
Vasey, P.L. and D.P. VanderLaan. 2012. Is female homosexual behaviour in Japanese macaque struly sexual? *In* (Leca, J.-B., M.A. Huffman and P.L. Vasey, eds.) The Monkeys of Stormy Mountain: 60 Years of Primatological Research on the Japanese Macaques of Arashiyama. pp.153-172. Cambridge University Press, Cambridge.
Walker, M.L. and J.G. Herndon. 2008. Menopause in nonhuman primates? Biology of Reproductiion, 79：398-406.
Watanabe, K. 1979. Alliance formation in a free-ranging troop of Japanese macaques. Primates, 20：459-474.
Yamada, K., M. Nakamichi, Y. Shizawa, J. Yasuda, S. Imakawa, T. Hinobayashi and T. Minami. 2005. Grooming relationships of adolescent orphans in a free-ranging group of Japanese macaques (*Macaca fuscata*) at Katsuyama：a comparison among orphans with sisters, orphans without sisters, and females with a surviving mother. Primates, 46：145-150.

4

行動の伝播, 伝承, 変容と
文化的地域変異

中川尚史

　ヒト以外の動物に文化があることを実証した例として，ニホンザル（以下サル）のイモ洗いはあまりにも有名である．1953年，幸島の1歳半のメスが，砂浜にまかれたサツマイモを小川に，その後海に浸して砂を洗い落とし，塩味をつけてから食べ始めた．この行動は彼女の遊び仲間や母親たちに伝わっていき，群れの構成員の多くに広まった．しかしほぼ同時期に，そしてその後も全国各地の餌付け群でいろいろ新奇な行動が発明され伝播していたことはあまり知られていない．1979年，嵐山の3歳のメスで初めて見つかったひとり遊びたる石遊びは，その伝播の過程やその文化的変異など，サルのみならず霊長類の中でも文化の有り様がもっとも多面的に調べられている例である．またごく最近になって，純野生群としては初めての文化で，かつ初めての社会行動の文化ともいえる抱擁行動の地域変異が見つかった．本章では，こうしたサルの多様な文化的行動について，研究上の課題を含めて紹介していく．

4.1　日本の霊長類学と文化，およびその定義

　日本霊長類学の創始者たる今西錦司は，1952年5月に出版した『人間』と題する編著書に所収した『人間性の進化』と題する論考の中で，持続的な集団生活を営む動物に「カルチュア」の存在を予言した（今西，1975）．宮崎県幸島で野生のサルの調査を始めてから3年半弱経過してはいたが，餌付け成功の3カ月前，のちに「カルチュア」とされる有名なイモ洗い（図4.1）の初観察の1年4カ月も前のことである．彼が文化ではなくあえて

「カルチュア」と呼んだのにはもちろん訳がある．文化と呼ぶと，音楽，絵画，映画などの芸術に代表されるような明らかに人類特有の高尚な行為が想起されてしまうためであった．今西は「カルチュア」を「非遺伝的な獲得的行動」であり，「見覚えたり，教わったりして身につける行動」と位置づけ，人間と動物の連続性を議論可能なものとしたのである（今西，1975）．その後，今西の意図は国内外問わず，かつ霊長類学の枠組みを超えて浸透し，動物行動学，生物人類学，認知科学の分野でも，「集団の構成員によって共有されており，社会的学習により伝播したその集団に典型的な行動パターン」を，「カルチュア」改め文化（英語ではculture）と呼ぶに至っている（Laland and Hoppitt, 2003）．

イモ洗いのように新奇な行動の伝播過程が見られればよいのだが，集団中にある程度広まってしまった後では，その行動の維持が社会的学習によっているのかを野外観察で証明することはじつは非常にむずかしい．そこで文化であることの傍証として野外霊長類学で使われるのは，排除法と呼ばれている手法である（Krützen *et al.*, 2003）．常習的，習慣的な行動の地域変異が認められ，その変異が環境要因や遺伝子では説明できない場合には，たまたまそれぞれの行動が発明され，社会的に伝播されたと考えて文化的変異とみなす．

図 4.1　宮崎県幸島のサルのイモ洗い．

4.2　行動の伝播，伝承，および変容

（1）　日本の霊長類学黎明期の餌付けに際して生じた新奇な行動の社会的伝播

　1953年9月，のちにイモと名づけられた1歳半のメスが，砂浜にまかれたサツマイモを小川に浸して砂を洗い落として食べ始めた．すると10月には1歳年上の遊び仲間であるセムシが，翌年1月にはイモの母親エバと同年齢のウニが同様の行動を始めた．同年2月末までにイモ洗いを獲得したのはイモを除けば3頭だけだったが，幼獣2頭についてはイモの遊び仲間，唯一の成獣であるエバについてはイモの母親と，イモと親しい個体であったことからイモ洗いは「模倣」によって伝播したと考えられた（川村，1956）．その後1958年3月までに，2-7歳までの19頭中15頭もの個体がイモ洗いを獲得したものの，8歳以上の成獣については11頭中メス2頭のみであった．さらにはこのころから海水で洗うことで塩味をつけることも始め，1962年8月までには2歳以上の49頭のうち36頭に広がり，とくにエバ家系では全頭がイモ洗いを行うに至った（Kawai, 1965）．

　幸島において，イモ洗いから3年遅れで発明され伝播していったと考えられる行動に小麦洗いがある．砂浜にまかれ，砂のついた小麦を水に浸すことにより，砂は沈む一方，小麦は水に浮くという性質を利用して分離させるという行動で，砂金を採集するのと同じ技法のため砂金採集法とも呼ばれた．そしてこの行動の発明者もイモなのである．1956年，4歳になったイモが始め，1962年8月までに49頭中19頭が獲得した．なかでもイモ洗い同様イモの属するエバ家系では，15頭中13頭が行った．伝わったのは2-4歳がほとんどで，12歳以上の個体はいなかった（Kawai, 1965）．

　この砂金採集法から派生して生じた新奇な行動に小麦横取り行動がある．小麦洗いのために他者が海中に投げた小麦を奪う行動である．1959年7月，第1位メスのエバと2歳のソバが始めたが，その後エバとその娘で第2位メスのサンゴは自身では小麦洗いはせず，横取り専門となった（Watanabe, 1994）．またヒトから餌をもらうときにするしぐさであるお頂戴行動や，海にまかれた餌に誘われて始まった海水浴も広まっていった（Hirata *et al.*,

2001)．

　1954 年に幸島に続いて餌付けに成功した大分県高崎山では，包装紙ははがさない状態でキャラメルを1頭に1粒ずつ給餌実験的に与えていき，キャラメル食の伝播過程を詳細に調べた．7月を第1回として翌年9月の第6回まで行った．亜成獣以上の個体については，オスでは40頭中12頭，メスでは82頭中42頭の獲得に留まったのに対し，0-3歳の個体では第1回だけで獲得率は50％に達し，第6回では65頭中63頭が獲得した（伊谷，1958）．長野県志賀A群で始まったリンゴ洗いは，1963年1月老齢メスのエバが始めた（Suzuki, 1965）．志賀高原で有名な温泉浴が始まったのもほぼ同時期で，幼獣メスから始まった（Suzuki, 1965）青森県下北半島A群では小麦やトウモロコシを（Azuma, 1973），大阪府箕面谷では小麦を与え，実験的に伝播過程を調べた（山田，1958）．

（2）　伝播メカニズムの再考──模倣から刺激強調へ

　文化的行動として広く認知されるようになったイモ洗いであったが，20年以上経過してから，外国の認知科学者から，「模倣によるとするならば広まるのに時間がかかりすぎている」との疑念が挙がった．それぞれ試行錯誤による個体学習で獲得した行動であるせいだとすれば文化とは呼べない．幸島でサルがイモ洗いを行うのは視界の開けた砂浜で，そこに広範囲にイモがまかれ，多くの群れメンバーが同時にイモ洗いをするのを見ることは容易な環境である．そこで，模倣ではなく，刺激（局所）強調による社会的学習，つまりある他者がイモを小川につけて洗うのを見て，自分でもイモを持ち小川に行くところまでが社会的学習であり，その後はたまたま水にイモを落としたりするなど試行錯誤を繰り返すうちに，双方の関係を自分自身で理解して行動を個体学習したために時間がかかった，と解釈されるに至っている（たとえば Galef, 1992）．現在では，模倣は類人猿においてすらむずかしい行動だといわれている（明和，2004）．

　刺激強調によるとの指摘を受け，国内の認知科学者も，パネルやレバーを押すと中から餌が出てくる実験装置（オペラント箱）を放飼場に置いて，いわば給餌実験として検証を行った．幼獣は箱に関心があっても年長個体が占拠していると試せない．ただ母親が占拠していてもその子供は近づけるため，

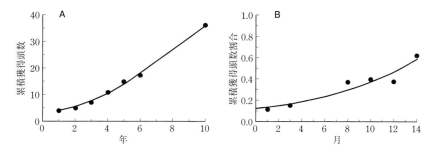

図 4.2 ロジスティック関数で近似できたイモ洗い開始からの経過年数と累積獲得頭数の関係（A）と指数関数で近似できたキャラメル食開始からの経過日数と群れの全頭数に占める累積獲得頭数割合の関係（B）（Lefebvre, 1995 より改変）．

パネル押しを知らない母親の子供であっても獲得するということが起こる．こうした結果から，未獲得の個体にとってオペラント箱と中の餌は関心を呼ぶ効果，つまり刺激強調のみで，パネル押しの獲得は試行錯誤によるとみなされた（樋口，1992）．

Lefebvre（1995）は，前述のサル餌付け開始時の新しい採食行動の伝播，ならびに次項の冒頭で紹介する幸島での魚食伝播に関する先行研究から，伝播速度の変化を分析した．その結果，経過時間と累積獲得頭数（あるいはその割合）は，多くがロジスティック関数（初めは徐々に増加し，半ばで急激に増加しその後漸減する）や指数関数で近似できたことから（図4.2），これらの行動は全体としては個体学習ではなく社会的学習によって伝播したと考えられると結論づけた．

（3） その後発見された新奇な行動の社会的伝播

幸島での餌付け開始から 26 年経過した 1979 年，周辺オスである老齢オス 1 頭が，天日干しにされていた魚を食べた．次の観察は 1981 年 5 月 25 日．やはり群れの周辺にいた別の成獣オス 1 頭が砂浜に打ち上げられた魚を食べた．群れの中心にいる個体の魚食は，1982 年 9 月に同一家系の高順位老齢メス 4 頭が最初である．その後 1983 年 3 月までの間に 3 歳以上の 33 頭に広がり，1985 年 4 月までに幼獣や新生子に伝わり，1986 年 11 月までに 65 頭（主群の 75％）に広がっていった．年長から年少へ広がった珍しい例の1つ

78　第4章　行動の伝播，伝承，変容と文化的地域変異

図 4.3　嵐山のサルの石遊び．

である（Watanabe, 1989）．

　京都府嵐山の餌付け開始から 25 年経過した 1979 年 12 月，3 歳の中順位メス（GL-64-76）が最初に石遊びをするのが観察された（図 4.3）．いくつかの平たい石を森から持ち出し，餌場で掌を使って集めたりちらかしたりする．その後 1980 年 9 月までの調査期間中は観察されなかったが，次に調査した 1983 年 11 月までに頻繁に起こるまでに広がっていた．1984 年 6 月の時点で 115 頭（49％）が獲得．92 頭（80％）が 1980-1983 年生まれの幼獣で，残り 20％ は 6 頭の亜成獣オス，6 頭の亜成獣メスと 11 頭の成獣メス．よく観察されているが石遊びが見られていないのは 24％ で，すべて 7 歳以上であった．GL-64-76 より年長で行うのは GL 家系（いとこ）2 頭とあと 1 頭．10 歳以上はだれもやらないという．イモ洗いや小麦洗いと異なり，5 歳以後に獲得した個体はいなかった（Huffman, 1984）．

　これら以外にも，新奇な行動を獲得する個体はいたが，ほとんど伝播が起こらず文化には至らなかった例が各地で報告されている．嵐山群における口を開けて威嚇する際自身の手首をかむという行動（Grewal, 1981）や体毛を

歯間ブラシとして使用する行動（Leca et al., 2010a）．大阪大学の放飼場群（岡山県勝山 B 群）における棒をコンクリートの壁に立てて登る遊び（Machida, 1990）．アメリカにあるオレゴン地域霊長類研究センターの放飼場群（広島県三原由来）における雪玉つくり遊び（Eaton, 1972）．アメリカのバックネル大学の野外ケージ飼育群における石を使っての自身の新生子への毛づくろい（Weinberg and Candland, 1981）．さらに特定の限られた個体限定だが，箕面谷群の石投げ，京都市動物園の水かけなど投てき行動と総称される行動（いずれも，片手または両手の下投げ），奈良公園の飼育オスが威嚇の際，鉄扉を足で蹴って音を立てる行動，箕面谷群の母ザルで見られた，片手で自分の背を触って新生子に背乗りを指示する行動なども観察されたことがある（川村，1956, 1965）．

（4） 伝播方向と伝播速度の行動による相違

　Huffman and Hirata（2003）が，上述の新奇な行動の伝播方向や速度を整理したところ，以下の傾向が認められた．まず伝播の方向については 3 タイプが認められた．①幼獣や亜成獣など若齢個体から若齢個体へ伝播（水平伝播）するタイプで，石遊び，パネル押し実験，レバー押し実験で見られた．②若齢個体から若齢個体への（水平）伝播ののち若齢個体からより血縁の年長個体へ，さらには血縁を超えた年長個体への伝播（上方向の垂直伝播）も見られるタイプで，食物と関わる行動（イモ洗い，小麦洗い，キャラメル食，小麦食，食物洗い）と海水浴で見られた．③群れ周辺の個体から群れ中心部の老齢個体へ伝わり，中心個体全体へ伝わるタイプで，魚食のみで見られた．

　次に，群れの半分の構成員に伝播するまでに要した日数を伝播速度として，群れの頭数との関係を行動ごとに調べてみた（図 4.4）．群れの頭数との間に有意な相関は認められず，レバー押しとパネル押しという給餌実験的な試行研究 4 例を除いてみてもその傾向は変わらなかった．しかし，実験的な試行，新しい食物（小麦食，キャラメル食，魚食），新しい食物処理法（イモ洗い，小麦洗い，食物洗い），新しい遊び（石遊び，海水浴）の 4 タイプに分けると，後二者の 1400 日以上と比較して，前二者は 200 日未満と圧倒的に伝播速度が高いという結果となった（図 4.5）．

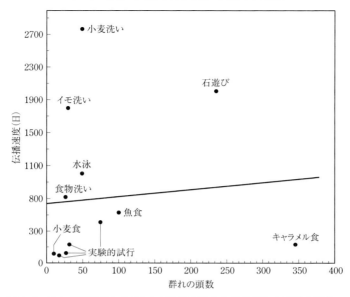

図 4.4　サルで観察された 12 の文化的行動における群れの頭数と群れの頭数の 50% に伝播した速度の関係（Huffman and Hirata, 2003 より改変）.

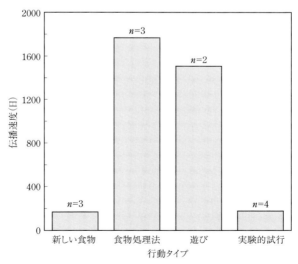

図 4.5　行動タイプごとの群れ頭数の 50% に伝播した速度（Huffman and Hirata, 2003 より改変）.

（5） 世代を超えた伝承——母親から子供へ

　ここまではおおむね新奇な行動が集団中に伝播する（transmission）段階に焦点をあててきたが，次はその文化が世代を超えて伝承される（tradition）段階に目を向けてみる．イモ洗いでは 1959 年以降が伝承段階にあたり，伝播段階では相手はおもに 1-2.5 歳の幼獣であり，1953 年の時点ですでに 4 歳を超えていた個体については，オスは皆無でメスも少なかったのに対し，伝承段階では成獣も含めて雌雄差がなく，幼獣が 1-2.5 歳の間に母親から伝播したと考えられた（Kawai, 1965; Hirata *et al.*, 2001）．

　幸島において，2004 年 1 月，単独オスが砂浜に打ち上げられたこれまで食べた記録のない魚種スズキ（*Lateolabrax japonicus*）を見つけ食べた．18 分後群れが現れこのオスは去り，やがて群れの 2 頭の成獣メスが 4 分間採食し，やがて第 1 位オスに譲った．3.5 時間で主群の合計 15 頭が代わる代わる食べた．今回魚食を観察した 16 頭中 15 頭は，Watanabe（1989）で観察されている家系に属しており，魚食は母系で維持されているようであった（Leca *et al.*, 2007b）．

　京都大学霊長類研究所の放飼場群（福井県高浜群）では，石遊びの伝承段階が詳細に調べられた．母子 14 組中 13 組では平均最初の 6 カ月で獲得するが，3-31 週と個体変異も大きかった．母親が高頻度で石遊びをする新生子は獲得が早かった．母親が石遊びをせず連続出産の新生子は，獲得がもっとも遅かった（Nahallage and Huffman, 2007）．やはり伝承段階に入って久しい嵐山の餌付け群において，石が散在している場所より，サルはいなくとも石が集まっている「石遊び跡」において，石遊びが高頻度，長時間起こることを野外実験で示した．この結果は，「石遊び跡」が関心を呼ぶ効果がある，つまり刺激強調が働いていることを示唆した（Leca *et al.*, 2010b）．

　志賀高原では最初に温泉入浴者が観察されてから 17 年後の 1980 年から 2003 年までの間に入浴者を調べたところ，全 114 頭のメス中 35 頭が頻繁な入浴者であった．うち優位家系では 47％，劣位家系では 14％ と前者が多数を占めた．母親が入浴するその子供は入浴することが多いことから，子供は母親と入浴することで伝播すると考えられた（Zhang *et al.*, 2007）．

　文化と呼ぶにはふさわしくないが，社会的伝播が起こっている証拠として

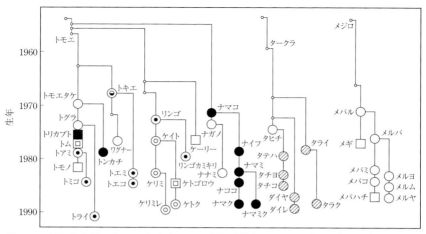

図 4.6 志賀 A-1 群のサルにおけるシラミ卵処理技術の 4 タイプの分布．対象はシラミ卵処理を 10 回以上撮影，記録，ビデオ解析できた 46 個体．大きな丸がメス，四角がオス．小さい丸は解析できなかった母親にあたる個体．個体は母系にもとづいて誕生年順に上から配置した．メスの個体からの枝分かれがそのメスの子供に対応する．上下に走る直線上に並んだ個体が同じ母親から生まれたきょうだいとなる．◎と二重回が，人差し指の爪を使った爪こすり取り型の個体，◯が親指の爪を使っての爪こすり取り型の個体，◯がひねり取り型の個体，●と■が爪合わせ型の個体を，◯と□がシラミ卵をはずすために特別な処理を行わない個体を示す．トキエの中の丸が白と黒の半分合わせになっているのは，トキエは爪こすり取りにおいて人差し指と親指の両方の爪を使ったため（Tanaka, 1995 より改変）．

はもっともエレガントな例が，志賀高原から知られている．毛づくろいは社会行動であるが，衛生的行動でもあり，サルの場合は外部寄生虫であるシラミの卵を除去するための行動である（第 10 章参照）．図 4.6 は，群れのメスとその子供におけるこれら卵処理技術 4 タイプの分布を示している．46 頭のうちトキエが 2 つの型を示すのを除いて，基本いずれか 1 つの型しか示さなかった．さらに驚くべきことに，基本的には同じ母系家系内の個体は同じ型を示した．毛づくろいは基本的に同一家系内で行われるため，子供のころ，自身の母親が姉や兄と毛づくろいを交わすのを観察することを通じて学習したと考えられる（Tanaka, 1995）．また，最優位家系であるトモエ家系においては，複数の型が混在しているが，これは高順位メスでは家系外の低順位から毛づくろいを受けることがあるので，その影響であろうと考えられた

(Tanaka, 1998).

（6） 文化の変容

Huffman and Hirata（2003）は，伝承段階の後にさらに変容（transformation）段階を置いている．伝承段階に入ってからさらに25年間経過した1983年と1984年の夏に幸島でイモ洗いの調査を行った．全部で58頭について合計2060例のイモ洗いの事例を集めたところ，50%は片手でイモを海水に繰り返しつけるだけの味付けであった．イモを海水につけるだけでなく，すすぎも33%あったものの，もともとの片方の手でつかみ，もう片方の手でこするブラッシングはごくまれ（1%）で，その変異型ともいえる水中の岩や砂の上でこする（5%），あるいは手と手の間でこする（12%）であった．つまり，幸島のサルがすべてのイモを食べる前に洗うというのは間違いという状況になっていた．11頭のサル，劣位個体や周辺のオスはイモをけっして洗わず，そのまま食べる．このように型は変容しているにせよ，給餌量を大幅に減らして，年間数回しか餌を与えなくても維持できているというのは驚くべきことである（Watanabe, 1994）．

小麦洗いについては，開始から20年も経たない1974-1975年のうちに変容が起こり始めていた．手の小麦を砂とともに少しずつ落とすremoving，手に握ったまま水中で手を振るscreening，やはり握ったまま歩くwalking，水のそばにある小麦を水に投げ入れ片手で拾い上げるsweeping，浮いている小麦が波で流されて集まるのを待つgatheringである．それから10年後の1983-1984年に2237事例の小麦洗いを記録した．横取り，sweeping，gatheringは混み合った状態では評価がむずかしいので分析から除外した．2237事例の内訳は，もとの型にあたる投げ入れは約80%に減少し，その分removingが約15%，screeningが4%，walkingが1%を占めるようになっていた．行為者については97%を13頭が，99%を15頭のサルが占めた．そして彼らのほとんどは1971年以前に生まれた個体である．1985年に生まれた亜成獣メス1頭が1989年に始めた．1992年には74頭の主群構成員のうち行ったのは4頭のみ．1984-1985年にはさらに新しい変異が見つかり，それは波打ち際に砂を掘ってそこに水たまりをつくってそこで洗うというタイプ．やり方はおおむね個体で決まっている．サツマイモは1972年以来と

きどきしか与えていないが，小麦は週に 2-3 回与えられているにもかかわらず，獲得個体が減少しているのはなぜだろうか．それはたんに投げ入れただけでは小麦を横取りする個体が出てきたこと，そもそも小麦は手に数粒しか持って運べないので，時間がかかるというのもあるかもしれない．

4.3 文化的地域変異

(1) 日本の霊長類学黎明期の地域変異研究

黎明期には，次々と群れが新たに餌付けされていく中，行動の地域変異を調べるという手法からも文化の存在を証明しようとした．川村（1956, 1965）がその初期の取り組みをまとめたものを表 4.1 に示した．採食行動はもちろん遊動，性行動，音声，社会行動，社会構造まで，さまざまなところに文化的変異を見い出そうとしていたことがうかがえる．徳島県櫛木群のサルがイモ畑やダイズ畑は襲うが水田はそばを通っても荒らさないことや，香川県小豆島 O 群で捕獲されたサルに鶏卵を与えると食べたが，同じ小豆島でも S 群や K 群のサルでは食べなかったことから（川村，1956, 1965），それぞれ環境要因と遺伝要因は関わっておらず，量的なデータがあるわけではないが文化的変異と呼んでよさそうである．しかし，それ以外についてはじつに発想が豊かであり，宝の山を見る想いでワクワクさせられるものの，一部著者自身も認めているとおり文化であるというには証拠が不十分である．量的なデータがないのはもちろんであるが，ここで取り上げられている社会行動や性行動はそれほど生起頻度が高くなさそうなものばかりなので，どの程度の観察条件でどれくらいの時間観察した結果，その行動が見られなかったのかという情報がほしいところである（4.3 節（6）項参照）．

なお，社会構造の変異については，最近再考が進んでおり，まだ確定的な証拠が得られたわけではないが攻撃性と関わる遺伝子（表 4.1 でいえば，「オスのおとなしさ」が関連）の違いが寄与することを示唆する結果が得られつつある（第 6 章参照）．別稿（中川，2013）もご覧いただきたい．

（2） 性行動たる求愛行動の文化的変異

　サルは何度もマウントを繰り返し最終的にオスが射精に至る前に，雌雄が配偶相手を探索し，存在をアピールし，たがいの距離を縮めていく段階を踏む．Stephenson（1973）は，広島県宮島，嵐山，幸島の3つの餌付け群で調査を行ったところ，交尾も含め一連の求愛段階で現れてくる5つの行動パターンに地域変異があることを見つけた．①「オスがマウント姿勢後メスの体側に下りる」は，宮島では頻繁に見られるが，嵐山ではまったく，幸島ではごくまれにしか見られなかった．後二者を含む多くの場所では，マウントが終わるとオスはメスの後ろ側に下りるのが普通である．②「オスがマウント後，再度メスがオスに近づく際，背を下にしてオスのそばでひっくり返る」という奇妙な行動が，宮島でのみ見られた．③「オスがメスから離れて自身の肩越しにメスを振り返りながら唇を震わせる」は，嵐山では見られなかった．④「オスが頭と肩を低く下げてメスに接近し，突然180度向きを変えてメスから去る」はどの群れでも見られたのだが，嵐山では何度も何度も繰り返し行うのに対し，宮島と幸島では通常一度しか見られなかった．⑤「メスからオスへのマウント」．これにはオスからメスへのマウントと同様の姿勢，つまりマウントする側の後足をされる側の後脚のふくらはぎあたりに乗せるタイプ以外に，メスがオスの背中に座ってしまうタイプがあるのだが，どちらも幸島ではまったく見られなかった．

（3） ひとり遊びたる石遊びの文化的変異

　嵐山で初めて報告された石遊びだが，その後，各地で報告されたもののすべて餌付け群か飼育群であり，餌付けされていない純野生群からは報告されていない．Leca *et al.*（2008a）は，餌付け群6群，放飼場群4群（うち屋久島亜種1群含む）計10群を対象に調査したところ，餌付け時間帯に石遊びの頻度が増えることがわかった．また，千葉県高宕山群では餌付けをやめると石遊びが減少したという私信，純野生群の宮城県金華山島と鹿児島県屋久島では石遊びがないという私信と合わせて，高栄養の人工餌が与えられることで採食や遊動に時間を割くことが少なくなり，自由時間の増加につながり，それが石遊びの増加につながったと結論づけた．石遊びが生起する至近要因

第4章 行動の伝播,伝承,変容と文化的地域変異

表 4.1 日本霊長類学黎明期に見つかった文化的地域変異(川村,1956,1965).

カテゴリー	行動	千葉県 高宕山 S群	千葉県 高宕山 A群	千葉県 高宕山 他8群	京都府 嵐山群	大阪府 箕面谷 A群	大阪府 箕面谷 B群
採食	水稲食(水田荒らし)	×	×	×			
	ダイズ,サツマイモ食(畑荒らし)	×	×	×			
	トコロ,ヤマノイモ,ユリの根食					○	○
	鶏卵食(飼育個体実験)						
	鶏卵食(野外実験)					△(老齢のみ)	△(老齢のみ)
	餌付くまでの日数	720日	4年11カ月				5日
	キャラメル食の全頭伝播					3-4カ月	2週間
	餌付けから人の手から餌をとるまでの日数	11カ月				16日	
遊動	遊動パターン(土地に対する認知力)	放浪性長周期的			季節的移動		
性行動	「あご引き」(両手,または片手でメスのあごの毛をつかみ,メスの顔を上にむかせ目をのぞき込む.このとき,口と口が触れんばかりになる						
	「テスティング」オスがメスの尾をつまみあげ性器をのぞき込む						
	オスのマスターベーション						
音声	コンソート中のメスの〈クヮン〉の連呼						○
社会行動	高順位オスのメスに対する儀式的マウンティング(非性的)						
	オス同士の儀式的マウンティング					○	○
	オスの子守行動					×	×
	コンソートメスに対する高順位オスのはげしい攻撃					×	×
性格	オスのおとなしさ						
社会構造	オスの移入(交尾期の群れ外オスの群れ中心への侵入)						
	空間構造(個体分布テスト)						
	オスのステータス(クラス)分化					中心部にワカオスクラス	
	メスガシラ(リーダーと親密でその機能の一端を担うメス)	○				○	○
	個体の分布密度	低			低	高	低
	メスの階層化強く,血縁弱い					○	○
	オスの出自群からの離脱率				50%以下	100%(4歳)	100%(4歳)

4.3 文化的地域変異

○：あり；△：一部あり；×：なし．

	香川県 小豆島					徳島県 大麻山櫛木群	岡山県 臥牛山群	広島県 宮島群	広島県 帝釈峡A群	大分県 高崎山群	宮崎県 幸島群	宮崎県 都井岬群	宮崎県 内海・高岡	鹿児島県 屋久島
	S群	O群	K群	T群	I群									
	○	○	○	○	○	×								
	○	○	○	○	○	○				○		○		
										×				
		○(幼少外)											×	○(幼少外)
	×		×							×	×			
	9日	41日												
						季節的移動				規則的短周期的遊動				
								○						
								○		×			△	
								×						
										×	×			
	○	○	○	○										
	×	×	×	×						○	○			
	△		△							○	△			
	×		×							○	△			
	○	○	○	○										
	○		○							×				
	二重構造不明瞭	二重構造不明瞭								同心円二重構造	同心円二重構造			
	サブリーダークラスなし	中心部にカオスクラス	中心部にカオスクラス							5クラス				
										×	○			
	高	高					高	高		低	低			
	×	×								×	○			
	75%(8-10歳)	100%(4歳)								30%	100%(6-7歳)			

については，石遊びを満たされない採食衝動と敵対的交渉の回避衝動との葛藤の表出とみなす意見（西江, 2002）と，リラックスした状況で起こっているとする意見（Nahallage and Huffman, 2007）とがある．いずれにせよ，石遊びは餌付けという環境が影響していることになる．排除法によれば，行動の地域変異が環境要因で説明できてしまうことになり，石遊びは文化ではないことになってしまう．

じつはこの手法は，実験研究者からは繰り返し批判を浴びている．遺伝子や環境の違いを排除するといっても完全には排除しきれないため，文化による違いではないのに文化と認定してしまうこと，逆に遺伝，環境，そして文化をそれぞれ排他的な要因だと考えることで，実際は文化的な違いであるのに文化でないと認定してしまう危険が指摘されている（Laland and Janik, 2006）．石遊びについては，伝播の過程もしっかりとおさえられており，文化であることに疑いをさしはさむ余地はない．

他方，詳細な環境条件では説明できないこともわかっている．利用可能な石の数と地上で過ごす時間割合は，石遊びの頻度とは関係しなかった（Leca et al., 2008b）．さらに，Leca et al.（2007a）は同じ10群を対象に，石

表 4.2 サル10群において観察された石遊びのパターンごとの生起頻度．嵐山A群から高浜群は京都大学霊長類研究所の放飼場群，JMC群は日本モンキーセンターの放飼場群，幸島主群から高崎山C群までは餌付け群である．C：常習的（1年齢クラスにおいて調査個体の少なくとも90％が行ったか，あるいは2年齢クラスにおいて少なくとも70％が行った），H：慣習的（常習的ではないが，数頭が最低3回は行うのが観察された），P：存在（常習的でも慣習的でもないが，少なくとも一度は観察された），－：存在しない（少なくとも90時間以上観察したが観察されなかった），(－)：観察されなかったが，観察時間が90時間未満だったため不確か（Leca et al., 2007aより改変）．

パターン	嵐山A	若桜A	高浜	JMC	幸島主	嵐山E	小豆島A	小豆島B	高崎山B	高崎山C
かむ	P	C	C	P	C	H	H	P	P	H
舐める	P	H	C	P	P	P	(－)	(－)	P	P
においをかぐ	C	C	C	H	P	H	P	H	H	H
手で抱えて運ぶ	－	C	H	H	P	C	H	H	H	H
口で運ぶ	－	H	C	P	－	P	P	P	P	P
自分の前の地面に集める	P	C	C	P	P	C	H	H	H	H
手に抱えて集める	C	C	C	H	C	H	H	H	H	H
両手に持って音をならす	P	P	H	H	－	P	P	P	P	P
たがいにこすり合わせる	－	H	C	P	－	C	P	P	H	H

遊びのパターンの変異を調べた．その結果，石をかむ，手で抱えて運ぶ，両手にそれぞれ持った石を合わせてカチカチ音をならす（火打石型）などなど45のパターンが認められた．最大は高浜群の44パターンに対し，少ないほうは嵐山A群17パターンと幸島主群の16パターンであった．少ない2群は，かむ，においをかぐ，手に抱える，つまみ上げるなどの単純なタイプのみしか見られなかった．生起頻度も1時間あたり0.2回と0.1回．亜種差は認められなかった．表4.2は結果のごく一部を表しているが，たとえば，高浜群，JMC群では慣習的な火打石型が，嵐山E群と幸島主群では観察できなかった．もっとも複雑な操作を高頻度で行う高浜群において，唯一慣習的に敵対的ディスプレイとしての石投げが見られるようになり，石投げそれ自身が親子や遊び仲間など親しい間柄で伝播しているようであった（Leca et al., 2008c）．

（4）　音声の文化的変異

　音声の文化的変異も，まずは餌付けと直接関連する形で明らかになった．Green（1975）は1968-1969年にかけて，幸島，宮島，嵐山のサルが餌を乞うときの音声，いわゆるフードコールに違いがあることを，音響スペクトログラムを導入して視覚的にわかる形で示した．餌付け群ではあるが餌付けとは直接関わらない音声の変異が報告されている．サルでは毛づくろいに先立ち，近距離で鳴かれる親和的音声がある．幸島では毛づくろいをすべく接近する側の個体が，いわば「あなたを毛づくろいしてもよいですか」と尋ねるような文脈で鳴く．このときの音声は，[go-go-go…]と繰り返すか，あるいは[uga]，[gyu]と鳴く．それに対し，嵐山では同じ文脈でも[go]は単音でしか鳴かず[uga]も使わず，その代わり[ge-ge-ge-ge…]を使う（Mori, 1975）．音響スペクトログラムを使って量的に，しかも遺伝的な影響を排除して音声の地域変異をエレガントに明らかにした研究がある．Tanaka et al.（2006）が注目したのが大平山群．この群れは1956年に屋久島で捕獲され，調査当時愛知県大平山にあった，日本モンキーセンター（JMC）が管理する放飼場群である．この群れと屋久島の純野生群の間で，サルにおいてもっとも頻繁に鳴かれる親和的音声であるクーコールを比較した．その最低周波数は，いずれの群れでも年齢が上がるにつれ低下するが，どの年齢でも一貫

して大平山群のほうが低かった．ただし，その差は生後5-6カ月では見られず，生後8-9カ月までの間で大平山群でより急速に低下することで生じることがわかった．この違いは，大平山では屋久島に比べて低周波数の音が伝わりやすいことを個体が学習したために起きているという．クーコールは親子で鳴き交わすため，子供が鳴いて聞こえなければ聞こえるように鳴いて親がそれに応えることで強化されるという社会的学習が当然起こっていると思うが，論文中では社会的学習が起こっているか否かはどちらともいえないと慎重な記述をしていることを書き添えておく．

　最後に，音声そのものの変異ではなく，使用法の変異も知られている．幸島では前述のとおり毛づくろい時の音声は，毛づくろいをする側が鳴くのに対し，志賀高原A群と小豆島C群では，毛づくろいを受ける側が鳴き，この地域変異は偶然生じた文化的なものであるという（Sakura, 1989）．

（5）　社会行動たる抱擁行動の文化的変異

　新生子や幼獣とその母親の間，あるいは発情した雌雄の間の抱擁は，どこのサルでも見られるが，発情していない成獣メス同士が抱擁する地域は限られる．それは下北半島，金華山島，石川県白山，屋久島の4地域で，いずれも非餌付けの純野生群が生息する地域である．他方，確実にないのが嵐山，勝山，高崎山（4.3節（6）項参照）．いずれも餌付け群であるので一見す

図4.7　金華山島の対面型抱擁（A）と屋久島の体側型抱擁（B）（西川真理氏撮影動画より）．

4.3 文化的地域変異

ると餌付け群では見られず，非餌付けの純野生群で見られるように見受けられる．しかし，じつは金華山島にすむ6群中4群では確かに抱擁が観察されているものの残る2群では観察されていないので，餌付けと抱擁とは関係があるわけではない．

さらに，抱擁の見られる地域でもそのパターンに違いがある．金華山島では，対面に向き合って座り，たがいの腕を相手の体に回して抱き合った状態で，体を前後に大きく揺する．時間にして平均して17秒も抱き合っている．唇を突き出し気味にして，リズミカルに小刻みに開閉するリップスマックと呼ばれる表情に，ガーニーと呼ばれる音声をともなう（図4.7A）．他方，屋久島ではどうか．こちらでも，リップスマックとガーニーをともなう点は同じ．しかし，次のような違いが認められた．1つめの違いは，体の向き．金華山島で見られた対面（38%）に加えて，片方が他方の体側から抱きつくことが多く，全体の61%を占めた（図4.7B）．さらには背中側から抱きつくのも一度だけ見た．そしてもう1つの違いは，屋久島では体を前後に大きくは揺すらず，代わりに相手の体をつかんでいる掌を開閉させる．

そしてこの抱擁が生起するのは，毛づくろいが中断し次にどちらが毛づくろいをするのか微妙な空気の流れたとき，闘争直後，あるいは直前にいずれの行動もないたんなる接近直後だが，この場合は普段あまり毛づくろいをしない間柄の個体に限られる．抱擁の直後は，ほぼ毛づくろいに移行するので，抱擁には緊張の高まりを緩和し，スムーズに毛づくろいをうながす機能があると考えられる．

このように，抱擁には緊張緩和という同じ機能があるにもかかわらず，そのパターンに微妙な地域変異が認められた．さらには，抱擁そのものがない地域もあった．抱擁がない地域でも抱擁にともなうリップスマックやガーニーはなだめの機能があることが知られていることを考えると，これらの地域では，抱擁なしに表情と音声だけで緊張緩和していると推察された．

こうした抱擁の有無や抱擁パターンの違いは，環境の相違や遺伝的な要因で説明できるとはとても思えない．たとえば，分布の北限である下北半島と南限の屋久島とで抱擁があるのに，その中間の緯度である地域とない地域とがあること，同じ金華山島でもある群れとない群れとがあること，金華山島では掌の開閉動作がなく屋久島ではあること．これらのうちのどれをとって

も，地域間の環境や遺伝的な違いで説明できるとは思われない．したがって，こうした違いは文化的な変異と考えてよさそうである．つまり，それぞれの地域ごと，群れごとに，たまたまあるパターンの抱擁を始める個体がいて，そのパターンの抱擁を交わすことを通じて，群れ内の他個体に伝播していったのだろう．金華山島 A 群では 1982 年，屋久島 E 群では 2004 年に最初に観察されて以来，いずれの群れでも現在まで世代を超えて伝承されている（中川，2015; Nakagawa et al., 2015）．

（6） 新たな文化的変異の発掘に向けて

「ニホンザルにおける稀にしか見られない行動に関するアンケート調査」は，文化的変異を発掘する意図もあって行われた（中川ほか，2011）．データの信頼性を保証するために，近距離からの観察を長期間にわたって行っている複数の研究者から回答が得られた個体群に限定し，さまざまな行動について直接観察したか否かについて明瞭な回答をした人に占める観察したと回答した人の割合を表 4.3 に示した．黎明期に文化的変異の候補として挙げられた行動（表 4.1 参照）もいくつか調査項目に含めた．紙面の都合上，具体的な吟味の内容については割愛し原著に譲ることにするが，結論だけいえば 4.3 節（3）項で紹介した石遊び（識別番号 32）と 4.3 節（5）項で紹介した抱擁行動（同 1）以外に文化的変異らしいものは見つからず，はっきとした地域変異がありそうでも，餌付けの有無という環境要因などによって説明できそうなものがほとんどであった．ただし，石遊びがそうであったように環境要因で説明可能な変異であっても文化ではないとは限らない．こうした調査のように他地域の情報を集約することは，新たな文化的変異の発掘につながるので今後も断続的に行っていくべきであると考えている．

4.4 文化霊長類学から文化哺乳類学へ

ここまで読み進めてこられた読者は，文化を人間から動物一般に拡張すべく定義したのにもかかわらず，その適用範囲は霊長類に限定されている印象を持たれたことだろう．現に文化霊長類学という呼び名すらある．本書は，霊長類，なかでもサルを対象とした本であるからこのような書き方になった

4.4 文化霊長類学から文化哺乳類学へ

が，文化はもちろん霊長類に限られた問題ではない．

　今西の最初の直弟子のひとり川村俊蔵は，サルの研究をする以前，奈良公園でニホンジカ（*Cervus nippon*）の研究をしていた．川村は，オスの交尾なわばりが前後 5 年間安定していることから，次代に受け継がれているのではないかと考えた（川村，1957）．英語の動物行動学の教科書（たとえば Dugatkin, 2004）の中で文化の古典的な例として紹介されているのは，1930-1940 年代イギリスで広まったシジュウカラに近縁のアオガラ（*Parus caeruleus*）による牛乳びんの蓋を開けて中の牛乳を飲む行動である（Fisher and Hinde, 1949）．さらに意外に思われるかもしれないが，動物の文化的行動のもっともエレガントな実証例の 1 つは魚から得られている．カリブ海にすむイサキ科の幼魚の群れをいったんすべて捕まえてしまった後，実験的に新しい幼魚の群れを放すと，これまでとはまったく別のルートでサンゴ礁帯から藻場に移動した．ところが，初めは捕まえてしまわずに新しい幼魚を加え，2 日後にもとから群れにいた幼魚を除去してやると，これまでのお定まりの移動ルートが維持された．つまり移動ルートを社会的に学習し，このルートは群れのメンバーが代わっても維持された（Helfman and Schultz, 1984）．こうしたエレガントといわれる実証例がなぜ霊長類ではなく魚から得られているかというと，霊長類では群れごとに捕獲して一時的にせよ除去してしまったり，別の個体をもといた場所から別の場所に移したりすることが倫理的に認められないという背景がある．広く社会的学習というならさほど大きな脳は必要でなく，文化は多様な動物群で見つかるはずである（Laland and Hoppitt, 2003）．

　最近，かつて川村が調査を行っていた奈良公園のニホンジカで，文化的行動が見つかったとする論文を見つけ感慨深かった．観光客がシカに「シカ煎餅」を与えることが認められている奈良公園と，現在では禁止されている宮島のシカに，給餌実験を行った．すると奈良公園のシカ，とくに観光客の多い場所のシカでは，宮島のシカに比べ給餌の際，餌を乞うおじぎをより頻繁に行った．年齢が高い個体ほど頻度が高くなるという．さらに，若齢個体は成獣がおじぎを行った後，より頻繁におじぎをすることから，おじぎの獲得は社会的学習によることを示唆していた（Akita *et al.*, 2016）．

　著名な動物行動学者であるフランス・ドゥ・ヴァールは，動物の文化とい

表 4.3 直接観察したか否か明瞭な回答の割合（判別可能割合[1]），長期継続近距離観察答に占める直接観察した回答割合（観察頻度[3]），および長期継続近距離観察者[2] からの回割合の低い順に並んでいる（中川ほか，2011）．

（識別番号）	行動	判別可能割合	嵐山
(18)	コドモによる交尾の妨害	59.0%	0.0%
(13)	アゴひき	61.5%	66.7%
(15)	コドモオスによるオトナメスに対するマウンティング	61.5%	80.0%
(23)	年長のコドモの運搬	61.5%	0.0%
(10)	メスのオスに対するプレゼンティング	64.1%	85.7%
(11)	オスがメスの尾をつまみ上げ性器をのぞく（テスティング）	64.1%	40.0%
(25)	年長のコドモへの授乳	64.1%	33.3%
(28)	幼児虐待	64.1%	40.0%
(9)	出産季における交尾	69.2%	80.0%
(14)	オトナメスによるオトナメスに対するマウンティング	69.2%	85.7%
(17)	1回のマウンティングによる射精	69.2%	16.7%
(19)	出産	69.2%	16.7%
(24)	異なる年齢のコドモの同時授乳	69.2%	0.0%
(26)	養子への授乳・運搬	69.2%	40.0%
(31)	コンクリート舐め	69.2%	80.0%
(35)	自己毛抜き行動	69.2%	100.0%
(1)	抱擁行動	71.8%	0.0%
(2)	20頭以上のサルダンゴ	71.8%	16.7%
(8)	メスのマスターベーション	71.8%	40.0%
(16)	オトナメスによる木ゆすり	71.8%	60.0%
(22)	異なる年齢のコドモの同時運搬	71.8%	0.0%
(4)	コドモによる物体をともなった社会的遊び	74.4%	100.0%
(6)	オトナオスの攻撃によるアカンボウの致死，大ケガ	74.4%	16.7%
(12)	メスによるオスへの交尾の催促	74.4%	85.7%
(32)	石遊び	74.4%	85.7%
(3)	オトナオスによるアカンボウの運搬	76.9%	60.0%
(5)	複数個体による1個体に対する一方的，かつ長時間におよぶ攻撃	76.9%	16.7%
(34)	道具使用	76.9%	0.0%
(7)	オスのマスターベーション	79.5%	71.4%
(20)	死児の運搬	79.5%	40.0%
(27)	コドモの頬袋からの食物の強奪	79.5%	71.4%
(29)	脊椎動物食	79.5%	20.0%
(33)	基盤使用	79.5%	16.7%
(21)	双生児	82.1%	0.0%
(36)	水泳行動	82.1%	100.0%
(30)	土食い	92.3%	100.0%

[1] 判別可能割合＝（○印＋×印）／総回答数×100；[2] 調査継続年が1年以上で調査時の直接観察頻度＝○印／（○印＋×印）×100．

4.4 文化霊長類学から文化哺乳類学へ

者[2] 複数名からの回答が得られた個体群における直接観察したか否かが明瞭な回答を餌付け個体群，純野生個体群ごとにプールした観察頻度[3]．上から判別可能

勝山	高崎山	金華山島	屋久島	餌付け群	純野生群
	0.0%	0.0%	25.0%	0.0%	16.7%
0.0%	0.0%	33.3%	0.0%	28.6%	20.0%
		100.0%	100.0%	66.7%	100.0%
0.0%		25.0%	0.0%	16.7%	12.5%
100.0%		100.0%	100.0%	90.0%	100.0%
0.0%		50.0%	75.0%	25.0%	62.5%
33.3%		0.0%	0.0%	28.6%	0.0%
50.0%	100.0%	25.0%	33.3%	55.6%	28.6%
0.0%		25.0%	50.0%	55.6%	37.5%
		33.3%	66.7%	70.0%	50.0%
0.0%		0.0%	33.3%	11.1%	14.3%
66.7%	100.0%	0.0%	0.0%	40.0%	0.0%
33.3%	0.0%	0.0%	0.0%	0.0%	0.0%
100.0%	100.0%	0.0%	50.0%	55.6%	25.0%
100.0%	50.0%	0.0%	0.0%	66.7%	0.0%
100.0%	100.0%	20.0%	25.0%	87.5%	22.2%
0.0%		83.3%	100.0%	0.0%	90.0%
50.0%	100.0%	25.0%	33.3%	40.0%	28.6%
100.0%	50.0%	0.0%	0.0%	55.6%	0.0%
100.0%		80.0%	100.0%	55.6%	87.5%
66.7%		0.0%	0.0%	25.0%	0.0%
100.0%	100.0%	100.0%	33.3%	100.0%	75.0%
66.7%	100.0%	40.0%	0.0%	30.0%	25.0%
100.0%		100.0%	100.0%	81.8%	100.0%
	100.0%	0.0%	25.0%	88.9%	12.5%
100.0%	100.0%	50.0%	66.7%	77.8%	57.1%
0.0%		50.0%	50.0%	30.0%	50.0%
0.0%	0.0%	0.0%	0.0%	0.0%	0.0%
100.0%	100.0%	80.0%	100.0%	81.8%	88.9%
100.0%	100.0%	33.3%	25.0%	66.7%	30.0%
0.0%	100.0%	20.0%	0.0%	60.0%	11.1%
33.3%	0.0%	100.0%	100.0%	22.2%	100.0%
100.0%	0.0%	33.3%	25.0%	30.0%	30.0%
0.0%	50.0%	0.0%	0.0%	0.0%	0.0%
100.0%	100.0%	60.0%	100.0%	90.9%	75.0%
100.0%	100.0%	100.0%	100.0%	100.0%	100.0%

察時間が2時間以上，かつ直接観察時の最短接近距離が5m以内と答えた回答者：[3] 観

う考え方は日本から西洋へ「静かなる侵入」を果たした例と呼んでいる(ドゥ・ヴァール,2006).じつのところ筆者は,シニアと呼ばれる年齢になって初めて日本の霊長類学の伝統芸ともいえるこの文化霊長類学に入門したばかりである.霊長類のみならずそれ以外の哺乳類を対象に研究をしている読者の皆さんは老いも若きも,エレガントではなく泥臭いからこそ文化をより身近なものとしてとらえ,ぜひ文化哺乳類学を築いていってほしい.

引用文献

Akita, S., Y. Wada, K. Wada and H. Torii. 2016. Variation and social influence of bowing behavior by sika deer (*Cervus nippon*). Journal of Ethology, 34: 89-96.

Azuma, S. 1973. Acquisition and propagation of food habits in a troop of Japanese macaques. In (Carpenter, C.R., ed.) Behavioral Regulators of Behavior in Primates. pp.284-292. Bucknell University Press, Lewisburg.

ドゥ・ヴァール,F. 2006. 静かなる侵入――今西霊長類学と科学における文化的偏見. 生物科学,57: 130-141.

Dugatkin, L.A. 2004. Principles of Animal Behavior. W.W. Norton & Company, New York.

Eaton, G. 1972. Snowball construction by a feral troop of Japanese macaques (*Macaca fuscata*) living under seminatural conditions. Primates, 13: 411-414.

Fisher, J. and R.A. Hinde. 1949. The opening of milk bottles by birds. British Birds, 42: 347-357.

Galef, B.G. 1992. The question of animal culture. Human Nature, 3: 157-178.

Green, S. 1975. Dialects in Japanese monkeys: vocal learning and cultural transmission of locale-specific vocal behavior? Zeitschrift für Tierpsychologie, 38: 304-314.

Grewal, B.S. 1981. Self-wrist biting in Arashiyama-B troop of Japanese monkeys (*Macaca fuscata fuscata*). Primates, 22: 277-280.

Helfman, G.S. and E.T. Schultz. 1984. Social transmission of behavioral traditions in a coral-reef fish. Animal Behaviour, 32: 379-384.

樋口義治. 1992. ニホンザルの文化的行動. 川島書店,東京.

Hirata, S., K. Watanabe and M. Kawai. 2001. "Sweet-potato washing" revisited. In (Matsuzawa, T., ed.) Primate Origins of Human Cognition and Behavior. pp.487-508. Springer, Tokyo.

Huffman, M.A. 1984. Stone-play of *Mcacaca fuscata* in Aashiyama B troop transmission of a non-adaptive behavior. Journal of Human Evolution, 13: 725-735.

Huffman, M.A. and S. Hirata. 2003. Biological and ecological foundations of primate behavioral tradition. In (Fragaszy, D.M. and S. Perry, eds.) The Biology of Traditions : Models and Evidence. pp.267-296. Cambridge University Press, Cambridge.

今西錦司．1975．人間性の進化．(今西錦司全集 7) pp.3-53．講談社，東京（初出は，1952 年発行の『人間』(今西錦司，編) pp.36-94．毎日新聞社，東京).

伊谷純一郎．1958．高崎山のニホンザル自然群における新しい食物の獲得と伝播．Primates, 1 : 84-98.

Kawai, M. 1965. Newly-acquired pre-cultural behavior of the natural troop of Japanese monkeys on Koshima Islet. Primates, 6 : 1-30.

川村俊蔵．1956．人間以前のカルチュア——野生ニホンザルを中心として．自然，11 : 28-34.

川村俊蔵．1957．奈良公園のシカ．(今西錦司，編：日本動物記 4) pp.7-165．光文社，東京．

川村俊蔵．1965．ニホンザルの類カルチュア．(川村俊蔵・伊谷純一郎，編：サル社会学的研究) pp.237-289．中央公論社，東京．

Krützen, M., C.P. van Schaik and A. Whiten. 2006. The animal culture debate : response to Laland and Janik. Trends in Ecology and Evolution, 22 : 6.

Laland, K.N. and W. Hoppitt. 2003. Do animals have culture? Evolutionary Anthropology, 12 : 150-159.

Laland, K.N. and V.M. Janik. 2006. The animal cultures debate. Trends in Ecology and Evolution, 21 : 542-547.

Leca, J.-B., N. Gunst and M.A. Huffman. 2007a. Japanese macaque cultures : Inter- and intra-troop behavioural variability of stone handling patterns across 10 troops. Behaviour, 144 : 251-281.

Leca, J.-B., N. Gunst and M.A. Huffman. 2008a. Food provisioning and stone handling tradition in Japanese macaques : a comparative study of ten troops. American Journal of Primatology, 70 : 803-813.

Leca, J.-B., N. Gunst and M.A. Huffman. 2008b. Of stones and monkeys : testing ecological constraints on stone handling, a behavioral tradition in Japanese macaques. American Journal of Physical Anthropology, 135 : 233-244.

Leca, J.-B., N. Gunst and M.A. Huffman. 2010a. The first case of dental flossing by a Japanese macaque (*Macaca fuscata*) : implications for the determinants of behavioral innovation and the constraints on social transmission. Primates, 51 : 13-22.

Leca, J.-B., N. Gunst and M.A. Huffman. 2010b. Indirect social influence in the maintenance of the stone-handling tradition in Japanese macaques, *Macaca fuscata*. Animal Behaviour, 79 : 117-126.

Leca, J.-B., N. Gunst, K. Watanabe and M.A. Huffman. 2007b. A new case of fish-eating in Japanese macaques : implications for social constraints on the diffusion of feeding innovation. American Journal of Primatology, 69 : 821-828.

Leca, J.-B., C.A.D. Nahallage, N. Gunst and M.A. Huffman. 2008c. Stone-throwing by Japanese macaques : form and functional aspects of a group-specific behavioral tradition. Journal of Human Evolution, 55 : 989-998.

Lefebvre, L. 1995. Culturally-transmitted feeding behaviour in primates : evidence for accelerrating larning rates. Primates, 36 : 227-239.

Machida, S. 1990. Standing and climbing a pole by members of a captive group of Japanese monkeys. Primates, 31 : 291-298.

明和政子．2004．なぜ「まね」をするのか．河出書房新社，東京．

Mori, A. 1975. Signals found in the grooming interactions of wild Japanese monkeys of the Koshima troop. Primates, 16 : 107-140.

Nahallage, C.A.D. and M.A. Huffman. 2007. Age-specific functions of stone handling, a solitary-object play behavior, in Japanese macaques (*Macaca fuscata*). American Journal of Primatology, 69 : 267-281.

中川尚史．2013．霊長類の社会構造の種内多様性．生物科学，64：105-113．

中川尚史．2015．"ふつう"のサルが語るヒトの起源と進化．ぷねうま舎，東京．

中川尚史・中道正之・山田一憲．2011．ニホンザルにおける稀にしか見られない行動に関するアンケート調査結果報告．霊長類研究，27：111-125．

Nakagawa, N., M. Matsubara, Y. Shimooka and M. Nishikawa. 2015. Embracing in a wild group of Yakushima macaques (*Macaca fuscata yakui*) as an example of social customs. Current Anthropology, 56 : 104-120.

西江仁成．2002．嵐山のニホンザルはなぜ「石遊び」をするのか？ 霊長類研究，18：225-232．

Sakura, O. 1989. Variability in contact calls between troops of Japanese macaques : a possible case of neural evolution of animal culture. Animal Behaviour, 38 : 900-902.

Stephenson, G.R. 1973. Testing for group specific communication patterns in Japanese macaques. *In* (Montagna, W. and E.W. Menzel, eds.) Precultural Primate Behavior : Proceedings of the Fourth International Congress of Primatology No. 1. pp.51-75. Karger, Basel.

Suzuki, A. 1965. An ecological study of wild Japanese monkeys in snowy areas : focused on their food habits. Primates, 6 : 31-72.

Tanaka, I. 1995. Matrilineal distribution of louse egg-handling techniques during grooming in feel-ranging Japanese macaques. American Journal of Physical Anthropology, 98 : 197-201

Tanaka, I. 1998. Social diffusion of modified louse egg-handling techniques during grooming in free-ranging Japanese macaques. Animal Behaviour, 56 : 1229-1236.

Tanaka, T., H. Sugiura and N. Masataka. 2006. Cross-sectional and longitudinal studies of the development of group differences in acoustic features of coo calls in two groups of Japanese macaques. Ethology, 112 : 7-21.

Watanabe, K. 1989. Fish : a new addition to the diet of Japanese macaques on Kosihma Island. Folia Primatologica, 52 : 124-131.

Watanabe, K. 1994. Precultural behavior of Japanese macaques : longitudial studies of the Koshima troops. *In* (Gardner, R., ed.) The Ethological Roots of Culture. pp.81-94. Kluwer Academic, Dordrecht.

Weinberg, S. M. and D. K. Candland. 1981. "Stone-grooming" in *Macaca fuscata*. American Journal of Primatology, 1 : 465-468.

山田宗視．1958．ニホンザル社会における新しい食物の獲得過程——ミノオ谷 B 群の場合．Primates，1：30-46．

Zhang, P., K. Watanabe and E. Tokida. 2007. Habitual hot-spring bathing by a group of Japanese macaques (*Macaca fuscata*) in their natural habitat. American Journal of Primatology, 69 : 1425-1430.

5
オスの生活史ならびに社会構造の共通性と多様性

川添達朗

　オスは群れからの移籍を生涯にわたって繰り返し，群れオスとして生活したり，群れ外オスとしてオスグループを形成したり単独で生活したりする．オスの生活史は年齢と順位構造，群れの性年齢構成，移籍パターン，交尾戦術といった観点から調べられてきた．年齢や順位構造のように，種内で共通した特徴がある一方で，群れの性年齢構成や移籍パターンは，生息環境の影響を受ける特徴であり，種内での多様性が認められる．そしてそれらを受けて，群れ外オスを含めたオス同士の社会関係はさまざまな形を持つ．また，研究の進展にともない，血縁や長期的に持続される群れオスと群れ外オスとの親和的関係が，オスの移籍や群れへの滞在期間に影響している可能性が指摘されている．オスの生活史の共通性と多様性を明らかにするために，群れ外オスを含めたオス同士の社会関係や，遺伝解析によって明らかにされる血縁関係を含めた新たなアプローチによる再検討が必要である．

5.1　オスの一生と社会構造の地域変異

　ニホンザル（以下サル）は，北は青森県下北半島から南は鹿児島県屋久島まで分布し，冷温帯林から亜熱帯要素の混じる暖温帯林までのさまざまな環境に生息している．このような多様な自然環境は，そこに暮らすサルの生活に影響し，その社会関係には地域ごとに変異がある（Nakagawa, 2010）．サルは性成熟に達した複数の成獣および亜成獣のオスと複数の成獣メスとその子供たちからなる複雄複雌群を形成して生活している（伊谷，1954, 1972）．普通，いくつかの群れが連続して分布し，5 km 以内に隣接群がいることが

多い (Kawanaka, 1973).

多くの哺乳類でオスかメスのいずれか，あるいは両方の性が性成熟にともなって生まれた群れ（出自群）から移出することが知られている（Greenwood, 1980）．サルでは，食物資源が減少したときや集団構造に大きな変化が生じた際にメスが出自群から移出することがあるが（Tsuji and Sugiyama, 2014），基本的にメスが生涯にわたって同じ群れに留まり，オスは性成熟を迎える5歳ごろに出自群から移出する母系社会を形成する（図5.1; Sugiyama, 1976; Sprague *et al.*, 1998）．出自群を離れたオスは，そのまま他群に移入し群れオスとなるか，群れ外オスとしてどの群れにも属さずほかの群れ外オスとオスグループと呼ばれる同性集団を形成したり，ハナレザルとして単独生活をしたりする（Nishida, 1966; Sugiyama, 1976）．オスは，ほかの群れに移入して群れオスとなっても，3年程度その群れに滞在した後，再び群れを離れ，生涯にわたって群れ間の移籍を繰り返す（Sugiyama, 1976; 福田, 1982）．このようなオスの移籍を通して，群れ間ではメンバー

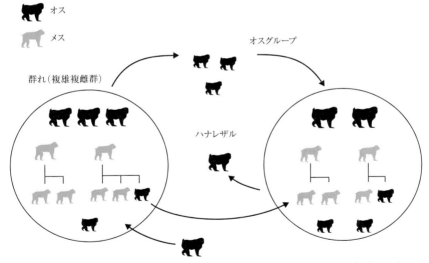

図 5.1　オスを中心としたサルの社会構造の模式図．複数の成獣オスと，成獣メスとその子供で構成される複雄複雌群を形成する．個体間の実線は血縁関係を表し，矢印はオスの群れからの移出，群れへの移入を表す．メスは生涯を通して同じ群れに属し続けるが，オスは群れ間の移籍を繰り返す母系社会である．

の交代が行われている（Nishida, 1966）．ほぼ一生を群れの中で生活するメスと異なり，群れ間の移籍を繰り返すオスにとって，群れ外オスとしてどの群れにも属さない期間は生活史の中でごく一般的な状態として存在している（Nishida, 1966）．かつては，オスが群れを移出することはまれだと考えられていたことがあるが，これは初期の研究の多くが餌付け群を対象としていたことに起因している．餌付け群と餌付けされていない純野生群ではオスが出自群を移出する年齢に違いがあり，餌付け群のほうがより遅くまでオスが出自群に残る傾向がある（好廣・常田，2013）だけでなく，かつて群れから移出することを"群れ落ち"と表現したように，餌付け群ではずっと群れに残り続けることもある（伊谷, 1954）．オスの生活史の有り様が，餌付けの有無によっても変わりうることを示す一例である．

　ある群れに属している成獣オスの数に対する成獣メスの数の比は社会性比（SSR; socionomic sex ratio）と呼ばれ，群れの社会組織や社会構造を知るための重要な手がかりとなる（Clutton-Brock et al., 1977）．SSR は地域ごとに変異があることが知られ，ほとんどのオスが群れオスとして群れの中で生活している地域もあれば，逆に群れオスが少なく，多くのオスが群れから離れ，群れ外オスとして生活している地域もある（Takasaki and Masui, 1984; Sprague et al., 1998; Yamagiwa and Hill, 1998）．

　一般に餌付け群では，SSR が高いことが特徴として挙げられる．餌付け群は，群れの近辺に隣接群を持たない孤立した群れであることが多い．隣接群までの距離はオスの移籍のしやすさに関わり（Takasaki and Masui, 1984），孤立している群れほどほかの群れからオスが移籍してくる機会が少なく，群れオスの数が少なくなると考えられる．

　純野生群でも地域ごとに SSR の違いが報告されている（Sprague et al., 1998; Yamagiwa and Hill, 1998）．純野生群の長期調査が行われている屋久島低地では SSR が低く，群れ内の成獣オスの数と成獣メスの数がほぼ同数であるのに対し，宮城県金華山島では SSR が高く，多くの成獣オスが群れの外で生活している（Sprague et al., 1998）．そもそも群れの複数のメンバーと一緒に採食をするときには，食物を求めて一緒に移動する必要があることや，個体ごとに必要となる栄養量が違うことから，性や体の大きさが似通った，できるだけ少ないメンバーで採食することがもっとも効率的である

(van Schaik and van Noordwijk, 1986).屋久島低地の常緑広葉樹に覆われた森にはさまざまな果実がパッチ状に分布し，群れは狭い行動圏を集中して利用する．一方，金華山島では落葉広葉樹林が広がり，群れは広い範囲の行動圏をまんべんなく利用する（Maruhashi et al., 1998）．このような行動圏の利用の仕方の違いによって，金華山島よりも屋久島のサルのほうが資源防衛による利益を得やすく，その結果，群間競争が強くなる（Nakagawa, 1998; Saito et al., 1998）．屋久島では，群れオスであっても一時的に群れから離れ単独で行動することで群れメンバーとの食をめぐる競争を回避している（Otani et al., 2014）．しかし同時に，単独で行動しているときには他群を避けるように行動していて，ほかの群れとの競争を避けようとしている（Otani et al., 2014）．屋久島には金華山島よりも高密度で群れが分布し（Yamagiwa and Hill, 1998），オスにとって単独で行動することは相当のリスクを含んでいると考えられる．それに対し，群間競争が弱い金華山島では，オスが群れから離れ単独で，あるいは少数のオスからなるグループとして行動していても，屋久島ほどには大きなリスクとはならない．このような，できるだけ多くのメンバーと一緒に行動しないようにすることをうながす群内競争と，できるだけ多くのメンバーと一緒に行動することをうながす群間競争のバランスによって，オスたちが群れオスとして行動するか，群れ外で単独あるいは少数のオスグループで行動するかが決まる（Nakagawa, 1998）．また，サルには明確な交尾期があり（Fujita, 2010），オスは交尾機会のない非交尾期に群れにいる必要はなく，群間競争が低い地域では，群れから離れて行動することがより促進されるのかもしれない．

　ここまで，オスたちが群れに属しているか否かによって，群れオスと群れ外オスに区分してきた．じつは，これまでに行われた調査ではこの区分にさまざまな定義が用いられ（たとえばFuruichi, 1985; Sprague, 1992; Takahashi, 2001; 伊沢，2004），オスと群れとの関わり方がけっして画一的なものではなく，多様な社会関係があることが示唆されてきた．たとえば，屋久島低地ではオスはどこかの群れに所属している（Yamagiwa and Hill, 1998）が，金華山島やそのほかの地域では，どの群れにも加入していないオスが観察されている（たとえばNishida, 1966; 佐藤，1976; 伊沢，2004）．とくに群れ外オスは群れメンバーとの関係や，ほかの群れ外オスとの関係に

よって，その社会関係の様相はさまざまである．たとえば，群れ外オスの中にも，一部の群れメンバーとの関わりを持つ"半疎外個体"と，群れのメンバーからまったく無視されている"疎外個体"がいるという観察（水原，1957）や，特定の群れの移動に一時的についていく"追随オス"と，群れとは独立して移動する"非追随オス"がいたり（伊沢，2004），オスグループを形成するあるいは形成しないオスがいたりと（宇野，2004；Kawazoe, 2016a），とくに群れの外で，オスたちがだれと交渉し，どのような社会関係を持つのかは，その時々の群れ外オスの数や群れの状況に応じて多岐にわた

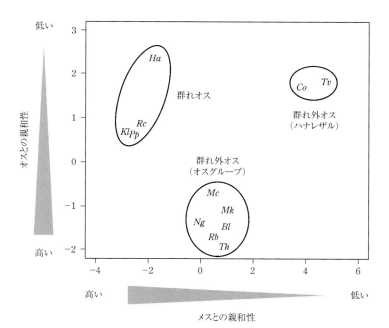

図 5.2　オスの行動にもとづいた主成分分析による社会関係の定量的評価の例．横軸はメスとの近接，親和的交渉による親和性を表し，縦軸はオスとの親和性を表す．アルファベットは個体名を表し，各個体の主成分得点をもとに図示した．メスとの親和性が高く，オスとの親和性が低い群れオスのほか，他個体との関わり方の違いによって，群れ外オスを少なくとも2つのカテゴリーに分けることができる．また，群れオスやオスグループを形成するような群れ外オスの間でも，オスとの親和性に個体差がある．（Kawazoe, 2016b より改変）．

る．隣接群の群れオス同士や群れ外オスとの区別は明瞭であるとされてきたが，群れ外オスが多く生息する地域では，群れとの関わりが強い群れ外オスから，ほとんど群れとの関わりを持たないオス，群れ外オス同士の関わりが強いオスからほかのどのサルともほとんど関わりを持たないオスがいて，必ずしもそのような明瞭な区別ができるわけではない．そのような多様なオスの社会関係を，ほかのオスやメスとの交渉をもとに，定量的に評価する試みもなされている（Kawazoe, 2016a, 2016b）．これにより，群れオスと呼ばれるオスたちがメスとの親和性が高いことがわかるだけでなく，群れ外オスの中にも，オスとの親和性が高くオスグループを形成するようなオスや，だれともほとんど交渉を持たない単独性のオスがいることが，これらの行動をもとに明らかにすることができる（図5.2）．複数の地域に生息するサルに対してこのような手法で，そのときの群れや群れ外オスの状況を合わせてオスの社会関係を検討することで，その共通性と同時に多様性を描き出せるだろう．

5.2　群れオスの順位と親和的関係

　一般的に，群れオスは非交尾期にメスと一緒に行動し，群れの広がりの中に入っている．メスや幼獣と毛づくろいや伴食などの親和的交渉があるオスである．母系社会であるサルでは，メスの順位は母娘のつながりである家系ごとに決まり，母親の順位によって群れ内での順位が引き継がれていく．性的に未熟で，出自群に残っているオスは血縁者からの援助を受けることができ，姉妹と同様に母親の順位に依存した優劣関係をもつ（乗越, 1977）．また，餌付け群のように群れ内にオスの血縁者がいるようなときには，血縁者からの援助を受けてオスの順位が上昇することが観察されているし（Kutsukake and Hasegawa, 2005），オスが群れに留まり続ける動物園のような環境では，母親が生きている限り，オスはメスと同じように母系の順位に組み込まれる（青木ほか, 2014；第12章参照）．しかし，成獣オスとして移籍を繰り返すようになると，母親や姉妹との関係が断ち切られ，家系とは異なる要因によって順位が決まっていく．

　成獣オスの順位は，年齢や群れへの滞在年数に強く依存し，餌付け群でも

純野生群でも基本的には年齢の上昇や滞在年数の増加につれて順位が上昇する傾向がある（Sprague, 1992；Suzuki et al., 1998）．高順位のオスはメスとの交尾を独占し，多くの子供を残していると思われがちだが，必ずしもそうではない（Inoue et al., 1993；Takahata et al., 1999）．行動観察と DNA 解析から，滞在年数が長いオスは，受胎可能性が高い時期のメスから，むしろ交尾相手として避けられる傾向があることがわかっている（Inoue and Takenaka, 2008）．そのため，群れ内での成獣オス同士は，基本的には安定した順位関係を築き，その変動は優位オスの死亡や移出による上昇や，新しいオスが最優位で群れに移入する群れの"乗っ取り"にともなう下降に限られる（Sprague et al., 1998；Suzuki et al., 1998）．

　以上のように，オスの順位は基本的に年齢とともに上昇するが，屋久島では老齢になると順位が下降する傾向が見られる（Sprague, 1992）．それは群れの"乗っ取り"が起きる屋久島では，老齢のオスが新しいオスの移入に抵抗できず，順位を下げても群れに留まることがあるためである（Sprague, 1992）．

　このような基本的に安定した順位構造は，オス同士の競争の結果ではなく，多くの個体に共通した行動パターンが積み重ねられた結果として表れている（鈴木，2008）．屋久島でオスの移入が観察された事例の半数と，金華山島での事例のほとんどが"最下位移入型"である（Sprague et al., 1998）．オス同士は連合を形成して，たがいに共通の相手に対して共同で攻撃することがあり，優位な 2 頭のオスが劣位なオスに対して連合を形成することが多い（Kutsukake and Hasegawa, 2005；Kawazoe, 2016b）．このようなパターン化されたオス同士の交渉によって安定した順位構造がもたらされている（鈴木，2008）．一方で，分裂によって新しい群れが形成されるときや飼育群の一部のオスを一時的に隔離したときなど，社会関係を再構築する必要がある場面では，もともと劣位だったオスが優位なオスを攻撃することがあり，安定した順位構造には日常的な交渉の機会が必要であるとの指摘もある（青木，2015；第 12 章参照）．

　複雄複雌群を形成するサルでは，同じ群れに属するオス同士は，基本的には採食や繁殖をめぐる競争相手である．しかし，メール・ボンド（male bond）とも呼ばれる，毛づくろいを通した親和的な関係がオス同士の間に

も存在する（佐藤，1976; Takahashi and Furuichi, 1998; Kawazoe, 2016b）．Takahashi and Furuichi（1998）は地域間比較から，SSRの違いが親和的関係の強さに影響することを明らかにした．SSRが低い屋久島の群れでは，交尾期に群れオス同士が共同して発情メスを防衛することが可能である．そこで，非交尾期に群れオスは相互に毛づくろいをすることで親和的な関係を構築する（Takahashi and Furuichi, 1998）．SSRが高い金華山島の群れや餌付け群でもオス同士の親和的交渉は見られるが，その頻度はSSRが低い地域よりも少なくなる（Takahashi and Furuichi, 1998）．しかしこのような地域でも，オス同士の毛づくろいが観察されるだけでなく（佐藤，1976; Kawazoe, 2016a），非交尾期によく毛づくろいをしていた相手とは，競争が増える交尾期にも毛づくろいをしていて，オス同士の親和的関係が季節をまたいで持続することが知られている（Kawazoe, 2016b）．

このように，群れオスの順位は年齢と正の相関を示すという基本的な型を持ちながらも，餌付けの有無や群れ密度に由来するオスの移出入の起きやすさ，それぞれの地域で観察される移入パターンによって地域ごとの差異も見られる．また，オス同士の親和的関係もほとんどの群れで見られる一般的な現象だが，どれほど強固な親和的関係を築くかは，SSRの違いによって異なってくる．

5.3　群れ外オスによるグループ形成と群れ外オスの社会関係

どの群れにも属さないハナレザルとも呼ばれる群れ外オスは，これまでにさまざまな地域で目撃されてきた（たとえば乗越，1977; 福田，1982; 宇野，2004; 好廣・常田，2013）．しかし，群れ外オスを継続して観察し続けることはきわめて困難で，群れオスに比べ群れ外オスの社会構造については研究が遅れていた．単独であるいはオスグループのメンバーとして生活する群れ外オスは，オスの生活史の中の一部である（Nishida, 1966）．このことは，ある群れから移出することが次の群れへの移入と直接結びついているわけではなく，群れの外でのオス同士の社会関係を経て，新しい群れへの移入が行われることを意味している．オスの生活史の全体像を理解するためには，群れ外オスの社会関係を明らかにすることが不可欠である．ここでは，これま

でに群れ外オスが観察されてきた地域からの報告や，群れ外オスの継続調査が行われてきた金華山島の事例を挙げながら，群れ外オスのグループ構造や社会関係についてまとめる．

　群れ外オスはグループを形成することもあるが，単独での生活を基本としているようである．宮崎県幸島で群れ外オスの行動を観察した菅原（1975, 1980）は，群れ外オスの間にも優劣関係が存在し，3頭以上のオスが集まると，より劣位なオスがそのまとまりから追い出されるために，オスグループができにくいことを示している．また，群れ外オスが多く生息する金華山島でも，目撃された群れ外オスの多くが単独で行動していた（Sprague *et al.*, 1998）．

　しかし，オスグループの形成はいくつかの地域で確認されてきた（図5.3）．オスグループは，オスの離脱にともなって消滅することがあり，安定した独立集団として維持されないという点で，メスによって集団が恒常的に維持される群れとは決定的な違いがある（乗越，1977）．オスグループを形成する群れ外オスたちは，視覚的に見通せる範囲内に約3頭でのまとまりを持って行動している（Kawazoe, 2016a）．しかし，つねに同じオス同士が行動をともにしているわけではなく，あるオスを1日中追跡して観察できたオスの顔ぶれは季節ごと（図5.4），あるいは1日ごとに異なっている（図5.5）．このように，その時々で一緒にいるメンバーを変えつつ，恒常的に安定したメンバーシップを持たないという点でも，群れとは異なる構造を持つ．図5.4に示した群れ外オスの中で，すべての期間を通して観察できたのは3頭だけで，グループ形成の核となる個体の存在は確認されるものの，メンバーシップは変動し続ける．オスグループのメンバーは1日の中でも変動し，数時間単位でメンバーが入れ替わる離合集散的な動態を示すことがある（宇野，2004）．このようなオスグループは，とくに若いオスによって形成されることが多く，より高齢の個体は単独で行動する傾向が強くなるようである（福田，1982；宇野，2004；Kawazoe, 2016a）．群れオスの順位と年齢が関連しているように，群れ外オスの間にもほぼ直線的な順位が存在し，年齢と正の相関がある（Kawazoe, 2016b）．すなわち，若い個体ほど順位が低く，高齢の個体ほど順位が高い傾向が群れ外オスにも認められる．基本的に群れ外オスは群れオスよりも劣位であるようだが，なかには体格がよく，群れオ

5.3 群れ外オスによるグループ形成と群れ外オスの社会関係 109

図 5.3 宮城県金華山島で観察されたオスグループ．いずれも推定5歳（亜成獣）の2頭のオスが，たがいに2mほどの距離を保って樹上で休息している．

名前	2007		2008		2009
	非交尾期	非交尾期	交尾期	非交尾期	交尾期
Th	━━━				
Rb	━━━				
Mc	━━━	━━━━━━━━━━━━━━━━━━━━━━━━			
Bl	━━━				
Mk	━━━	━━━			
Ng	━━━				
Co	━━━				
Tv	━━━				
Ga		━━━			
As		━━━━━━━━━━━━━━━			
Lt		━━━━━━━━━━━━━━━━━━━━━━━━			
Fr		━━━━━━━━━━━━━━━━━━━━━━━━			
Bb			━━━━━━━━━━━━		
Os			━━━		
Ash			━━━		
Fa			━━━		
Oo			━━━		
Mu			━━━		
Zi			━━━		
Tr				━━━	
Ik				━━━	━━━
J					━━━
De					━━━
Li					━━━
Pl					━━━
Ka					━━━
Pi					━━━
Ma					━━━
Ne					━━━

図 5.4 2007年の非交尾期から2009年の交尾期にかけての3年間における，群れ外オスの観察状況．それぞれの季節で一度でも観察できた期間に実線を付してある．2007年に観察された8頭のうち，その後もつねに観察できたのは3頭だけで，そのほかのオスは途中で観察されなくなるか，1年の期間をおいて，ごく短い期間だけ観察された．非交尾期には平均9.7頭のオスが観察されたのに対し，交尾期には13.5頭のオスが観察された．

スよりも優位に振る舞う群れ外オスもいる．このような個体は，"乗っ取り"により最優位なオスとして群れに移入する可能性が出てくる．群れ外オスの年齢や，群れオスとの優劣関係を詳細に記録し続けていくことで，これまでに知られているオスの移籍パターンが，どのような過程を経て起きているのか理解を深めることができるだろう．

　群れ外オスたちは，群れの周辺で短期間だけ観察されることがあるが

	月	6月																												
	日	1	2	3	4	5	6	7	8	9	10	11	12	13	14	15	16	17	18	19	20	21	22	23	24	25	26	27	28	29
群れオス	Kl	●	●											●				●	●	●	●						●	●	●	●
	Rc	●	●											●				●	●	●	●						●	●	●	●
	Pp	●	●											●				●	●	●	●						●	●	●	●
	Ha	●	●											●				●	●	●	●						●	●	●	●
群れ外オス	Th			●	●	●	●	●	●	●	●	●	●	●	●	●	●	●	●	●	●	●	●	●	●	●	●	●	●	●
	Bl			●	●	●	●	●	●	●	●	●	●	●	●	●	●	●	●	●	●	●	●	●	●	●	●	●	●	●
	Rb			●	●		●		●	●		●	●	●	●	●	●			●	●	●	●	●	●	●	●	●	●	●
	Mc	●	●	●	●	●	●	●	●	●	●	●	●	●	●	●	●	●	●	●	●	●	●	●	●	●	●	●	●	●
	Lt				●	●	●			●		●		●	●	●		●		●		●					●	●	●	
	Fr			●	●	●		●		●		●	●		●	●	●		●	●		●					●	●	●	

	月	11月																												
	日	1	2	3	4	6	7	8	9	10	11	12	13	14	15	17	18	19	20	21	22	23	24	25	26	27	28	29	30	
群れオス	Kl	●	●	●	●	●	●	●	●	●	●	●	●	●	●	●	●	●	●	●	●	●	●	●	●	●	●	●	●	
	Rc	●	●	●	●	●	●	●	●	●	●	●	●	●	●	●	●	●	●	●	●	●	●	●	●	●	●	●	●	
	Pp	●	●	●	●	●	●	●	●	●	●	●	●	●	●	●	●	●	●	●	●	●	●	●	●	●	●	●	●	
	Ha	●	●	●	●	●	●	●	●	●	●	●	●	●	●	●	●	●	●	●	●	●	●	●	●	●	●	●	●	
群れ外オス	Th	●	●	●	●	●	●	●	●	●	●	●	●	●	●	●	●	●	●	●	●	●	●	●	●	●	●	●	●	
	Bl	●	●	●	●	●	●	●	●	●	●	●	●	●	●	●	●	●	●	●	●	●	●	●	●	●	●	●	●	
	Rb	●	●	●	●	●	●	●	●	●	●	●	●	●	●	●	●	●	●	●		●	●	●	●	●	●	●	●	
	Mc	●	●	●	●	●	●	●	●	●	●	●	●	●	●	●	●	●	●	●	●	●	●	●	●	●	●	●	●	
	Lt	●	●	●	●	●	●	●	●	●	●	●	●	●	●	●	●	●	●	●	●	●	●	●	●	●	●	●	●	
	Fr	●	●	●	●	●	●	●	●	●	●	●	●	●	●	●	●	●	●	●	●	●	●	●	●	●	●	●	●	

図 5.5 観察日ごとの群れオス,群れ外オスの観察状況.図はそれぞれ 2008 年の 6 月(非交尾期)と 11 月(交尾期)のデータを表している.1 日の観察中一度でもその個体を発見したら●印を付してある.非交尾期には群れ外オスと群れオスを同時に観察できない日があり,群れ外オスが群れとは独立して遊動することがあることがわかる.一方,交尾期になるとほとんどの群れ外オスの凝集性が高まり,群れの周辺にいることがわかる.日付けがない日は調査を行っていない.

(Sprague et al., 1998).群れ外オスが群れの移動に追随するかどうかは,季節によって大きく異なる.図 5.4 に示した非交尾期と交尾期のそれぞれに観察されたオスの一覧からは,非交尾期には群れ外オスと群れオスが一緒に観察されないことがあり,群れ外オスがオスグループを形成して群れから独立し行動することがある一方,交尾期にはほとんどの群れ外オスが群れオスと同時に観察され,群れへ接近することが多くなることがわかる.このように群れの移動に追随することがあるオスグループにも,群れと同様に特定の行動圏が認められる(宇野,2005).

群れ外オスたちはどのようにしてオスグループを形成し,維持しているのだろう.ニホンザルのオスのように,群れから移出する個体はその過程で,

毛づくろいのような利他的な社会行動の相手を失うことになるだけでなく，若い個体はこれまで利用したことのない地域の食物分布などを把握する必要が生じる（Moore, 1992）．そのため，ほかの群れ外オスとグループを形成することで，社会行動の交渉相手を得たり，より高齢のオスに追随することで食物を効率よく獲得したりできるかもしれない．離合集散的な動態を示すことからも予想されるように，群れ外オス同士はたがいに近接し続けることは少なく，群れに比べてオスグループのまとまりは緩い．しかしながら，たがいに近接しているときには群れオス同士よりも頻繁に毛づくろいをしていることからも，交渉相手を得るためにグループが形成されることがあると考えられている（Kawazoe, 2016a）．また，オスグループは出自群を同じくする母系の血縁者や（乗越, 1977；宇野, 2004），かつて交渉を持ったことがある"顔見知り"によって構成されることがあり（菅原, 1975；好廣・常田, 2013），オスが群れを離れた後も，血縁や過去の社会関係がオスグループの形成に影響している可能性が示唆されている．

　群れオスと群れ外オスは繁殖をめぐる最大のライバルとなることが想定されるが，けっして排他的な関係ではなく，両者の間でも親和的な交渉が見られることがある．群れオスと群れ外オスの間で見られる毛づくろいが，群れオス同士あるいは群れ外オス同士と比較して顕著に異なるのが，毛づくろいの方向である（佐藤, 1977；Kawazoe, 2016a）．群れオス同士あるいは群れ外オス同士が，双方向的な毛づくろいを行うのに対し，群れ外オスは群れオスに一方向的に毛づくろいをし，群れオスから毛づくろいを受けたとしても，その時間はきわめて短いことが多い．群れ外オスが，群れ外オスと毛づくろいをするのか，あるいは群れオスと毛づくろいするのかによって，交渉の仕方が変わっていることからも，彼らの中にも群れに属さないオスと群れに属するオスとの違いがあるのだろう．ほかの群れへ移入する直前の亜成獣オスは，群れオスへ積極的に毛づくろいを行い親和的な関係を築いたうえで，移入を果たしている（Matsumura, 1993）ことからも，群れ外オスと群れオスとの交渉を通して築かれる親和的な関係がオスの移籍にも影響を与えていると考えられている（佐藤, 1976, 1977）．

5.4 オスの移籍に関わる要因

（1） 年齢と群れ構成，交尾機会

オスがどのようなタイミングで群れを離れ，どのような群れに移入するのかは，身体的な発達段階や年齢といったオス自身による要因と，移入先の群れの性年齢構成，交尾機会の獲得の有無といった他個体との関わりによる要因の両面から検討されてきた．オスの「移籍」という言葉には，群れのメンバーではなくなる「移出」と，新しい群れのメンバーになる「移入」の両方の意味が含まれる．ここでは，移出と移入，それぞれについてその要因を見てみる．

オスの移出は，出自群からの移出（natal dispersal）と，非出自群からの移出の2つに大別される．出自群からの移出はオスが性成熟する5歳ごろに起きることが多く，そのため血縁の近い母親や姉妹との交尾はほとんど起こらず，究極的には近親交配の回避につながっている（Sugiyama, 1976）．このとき，オスは，非出自の成獣オスや成獣メスから攻撃的な交渉によって群れを追い出されるわけではなく，自発的に群れから移出していく．5-6歳の亜成獣オスたちは，同年代でオスグループを形成することが多く，ほかのオスと一緒に出自群と隣接群の間を何度も行き来しながら，徐々に出自群から移出する（福田, 1982）．このとき，先に移出していた血縁が近いオスや，移出前に仲がよかったオス，同じ群れにいたことがあるオスなど，なにかしらの"つて"がある個体を頼って移出していくことがある（菅原, 1975；乗越, 1977；好廣・常田, 2011）．オスが出自群を離れた途端，血縁者やそれまでの社会関係は意味をなくし，また新たに自らほかの個体との関係を築き上げなければならないと指摘されることもあるが，オスは移出にあたって，それまで出自群の中で得た社会関係を基礎として，さらにその上に自ら新たな関係を築いていく．

非出自群に移入した後もオスは平均3年で再びその群れを移出する（Sugiyama, 1976；Sprague *et al.*, 1998）．滞在年数が短いオスほど子供の数が多く，滞在年数が長くなると交尾相手としてメスから好まれなくなる傾向がある（Takahata, 1982；Inoue and Takenaka, 2008）．このようなメスの配偶者

選択により，滞在年数が長くなるにつれ，オスは交尾相手が不足するために群れを離れ，移出が繰り返される至近要因となっている（鈴木，2008）．また，このようにオスの群れ滞在が短期間であるために，群れ内で子供を残したとしても，その子供との交配も基本的には回避されていると考えることができる（鈴木，2008）．

このような経緯で群れを移出したオスは，次にどのような群れに移入するのだろうか．群れに移入する2つのパターンがそれぞれどの程度見られるかは，地域ごとに異なっており，群れ外オスが多い金華山島ではほとんどが"最下位移入型"であるのに対し，ほとんどのオスが群れに属している屋久島では，"乗っ取り型"が観察されている（Sprague et al., 1998）．屋久島では，成熟した成獣オスは"乗っ取り型"で移入することが多く，若いオスは"最下位移入型"が多い（Suzuki et al., 1998）．また，成熟したオスは，"乗っ取り"がしやすい，群れオスが少ない群れに移入する傾向が強いのに対して，若いオスは同年代のオスが多くいる群れに下位から移入する傾向があるようだ（Suzuki et al., 1998）．このように，オス自身の体格や力量に応じて，それぞれのパターンが成功しやすい条件に合致した群れに移入しているようである．

明確な季節発情を示すサルでは，交尾機会の獲得はオスが群れへ接近する大きな動機となり，移入の契機となると考えられる（Pusey and Packer, 1987）．交尾期には群れに追随する群れ外オスが増え，発情メスが少ないときには群れオスに交尾の多くを独占されるが，発情メスが多いときには群れ外オスであっても群れの中での交尾が可能になり（Takahashi, 2001），群れ外オスによる交尾が観察された交尾の40%を占めることもある（Sprague, 1991）．このように，群れ外オスにとって交尾機会の獲得は群れへ接近し，移入するきっかけとなりうるが，交尾に成功した群れ外オスであっても必ずしも群れに移入するわけではなく，むしろ，交尾期にだけ群れを訪問し，交尾期が終わるといなくなることのほうが多い（Sprague, 1992）．発情するメスの数は年次的に変動することから，群れオスはつねにメスの近くにいることでメスの発情状態をモニタリングし，発情メスが少ないときでも確実に交尾機会が獲得できるような戦術をとり，一方，群れ外オスは，発情メスが多い場合に複数の群れを訪問することでより多くの交尾機会を獲得できるよう

な戦術をとっているのかもしれない．

(2) 社会関係と血縁

　前項でまとめたように，これまでオスの移入はオスの年齢，群れの性年齢構成，交尾機会の有無から検討されてきた．一方で，出自群から移出するときには，これらの要因だけでなく，かつて仲がよかったオスや血縁個体を頼るように移出することがあり，社会関係や血縁が移籍に影響を与えている可能性が示唆されてきた．このような社会関係や血縁の影響は出自群からの移出だけでなく，その後の非出自群への移入にもおよぶ．

　群れオスと群れ外オスの間でも毛づくろいが行われていて，そこに親和的な関係があることはこれまでにも報告されてきた（佐藤，1976；Kawazoe, 2016a）．そしてその関係は長期間持続し，親和的なオス同士は競争が高まる交尾期のようなときでもあまり敵対的にならず，寛容的に振る舞うことがある（Kawazoe, 2016b）．親和的な関係にある群れオスに寛容的に振る舞われる群れ外オスは，群れに容易に接近できるようになる．こうして群れへの移入以前に交渉を繰り返すことで，オス同士に優劣関係ができ，劣位で群れへ移入することの至近的な要因となりうるだろう．群れのメンバーの多くと親和的な関係を持てる群れ外オスは長期間継続してその群れに滞在し，少数の特定のメンバーとしか親和的関係を持てなかった，あるいはメンバーとの敵対的関係を解消できなかったオスは短期間しか群れに滞在しない（福田，1982）ことからも，一見すると，群れとの関わりが少ないとみなされがちな群れ外オスにも，オス同士や群れのメンバーとの社会関係と群れへの移入や滞在年数の長短との関連を指摘することができる．また，オスグループが同じ群れの顔なじみで構成されていることからも（好廣・常田，2013），群れへの移入だけでなく，オスグループの形成といった，オスの生活史における社会組織の変化に，それまでの社会関係が影響している可能性を指摘できる．

　ニホンザルは特定の交尾ペアを持たず，複数のオスが複数のメスと交尾をする乱婚型の配偶形態を持つ．このような配偶形態では，生物学的な父親を特定することができず，オスは自分の子供をはじめ，父系の血縁を認識できないとされてきた．しかし近年，ニホンザルともっとも近縁なアカゲザル（*Macaca mulatta*）での研究から，オスは母系の血縁者だけでなく父系の血

縁者を認識していることがわかってきた（Widdig et al., 2016）．アカゲザルもニホンザルと同じようにオスが群れを移籍する母系社会であり，母系だけでなく父系血縁を認識できることが，移籍に有利に働く可能性がある．ニホンザルもアカゲザルも，血縁びいきが多く見られる専制型マカクに分類される（Matsumura, 1999; Thierry et al., 2000）．また，同じく専制型マカクであるカニクイザル（*M. fascicularis*）でも，移入した群れに血縁者がいるときにはその群れでの滞在年数が長くなることがあり，非出自群においても血縁者の存在が重要であるといえる（Gerber et al., 2016）．ニホンザルでも血縁個体を頼るような移籍が観察されていて（乗越，1977；宇野，2004），行動観察だけでなく，遺伝子解析を行うことで，オスの生活史における血縁の影響を評価できると期待される．

5.5 オスの多様な生活史の理解へ向けて

これまでにまとめてきたように，オスはその生涯の中で，出自群からの移出，非出自群への移入，非出自群からの移出，オスグループの形成や単独での行動など，さまざまな社会組織を経験する．これらのイベントにおいてどのような至近的あるいは究極的要因が作用しているのか，年齢や発達段階といったオス自身の要因や，順位，群れの性年齢構成，交尾戦術など他個体との関わりの中で生じる要因から検討されてきた．また，これまでの研究をたどったり，新しい分析手法を導入したりすることで，社会関係や血縁など，オスの生活史に影響を与えている可能性が指摘されながらも見過ごされてきた視点が浮かんできた．

年齢と順位との関連や，オス同士の安定した順位構造のように純野生群や餌付け群に共通した一貫した特徴もあれば，社会性比の違いや，移入パターンの違いなど，生息環境の違いによって変わりうる特徴もある．このような，両面をあわせて検討していくことで，オスの生活史の理解が深まるだろう．

引用文献

青木孝平．2015．エンクロージャからの一時的な隔離が飼育ニホンザル（*Macaca fuscata*）の順位及び社会関係に与える影響．霊長類研究，31：109-118．

青木孝平・辻大和・川口幸男．2014．飼育下ニホンザルにおける a 個体の推移．霊長類研究，32：137-145．

Clutton-Brock, T.H., P.H. Harvey and B. Rudder. 1977. Sexual dimorphism, socionomic sex ratio and body weight in primates. Nature, 269：797-800.

Fujita, S. 2010. Interaction between male and female mating strategies and factors affecting reproductive outcome. In（Nakagawa, N., M. Nakamichi and H. Sugiura, eds.）The Japanese Macaques. pp.221-239. Springer, Tokyo.

福田史夫．1982．ニホンザルのオスの年齢と群間移動との関係．日本生態学会誌，32：491-498.

Furuichi, T. 1985. Inter-male associations in a wild Japanese macaque troop on Yakushima Island, Japan. Primates, 26：219-237.

Gerber, L., M. Krützen, J.R. Ruiter, C.P. van Schaik and M.A. van Noordwijk. 2016. Postdispersal nepotism in male long-tailed macaques（*Macaca fascicularis*）. Ecology and Evolution, 6：46-55.

Greenwood, P.J. 1980. Mating systems, philopatry and dispersal in birds and mammals. Animal Behaviour, 28：1140-1162.

Inoue, E. and O. Takenaka. 2008. The effect of male tenure and female mate choice on paternity in free-ranging Japanese macaques. American Journal of Primatology, 70：62-68.

Inoue, M., F. Mitsunaga, M. Nozaki, H. Ohsawa, A. Takenaka, Y. Sugiyama, K. Shimizu and O. Takenaka. 1993. Male dominance rank and reproductive success in an enclosed group of Japanese macaques：with special reference to post-conception mating. Primates, 34：503-511.

伊谷純一郎．1954．高崎山のサル．光文社，東京．
伊谷純一郎．1972．霊長類の社会構造．共立出版，東京．
伊沢紘生．2004．金華山のサル・群れ外オスの研究――本号の特集にあたって．宮城県のニホンザル，16：1-5.

Kawanaka, K. 1973. Intertroop relationships among Japanese monkeys. Primates, 14：113-159.

Kawazoe, T. 2016a. Association patterns and affiliative relationships outside a troop in wild male Japanese macaques, *Macaca fuscata*, during the non-mating season. Behaviour, 153：69-89.

Kawazoe, T. 2016b. Social relationships within and outside a troop in wild male Japanese macaques（*Macaca fuscata*）in Kinkazan Island, Japan. PhD thetis. Kyoto University, Kyoto.

Kutsukake, N. and T. Hasegawa. 2005. Dominance turnover between an alpha and a beta male and dynamics of social relatioinships in Japanese macaques. International Journal of Primatology, 26：775-800.

Maruhashi, T., C. Saito and N. Agetsuma. 1998. Home range structure and inter-group competition for land of Japanese macaques in evergreen and deciduous forests. Primates, 39：291-301.

Matsumura, S. 1993. Intergroup affiliative interactions and intergroup transfer of young male Japanese macaques (*Macaca fuscata*). Primates, 34: 1-10.

Matsumura, S. 1999. The evolution of "egalitarian" and "despotic" social systems among macaques. Primates, 40: 23-31.

水原洋城．1957．日本ザル．三一書房，京都．

Moore, J. 1992. Dispersal, nepotism, and primate social behavior. International Journal of Primatology, 13: 361-378.

Nakagawa, N. 1998. Ecological determinants of the behavior and social structure of Japanese monkeys: a synthesis. Primates, 39: 375-383.

Nakagawa, N. 2010. Intraspecific differences in social structure of the Japanese macaques: a revival of lost legacy by updated knowledge and perspective. *In* (Nakagawa, N., M. Nakamichi and H. Sugiura, eds.) The Japanese Macaques. pp.271-290. Springer, Tokyo.

Nishida, T. 1966. A sociological study of solitary male monkeys. Primates, 7: 141-204.

乗越皓司．1977．嵐山におけるニホンザルオスの転出入の動態と群れの社会構造．（加藤泰安・中尾佐助・梅棹忠夫，編：形質進化霊長類）pp.335-370．中央公論社，東京．

Otani, Y., A. Sawada and G. Hanya. 2014. Short-term separation from groups by male Japanese macaques: costs and benefits in feeding behavior and social interaction. American Journal of Primatology, 76: 374-384.

Pusey, A.E. and C. Packer. 1987. Dispersal and philopatry. *In* (Smuts, B.B., D.L. Cheney, R.M. Seyfarth, R.W. Wrangham and T.T. Struhsaker, eds.) Primate Societies. pp.250-266. The University of Chicago Press, Chicago.

Saito, C., S. Sato, S. Suzuki, H. Sugiura, N. Agetsuma, Y. Takahata, C. Sasaki, H. Takahashi, T. Tanaka and J. Yamagiwa. 1998. Aggressive intergroup encounters in two populations of Japanese macaques (*Macaca fuscata*). Primates, 39: 303-312.

佐藤俊．1976．母系集団におけるメール・ボンド――ニホンザル社会の再吟味．白山自然保護センター研究報告，3: 75-93．

佐藤俊．1977．ニホンザルオスの生活様式・白山カムリA群における事例研究．（加藤泰安・中尾佐助・梅棹忠夫，編：形質進化霊長類）pp.275-310．中央公論社，東京．

Sprague, D.S. 1991. Mating by nontroop males among the Japanese macaques of Yakushima Island. Folia Primatologica, 57: 156-158.

Sprague, D.S. 1992. Life history and male intertroop mobility among Japanese macaques (*Macaca fuscata*). International Journal of Primatology, 13: 437-454.

Sprague, D.S., S. Suzuki, H. Takahashi and S. Sato. 1998. Male life history in natural populations of Japanese macaques: migration, dominance rank, and troop participation of males in two habitats. Primates, 39: 351-363.

菅原和孝．1975．幸島におけるニホンザルワカオスの社会関係．人類學雜誌，83: 330-354．

菅原和孝.1980.ニホンザル,ハナレオスの社会的出会いの構造.季刊人類学, 11:3-70.
Sugiyama, Y. 1976. Life history of male Japanese monkeys. Advances in the Study of Behavior, 7:255-284.
鈴木滋.2008.社会構造の系統的安定性――ニホンザルの順位と性から考える.(高槻成紀・山極寿一,編:日本の哺乳類②中大型哺乳類・霊長類)pp.200-220.東京大学出版会,東京.
Suzuki, S., D.A. Hill and D.S. Sprague. 1998. Intertroop transfer and dominance rank structure of nonnatal male Japanese macaques in Yakushima, Japan. International Journal of Primatology, 19:703-722.
Takahashi, H. 2001. Influence of fluctuation in the operational sex ratio to mating of troop and non-troop male Japanese macaques for four years on Kinkazan Island, Japan. Primates, 42:183-191.
Takahashi, H. and T. Furuichi. 1998. Comparative study of grooming relationships among wild Japanese macaques in Kinkazan A troop and Yakushima M troop. Primates, 39:365-374.
Takahata, Y. 1982. Social relations between adult males and females of Japanese monkeys in the Arashiyama B troop. Primates, 23:1-23.
Takahata, Y., M.A. Huffman, S. Suzuki, N. Koyama and J. Yamagiwa. 1999. Why dominants do not consistently attain high mating and reproductive success: a review of longitudinal Japanese macaque studies. Primates, 40:143-158.
Takasaki, H. and K. Masui. 1984. Troop composition data of wild Japanese macaques reviewed by multivariate methods. Primates, 25:308-318.
Thierry, B., A.N. Iwaniuk and S.M. Pellis. 2000. The influence of phylogeny on the social behaviour of macaques (Primates: Cercopithecidae, genus *Macaca*). Ethology, 106:713-728.
Tsuji, Y. and Y. Sugiyama. 2014. Female emigration in Japanese macaques, *Macaca fuscata*: ecological and social backgrounds and its biogeographical implications. Mammalia, 78:281-290.
宇野壮春.2004.金華山のサル・オスグループの存在様式.宮城県のニホンザル,16:6-13.
宇野壮春.2005.金華山のサル・ハナレザルの地域固着性.宮城県のニホンザル,20:17-20.
van Schaik, C.P. and M.A. van Noordwijk. 1986. The hidden costs of sociality: intra-group variation in feeding strategies in Sumatran long-tailed macaques (*Macaca fascicularis*). Behaviour, 99:296-314.
Widdig, A., D. Langos and L. Kulik. 2016. Sex differences in kin bias at maturation: male rhesus macaques prefer paternal kin prior to natal dispersal. American Journal of Primatology, 78:78-91.
Yamagiwa, J. and D. A. Hill. 1998. Intraspecific variation in the social organization of Japanese macaques: past and present scope of field studies in natu-

ral habitats. Primates, 39：257-273.
好廣眞一・常田英士．2011．志賀高原のニホンザルⅡ――横湯川流域におけるオスザルの離群と入群（その2）：志賀 A 群をめぐるオスザルの動態．龍谷紀要，33：45-75.
好廣眞一・常田英士．2013．志賀高原のニホンザルⅢ――横湯川流域におけるオスザルの離群と入群（その3）：横湯川流域のオスザルの動態．龍谷紀要，34：153-175.

II
ニホンザル研究の新展開

6
中立的・機能的遺伝子の多様性

鈴木 – 橋戸南美

　ニホンザル（以下サル）は，ヒト（*Homo sapiens*）以外ではもっとも高緯度に生息する霊長類で，寒冷地適応を果たした種であるため，その分布や環境適応過程について，生態学的観点からだけでなく，遺伝学的観点からも多くの研究者の興味を惹きつけてきた．サルに対する遺伝的研究は大きく2つに分けられる．1つめは，常染色体上の遺伝子の一部やミトコンドリア遺伝子を中立的な遺伝マーカーとして使用し，サルの遺伝的多様性や系統地理，現在の分布への成立過程を探るものである．2つめは，機能遺伝子に着目して，遺伝子や機能の多様性，表現型との関係を明らかにする研究であり，本章では，採食行動の背景にある味覚受容体遺伝子（とくに苦味受容体遺伝子），攻撃などの個体間交渉の背景にある神経伝達物質関連遺伝子についての研究を紹介する．古典的なものから最新のものまで，遺伝子解析から明らかになったサルの遺伝的特徴・多様性について概観する．

6.1　中立的な遺伝マーカーから見た多様性

（1）　サルの由来・遺伝的多様性研究の背景

　サルは，オナガザル科マカカ属（*Macaca*）に分類されており，東アジアに生息するアカゲザル（*M. mulatta*），カニクイザル（*M. fascicularis*），タイワンザル（*M. cyclopis*）に近縁な種である．中国のアカゲザルとの共通祖先の一部が朝鮮半島経由で日本列島に侵入し，定着したと考えられている（Fooden and Aimi, 2005）．サルの最古の化石から，サルの祖先は遅くとも

63万-43万年前には日本に侵入したとみなされている（相見，2002）．また，約12万年前の化石が青森県下北半島で見つかっていることから，最終氷期以前には本州に広く分布していたと推測されている（Iwamoto and Hasegawa, 1972）．ミトコンドリア DNA を用いた解析からは，サル（ニホンザル）とアカゲザルの種分岐は88万-31万年前ごろに起きたと考えられており，化石記録からの推定値と同程度の値を示している（Marmi *et al.*, 2004）．

サルは複数の成獣オス，複数の成獣メスとその子供たちからなる複雄複雌群をつくって生活している．群れで生まれた子供のうち，メスは生涯生まれた群れで過ごす母系社会であり，オスは性成熟に達するころに生まれた群れを出てほかの群れあるいはオスグループに入る，または単独で過ごすため，群れの中のオスの数はメスの数よりも少なく保たれている（第5章参照）．2011年時点で，このような群れは日本各地に約3000群存在し，総個体数は約155000頭と推定されている（環境省自然環境局生物多様性センター，2011）．また，近年，サルによる農業被害が後を絶たず，2011年時点で年間約15000-20000頭が捕獲されている（第13章参照）．被害軽減のためには，サルの管理（個体数調整）が必要であるが，各地域個体群の遺伝的多様性を考慮せずに急激な捕獲を続けてしまうと，サル全体の遺伝的多様性の低下につながりかねない．どの個体群を優先的に残すのかといった具体的事例を挙げて，サルの遺伝的多様性を維持した効果的な個体数調整を行うためには，地域個体群の歴史性や遺伝的多様性の理解が必要になる．

（2） サル全体としての遺伝的多様性

サルの遺伝的多様性は，1970-1990年代に，電気泳動法による血液タンパク質の遺伝子解析により，詳細に調べられている（野澤，1991；Nozawa *et al.*, 1996；Fooden and Aimi, 2005）．この研究では，青森県下北半島から鹿児島県屋久島までの38地域集団，3409頭を対象に，血液タンパク質32座位の解析が行われた．遺伝的多様性の尺度として，調べた遺伝子座位数のうちの多型座位数の割合（P_{poly}），および，平均ヘテロ接合率（$\bar{H}$）を用いている．平均ヘテロ接合率（$\bar{H}$）は，集団からランダムに選んだ2つの遺伝子（アリル：対立遺伝子）が，異なる遺伝子型（ヘテロ接合型）である確率を示しており，これらの値が高いほど，遺伝的多様性が高いことを示す．サ

ルでは，38地域集団におけるP_{poly}の平均値が13.66%，$\bar{H}$の平均値が0.0215であった．ほかのマカカ属のサルでは，スリランカのトクザル（*M. sinica*）12群の平均$\bar{H}$が0.0708（Shotake and Santiapillai, 1982），インドネシアのカニクイザル29群の平均$\bar{H}$が0.0384（Kawamoto *et al.*, 1984）であった．また，哺乳類181種のP_{poly}の平均値が19.1%，184種の$\bar{H}$の平均値が0.041であった（Nevo *et al.*, 1984）．それぞれの比較単位が，地域集団，群れ，種と異なる点に注意しなければならないが，全体的な傾向として，サルの遺伝的変異性（多様性）は低いことが遺伝的特徴の1つとして挙げられる．

その後，塩基配列解読技術が進歩し，各遺伝子座の塩基配列ベースでの比較が可能となった．現在では，集団からランダムに選んだ2つの塩基配列間の平均塩基相違数を示す塩基多様度（π）が遺伝的多様性比較の尺度として用いられている．遺伝子をコードしていない非コード領域27座位での塩基多様度（π）は，3地域由来（インドネシア，マレー半島，フィリピン）48頭のカニクイザルでは3.52×10^{-3}，ミャンマー由来6頭のアカゲザルでは2.77×10^{-3}であった（Osada *et al.*, 2010）．一方で，サルでは8地域集団由来64頭，非コード領域9座位のみの値ではあるが，8.5×10^{-4}となっており，ほかの2種よりも低い多様性を示している（Suzuki-Hashido *et al.*, 2015）．

さらに近年は，次世代シーケンサーを用いた大規模配列解析技術の進展により，霊長類のさまざまな種で全ゲノム配列が解読されており，全ゲノムレベルでの塩基多様度（π）が比較されている（Osada, 2015；図6.1）．霊長類の遺伝的多様性は全体として，ほかのマウス（$\pi = 7.9 \times 10^{-3}$）などの小型哺乳類に比べて低い傾向を示しており，イヌやウシなど家畜動物やジャイアントパンダ（*Ailuropoda melanoleuca*）やホッキョクグマ（*Ursus maritimus*）などの大型の哺乳類と同程度であった．また，属レベルの近縁な種間であっても，遺伝的多様性には大きな違いが見られる．例としてマカカ属のチベットモンキー（*M. thibetana*）では，同属のアカゲザルに比べて3-4倍低い遺伝的多様性を示している（図6.1）．サルでのゲノムレベルでの塩基多様度はまだ明らかになっていないが，最近，ゲノム中の遺伝子をコードしているすべてのエクソン領域を解読するエクソーム解析により，サルの遺伝

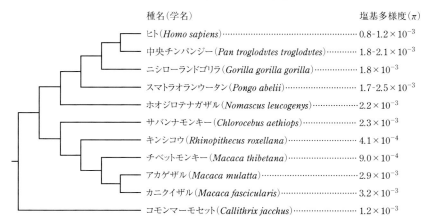

図 6.1 真猿類の霊長類における塩基多様度．ゲノム配列データから明らかになった各種の塩基多様度（π）．系統樹の各枝長は，時間に比例した値を示していない（Osada, 2015 より改変）．

的多様性が明らかになった（郷・辰本，投稿準備中）．9 地域集団由来 77 頭のサル，中国由来 13 頭のアカゲザル，インド由来 8 頭のアカゲザルのエクソームでの塩基多様度（π）はそれぞれ，1.83×10^{-3}，2.52×10^{-3}，2.44×10^{-3} となり，サルの遺伝的多様性が近縁種に比べて低いことは，網羅的な塩基配列解析からも示されている．

（3） 遺伝的多様性の地域分化

これまでサル全体としての遺伝的特性を述べたが，種内での多様性はどのようになっているのだろうか．先に述べたようにサルは，メスは生まれた群れに生涯留まるが，オスは性成熟に達すると出自群を離れる（第 5 章参照）．そのため，遺伝子からサルの多様性や地域分化を見るには，性に特異的な遺伝子の分化に注目する必要がある．群れ間の遺伝子交流を見るときは，両性が関係し核遺伝子である常染色体遺伝子や Y 染色体遺伝子が有効であり，母系で続く群れ分布の変遷を理解するためには，ミトコンドリア遺伝子を標識として利用するのが有効である（川本，2008）．

常染色体遺伝子については，先にも示した血液タンパク質の研究が詳細に明らかにしている（野澤，1991）．第一の特徴は，遺伝子変異は種全体に均

等に分布せず，特定のタイプが地域に偏って現れることである．しかし，変異型が1つの群れに特異的に見られる場合は少なく，たがいに近接した複数の群れに共通の変異遺伝子が出現する傾向が強い (Nozawa et al., 1991). 第二の特徴は，地理的な距離が 100 km 未満の群れ間では，地理的距離と遺伝距離の間に有意の相関があるが，100 km 以上離れた群れ間では有意な遺伝的相関がないという傾向である (Nozawa et al., 1982). 第三の特徴は，下北半島，千葉県房総半島，香川県小豆島，屋久島といった，生息地の辺縁部に位置する集団は他地域との地域分化が著しいことである (Nozawa et al., 1991). この特徴は，血液タンパク質と同様に常染色体上に位置するマイクロサテライト DNA を用いた解析からも支持されている (庄武・山根, 2002). まとめると，サルでの常染色体遺伝子は，本州，四国，九州の地域集団間の遺伝的分化は小さい一方で，分布の辺縁や地理的に孤立する個体群の遺伝子構成はほかの地域集団から大きく分化している傾向にある．

　ミトコンドリア遺伝子の多様性や地域分化には核遺伝子と大きな違いが見られる．Kawamoto et al. (2007) は，サルの分布全域を網羅する 135 地点の群れを対象にしてミトコンドリア遺伝子の非コード領域の第 2 可変領域 412 塩基対の塩基配列を比較した．その結果，ミトコンドリア遺伝子のハプロタイプは東日本，西日本の大きく2つのグループに分類され，その境界は近畿地方と中国地方の間にあることが明らかになった（図 6.2）．興味深いことに，西日本グループの遺伝的多様性は，東日本グループに比べて高い．さらにハプロタイプの系統樹を詳細に比較すると，西日本グループのほうが東日本グループに比べて枝長が長くなっており，西日本グループでは中間型のハプロタイプが欠ける傾向が見られた．さらに統計解析により，東日本グループでは集団拡大で祖先の分布が変化した有意な痕跡が認められた．以上の結果は，東日本のサルの成立は西日本よりも新しいことを示唆しており，これらのミトコンドリア遺伝子の多様性や地域分化を説明する仮説として，最終氷期に祖先の分布が西日本に縮小し，後氷期に東日本で拡大したとする説が提案されている (Kawamoto et al., 2007).

　核遺伝子とミトコンドリア遺伝子ではなぜこのように遺伝的特性の地域分化に違いが見られるのだろうか．ミトコンドリア遺伝子は上に示したように明瞭な地域分化が見られる一方で，それぞれの群内での多様性は低く，均質

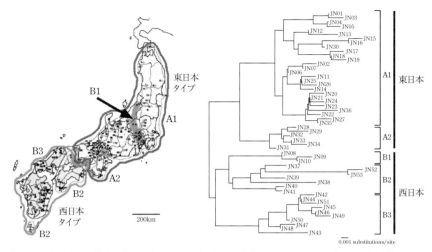

図 6.2 ミトコンドリア遺伝子のハプロタイプの分布. 左：ミトコンドリア遺伝子の東西日本の地域分化. 右：ミトコンドリア遺伝子53タイプの系統関係. 東日本に位置する A, 西日本に位置する B の大きく2つに分かれ, 東日本タイプに2つ (A1, A2), 西日本タイプには3つのサブグループ (B1, B2, B3) が見られた. 図中のサブグループ名は左図に対応する (Kawamoto *et al*., 2007; 川本, 2008 より改変).

性を示す（川本, 2008）. 母系社会を持つサルでは, 群れサイズが小さいためにミトコンドリア遺伝子の多様性が低く, 家系単位で群れが分裂するときにボトルネック効果が起きてさらに多様性が低くなるという生態的要因が働いたためと考えられる. 一方で, 常染色体遺伝子の地域分化のパターンはY染色体遺伝子の地域分化パターンと強く相関していることが, 東北地方の4地域集団を対象にしたマイクロサテライト遺伝子分析から示されている（Kawamoto *et al*., 2008）. このことから, 常染色体遺伝子の地域分化はオスを介した遺伝子流動に強く支配されていることが示唆される. 例として, 下北半島の地域個体群では, 常染色体マイクロサテライト遺伝子座に, 個体群に固有のアリル頻度が高いという特徴が認められた（Kawamoto *et al*., 2008）. これはこの個体群が他所から遺伝的に孤立し, 祖先集団のボトルネック効果の影響が続いているためと考えられる. このように分布の辺縁部に位置する集団では, 中心部と比較すると他所からの遺伝子流動が少ないため, 過去のボトルネック効果の影響が続き, ほかの地域集団から大きく分化した

遺伝的特徴を示していると考えられている（川本，2008）．

6.2 機能的な遺伝子の多様性

（1） 行動の背景にある遺伝子

　1948年にサルの野外調査が開始されて以来，多くの研究者によってサルの行動観察が行われ，サルの採食行動や，攻撃・毛づくろいなどの個体間交渉について詳細に調べられてきた．近年，遺伝子解析技術の進歩により，こういった個体が示す行動の背景にある遺伝的基盤についての研究がさかんに行われており，本章では以下の2つを紹介する．

　1つめは，採食行動の背景にある味覚受容体遺伝子である．サルの分布域は南北に広く，南限の屋久島低地では亜熱帯性の常緑広葉樹林が広がり，最寒月でも平均気温が10度を下回らない．一方で，高緯度地域や，長野県上高地などの高標高部の寒冷地では冬期は-20度まで下がり，積雪は数mに達する（泉山，1999；Tsuji, 2010）．そのため，低緯度地域では一年を通じて果実や葉を採食しているが，寒冷地では果実を利用できる時期が限られているため，冬期には樹皮や冬芽，草本などを採食している（Tsuji et al., 2015）．それぞれの生息地に適した採食行動を獲得していく中で，食物を評価する味覚受容体遺伝子にも適応的な変化が生じたことが予想される．

　2つめは，攻撃などの個体間交渉の背景にある神経伝達物質関連遺伝子である．サルは複雄複雌群をつくって生活し，群れの中には厳格な順位制がある．そのような群れで暮らしていく中で，攻撃行動や毛づくろいなどの個体間交渉は重要な意味を持つ．また，それぞれの群れには特性があり，攻撃性の高い群れや，寛容性の高い群れがあることが知られている（Koyama et al., 1981；中川，2013）．

　ここでは，これらの遺伝子について，種内比較およびほかの霊長類種との種間比較から明らかになった，行動の背景にある遺伝子の多様性や表現型との関係について示す．

（2） 苦味感覚の種間差・地域差

　味覚は摂取する食物を評価する重要な役割を持つ感覚であり，哺乳類は甘味，旨味，塩味，苦味，酸味の基本5味を感じることができる．とくに，苦味を呈する物質の多くは，植物が植食者に対する化学的防御として持つ毒性物質であり（第1章参照），これらを検出する苦味感覚は生命の維持に欠かすことができない．苦味物質の検出はGタンパク質共役型受容体である苦味受容体TAS2Rが担っており，舌上皮の味細胞に発現しているTAS2Rが苦味物質を受容することにより認識される（Chandrashekar et al., 2000）．TAS2Rをコードする苦味受容体遺伝子 *TAS2R*（本章では斜体で遺伝子，正体でタンパク質を示す）は重複遺伝子ファミリーで，ヒトは26個の *TAS2R* を持ち，アルカロイド，テルペノイドなどの多岐にわたる苦味物質を受容している（Meyerhof et al., 2010; Hayakawa et al., 2014）．多くの *TAS2R* は染色体上に連続して存在しており，不等相同組換えが起こりやすく遺伝子数が変わりやすいとされている．遺伝子重複により生じた新しい遺伝子には，塩基置換の蓄積による別の機能の獲得や，重複遺伝子間での機能の補償による偽遺伝子化が生じる．このようなメカニズムで，それぞれの動物は植物側の防御や環境変化に合わせて忌避すべき毒性物質を受容するように *TAS2R* レパートリーを変化させて適応進化してきたと考えられている（Go, 2006）．

　霊長類15種のゲノム配列を用いた比較ゲノム解析により，霊長類はほとんどの種が20-30個の *TAS2R* を持つが，そのレパートリーには種間で違いがあることが報告された（Hayakawa et al., 2014）．とくに，体サイズの大型化とともに果実食に加えて葉食を発達させたヒト上科と，オナガザル上科では，それぞれの分類群の共通祖先で独立に *TAS2R* の増加が生じており，この変化はほかの分類群のそれと比べて劇的なものであった．この2つの上科における遺伝子重複は，葉に含まれる新奇な毒性物質の認識に対する適応進化の結果と推察されている．たとえばサル（ニホンザル）に近縁なアカゲザルでは，オナガザルの共通祖先で10個，アカゲザル独自に4個の *TAS2R* を増加させており，生息環境に適応して苦味受容体レパートリーを獲得したことが推測される．

TAS2R の遺伝子数だけでなく，同一の苦味受容体での受容体機能にも，サルと他種の間で違いがあることが，培養細胞を用いた受容体の機能解析実験により報告されている（Imai *et al*., 2012）．サリシンなどの β グルコピラノシドを受容する苦味受容体 TAS2R16 の反応性を，ヒト，チンパンジー（*Pan troglodytes*），サル，シロアタマラングール（*Trachypithecus leucocephalus*），コモンマーモセット（*Callithrix jacchus*）で比較した結果，サルの TAS2R16 はほかの種に比べ，サリシンに対する反応性が低いことが明らかになった．サリシンはヤナギなどの植物の樹皮に含まれている．サルは，果実や種子をおもな食物とするが，先に述べたように寒冷地に生息するサルは，冬期など食物の限られた時期にヤナギなどの植物の樹皮を採食している．そのため，サル特有に示す TAS2R16 のサリシン低感受性が，この採食行動を可能にさせていることが推察される．

　このような苦味受容体レパートリーや機能の種間比較をすることにより，進化の過程で蓄積した差異を明らかにし，その種がどのように現在の特徴を獲得したのかを明らかにすることができる．また一方で，特定の種内での多様性を調べることで，現在を含めたより短期間に生じた変化を明らかにし，どのように苦味感覚が現在の生息環境に応じて変化してきたかを推測することができる．

　苦味感覚の種内での多様性・個体差としてもっともよく研究されているものが，フェニルチオカルバマイド（PTC）という人工苦味物質に対する苦味感覚の個体差である．この現象は 1931 年に報告されて以来，多くの研究者によって注目され，遺伝学的・行動学的実験により広く調べられている（Snyder, 1931；Wooding, 2006）．多くのヒトは PTC の苦味を感じるが，アジアでは 5 人に 1 人ほど，世界でも約 7 人に 1 人ほど，PTC の苦味を感じない人がいる（Wooding *et al*., 2004）．この違いは苦味受容体 TAS2R38 中の 3 つのアミノ酸残基により生み出されている（Kim *et al*., 2003）．チンパンジーでも PTC に対する苦味感覚に個体差が見られるが，チンパンジーではヒトと異なり，*TAS2R38* の開始コドンの変異によりこの違いが生じている（Wooding *et al*., 2006）．

　サルでは，17 地域集団由来 597 頭の *TAS2R38* の多様性が詳細に調べられている．その結果，1002 塩基からなる遺伝子領域中の 15 カ所の塩基に個

表 6.1 サル苦味受容体遺伝子 *TAS2R38* の解析個体および結果.

地域集団名	府県名	試料の由来	個体数	変異サイト数	アリル数	塩基多様度 π ($\times 10^{-3}$)
下北半島	青森	複数群	83	3	4	0.83
金華山島	宮城	単一群	9	0	1	0.00
沼田	群馬	複数群	20	3	4	0.38
高浜	福井	単一群	27	5	6	1.68
地獄谷	長野	単一群	40	4	4	0.72
波勝崎	静岡	単一群	15	3	3	0.65
岡崎	愛知	単一群	4	2	3	1.00
三重	三重	複数群	78	9	10	1.74
滋賀	滋賀	複数群	37	6	8	1.67
嵐山	京都	単一群	29	4	3	0.65
箕面	大阪	単一群	41	7	5	0.88
紀伊	和歌山	単一群	40	8	6	1.18
若桜	鳥取	単一群	41	8	7	2.24
小豆島	香川	単一群	11	1	2	0.17
香美	高知	複数群	12	6	8	2.47
高岡	高知	複数群	29	3	2	0.72
幸島	宮崎	単一群	81	4	4	1.13
全個体			597	15	20	1.42

体差(変異)が見られ,これらをもとにして20種類のアリルが推定された(表6.1).このうち,和歌山県の紀伊集団のみで見られたアリルでは,通常ATGである開始コドンがACGとなる偽遺伝子化が生じており,このアリルでは苦味受容機能を失っていることが推測された(図6.3A).そこで,先にも述べた培養細胞を用いた受容体の機能解析実験系を用いて,開始コドンATG型(野生型)およびACG型(偽遺伝子型)のアリルを持つ苦味受容体の受容体活性を測定した.この実験系では,培養細胞に発現させた苦味受容体が苦味物質を受容したときに増加する細胞内カルシウムイオンを指標として受容体活性を測定している(カルシウムイメージング法).そのため,苦味受容体活性は,苦味物質を添加した際の蛍光強度比増加量により測定することができる.ATG型ではPTC濃度に応じて苦味受容体の反応性が増加したが,ACG型ではPTCに対する反応性を示さなかった(図6.3B).次に,それぞれのアリルをホモ接合の遺伝子型で持つ個体に対してPTCを浸したリンゴを与える給餌実験を行い,個体レベルでの苦味感覚を調べた.

A 遺伝子解析

(a) ATG型アリル

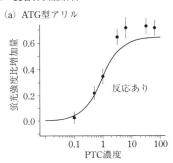

(b) ACG型アリル

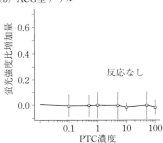

B 受容体機能解析

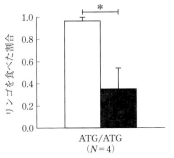

C 行動実験

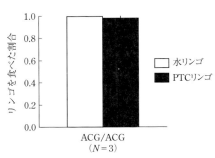

図 6.3 サル TAS2R38 の遺伝子型と表現型との関係．*TAS2R38* の遺伝子解析の結果，開始コドンが ATG タイプと ACG タイプが見つかった（A）．それぞれのアリルの TAS2R38 を培養細胞に発現させて受容体活性を測定したところ，ATG 型アリルでは PTC に対して応答を示し，ACG 型アリルでは応答を示さなかった（B）．ATG 型のホモ接合個体は PTC 溶液に浸したリンゴを，一度口に入れたが食べずに捨てた．ATG 型では水に浸したリンゴ（水リンゴ）に比べて，PTC に浸したリンゴ（PTC リンゴ）を食べる割合が有意に低かった．一方で，ACG 型ではどちらのリンゴも差異なく食べた（C）（Suzuki *et al.*, 2010; Suzuki-Hashido *et al.*, 2015 より改変）．

ATG 型では水に浸したリンゴに比べて，PTC に浸したリンゴを食べる割合が有意に低かった．一方で，ACG 型ではどちらのリンゴも差異なく食べた（図 6.3C）．さらに，水と PTC 溶液を同時に給水してさまざまな濃度の PTC 溶液に対する飲水割合を求めることで，どの程度の濃度からサルが PTC 溶液を忌避するようになるかを測定し，各遺伝子型を持つ個体の PTC 感受性を比較した．ACG 型ホモ接合個体では，ATG 型ホモ接合個体に比べて 60 倍ほど感受性が低下しており，また，ATG 型 ACG 型のヘテロ接合個体では両者の中間的な感受性を示すことがわかった（Suzuki-Hashido et al., 2015）．以上の実験から，TAS2R38 開始コドン変異は細胞・個体どちらのレベルでも PTC 感受性を大きく低下させていることが明らかになり，サルでも PTC 感受性に種内での個体差があることが示された（Suzuki et al., 2010：図 6.3）．つまり，遺伝子に生じた変異により味覚に個体差が生じ，採食行動に違いを生じさせているとする事例がサルで報告された．

興味深いことに，TAS2R38 偽遺伝子型は紀伊集団で 29% もの遺伝子頻度を示しており，ほかの地域特異的な遺伝子型頻度と比較すると非常に高い値であった．この偽遺伝子型の広がりが，適応的なものか，もしくは遺伝的浮動といった偶然によるものかを判断するために，集団遺伝学的解析が行われた（Suzuki-Hashido et al., 2015）．まず，紀伊集団を含む 8 つの地域集団の非コード領域の塩基配列解析から，紀伊集団は遺伝的多様性や遺伝的交流の程度がほかの集団と変わらない一般的な集団であり，ボトルネックなどの集団サイズの劇的な変動なども経験していないことが示唆された．そして，TAS2R38 遺伝子周辺領域の配列解析およびコンピューターシミュレーションにより，TAS2R38 偽遺伝子型は，最大でも 1 万年よりも短い，進化的には短期間に急速に紀伊集団内に拡散していたことが示唆された．TAS2R38 は PTC のほかに，天然物としてアブラナ科の植物に含まれるグルコシノレートや，柑橘類に含まれるリモニンを受容する（Meyerhof et al., 2010）．どちらの植物も農業により数百年から数千年の間に急速に増産されており，また，サルはどちらの植物も採食する（辻ほか，2011, 2012）．とくに紀伊半島には，日本で最初の柑橘類であるタチバナ（Citrus tachibana）が 2800 年前ごろから自生していたことが知られている（岩堀・門屋，1990）．サルの採食対象となるこれらの植物の拡散と，TAS2R38 感受性変異アリルの拡

ここまで *TAS2R38* の機能に着目して遺伝的多様性について述べたが，本研究（Suzuki-Hashido *et al.*, 2015）ではサル597頭，アカゲザル54頭を対象にして *TAS2R38* の塩基配列解析が行われており，サル各地域集団の遺伝的多様性を知るデータとしても興味深い（表6.1）．17地域由来の集団を用いているが，複数群由来6地域，単一群由来11地域を使用していることに注意したい．両者の塩基多様度（π）の平均値を比較したところ，複数群由来では 1.3×10^{-3}，単一群由来では 9.4×10^{-4} となっており，複数群由来で高い値を示していた．しかしながら，単一群・複数群由来どちらでも塩基多様度にはばらつきが大きく，集団ごとに異なる多様性を有していることがわかる．前節で述べたサルのアリル分布の様式と比較してみると，先行研究（Nozawa *et al.*, 1991）と同様に変異型はたがいに近接した複数の群れに共通に分布していることが多く，この研究からもこの遺伝子型分布様式がサルの特性であることが支持された．具体的には，紀伊集団で見られた6種類のアリルのうち，5種類は同じ紀伊半島に位置する三重県の集団を含むほかの集団と共有されていた．唯一，偽遺伝子タイプのみ紀伊集団限定的に存在しており，この特徴的な分布様式には *TAS2R38* の機能差異が関わっていることが推測される．

　霊長類を対象とした味覚受容体遺伝子の研究は，苦味受容体だけでなく，甘味，旨味などのほかの味覚受容体でも近年さかんに行われており，サルを含む霊長類の味覚の種間・種内差が遺伝子・受容体レベルでの解析から明らかになりつつある（Toda *et al.*, 2013; Liu *et al.*, 2014）．これまで，味覚受容体の機能解析には既成の化学物質が用いられることがほとんどであったが，より具体的にどの味覚受容体がどの食物に含まれる物質を受容しているかについては，実際に野生で採食している植物から抽出した物質を用いて機能解析を行うことで明らかにすることができる．サルは古くから野外調査により，採食品目などの採食行動の特性が広く調べられている．今後は，野生下で明らかになった採食行動特性と，遺伝子・受容体解析から明らかになった味覚の特性を比較し，組み合わせていくことで，サルの食物選択の分子基盤が明らかになることが期待される．

（3） 行動特性の背景にある遺伝子の多様性

個体が示す行動上の特徴は，生育環境などに起因しているが，ほかの要因の1つとして遺伝的背景が関与していることが近年明らかになりつつある（Ebstein, 2006）．ドーパミンやセロトニンなど脳内神経伝達物質の分泌や分解などを調節しているタンパク質をコードする遺伝子に個体差が見つかり，それらの個体差と個体が示す行動特性やホルモン分泌との関連が示唆されている．たとえば，ヒトにおいて，ドーパミン受容体 D4 の遺伝子には 48 塩基対の繰り返し領域があり，繰り返し数が多く長いタイプを持つヒトは，短いタイプを持つヒトに比べて，新奇性追求の程度が高い傾向が見られる（Ebstein *et al.*, 1996）．サルの行動観察は長期にわたって行われており，個体間交渉や優劣順位は詳細に調べられており，行動特性や性格には個体差や地域差があることが知られている．では，サルにおいて，このような行動特性の背景にある遺伝子の多様性はどうなっているだろうか．

ドーパミンやセロトニンといった神経伝達物質を分解する酵素であるモノアミンオキシダーゼをコードする遺伝子（$MAOA$）とその転写調節領域（$MAOALPR$）の長さの多型や，アンドロゲン受容体（AR）中のグルタミン反復配列長の違いは，個体が示す攻撃性と関連があることがヒトにおいて報告されている．サルが示す攻撃性にも，これら3つの遺伝子座位が関与していることが推測されたため，サル8地域集団由来139頭を対象に多型解析が行われた（Inoue-Murayama *et al.*, 2010）．その結果，$MAOALPR$ と AR でそれぞれ3種類，4種類の長さの多型が見つかった（表 6.2）．興味深いことに，兵庫県淡路島集団ではほかの集団の傾向とは異なり，$MAOALPR$ では短アリル，AR では長アリルが高頻度を示していた．淡路島集団のサルはほかの集団と比較して，個体間距離が短く攻撃が起こりにくい，劣位個体に対して寛容な社会を形成していることが知られている（Koyama *et al.*, 1981）．$MAOALPR$ の短アリルは個体の示す低攻撃性と関係があることがアカゲザルにおいて報告されているため，淡路島集団の示す高い寛容性の遺伝的背景には $MAOALPR$ の短アリルが関与している可能性が示唆された．AR については，ヒトにおいて長アリルと低攻撃性との関係が報告されており，実際に寛容性の高い淡路島集団では長アリルが高頻度を示していたが，

表 6.2 神経伝達物質関連遺伝子の長さ多型のアリル頻度.

地域集団名	府県名	個体数	MAOALPR			AR			
			6	7	8	6	7	8	9
白山	石川	22	0	0.103	0.897	0	0.051	0.923	0.026
波勝崎	静岡	12	0	0.067	0.933	0.267	0	0.667	0.067
高浜	福井	20	0	0	1	0	0	0.735	0.265
嵐山	京都	23	0	0.233	0.767	0	0	0.867	0.133
淡路島	兵庫	10	0	0.647	0.353	0	0	0.235	0.765
宮島	広島	16	0	0	1	0.042	0	0.958	0
高崎山	大分	20	0.324	0.029	0.647	0	0	0.765	0.235
幸島	宮崎	16	0.071	0.143	0.786	0	0	0.938	0.063

上段に遺伝子名,下段に各アリルの反復配列の反復数を示す(Inoue-Murayama et al., 2010 より改変).

サルのすべてのアリルはヒトに比べて短かったため,今後さらなる検討が必要となる(Inoue-Murayama et al., 2010;中川,2013).

また最近,MAOA と同様に神経伝達物質を分解するカテコール -O- メチルトランスフェラーゼ(COMT)の遺伝子にもサルにおいて多型が存在することが,オーストリアの研究グループによって報告された(Pflüger et al., 2016).ヒトでは COMT 遺伝子には個体差があり,COMT タンパク質の 158 番目のアミノ酸がメチオニン型ではバリン型に比べて酵素活性が低く,社会的ストレスに対するコルチゾール反応が高いことが知られている.大阪府由来のオス 26 個体を対象とした,COMT 遺伝子多型解析の結果,158 番目のアミノ酸は全個体でメチオニン型であったが,ほかの遺伝子多型が見つかり,3 つのアリル(HT1–HT3)が同定された.HT3 では,タンパク質合成に重要なスプライス部位に相当するイントロン領域に一塩基置換が生じており,このアリルでは通常のイントロン除去が行われず,正常なタンパク質合成が行われていないことが推測された.また,それぞれの個体の糞を用いて,ストレスレベルの指標となるコルチゾール濃度を測定したところ,HT3 アリルを持つ個体では持たない個体に比べてコルチゾール濃度が高いことが示された.つまり,サルでもヒトと同様に COMT の遺伝子多型が,個体のストレスレベルに影響を与えていることが示唆された.ヒトでは,コルチゾール反応の低いタイプではテストステロンの影響により攻撃性が高くなっていることが知られており,サルでも COMT の遺伝子多型と攻撃性や

個体の順位に相関があることが予想されたが，本研究では有意な相関は見られなかった．しかしながら，サルでも COMT の遺伝子多型が発見されたことで，今後，攻撃性や順位などの表現型の背景にある遺伝子基盤が解明されることが期待される（Pflüger *et al.*, 2016）．

個体が示す行動特性には，神経伝達物質関連遺伝子だけでも多様な遺伝子が関与しているため，1つの遺伝子座で直接個体の行動特性を説明することは困難だが，今後，複数の候補遺伝子の探索や行動評価方法の改善が進むことで，行動特性の背景にある分子基盤が，より具体的に解明されると考えられる．

6.3　遺伝子研究の展望

サルの遺伝的多様性に関しては，古くから行われてきた電気泳動法による血液タンパク質の解析により概観され，近年の個々の標識遺伝子を用いた塩基配列解析により詳細が明らかになってきた．現在では，先行研究（Kawamoto *et al.*, 2007）の倍以上の長さのミトコンドリア配列を用いた詳細な解析が進められており（川本ほか，2016），現生のサル地域個体群の成立過程について，各地の共通祖先型の派生年代といった詳細な推定年代が明らかになることが期待される．また，次世代シーケンサーを用いた大規模配列解析により，全ゲノムレベルでの地域差・個体差を明らかにすることが可能になる．実際，先に述べたサルエクソーム解析により，サル種内でも地域個体群ごとにクラスターを形成することが明らかになった（郷・辰本，投稿準備中）．

また，機能的な遺伝子についても，これまでは個々の遺伝子に着目して，遺伝子の違いと表現型の違いを比較するという手法を採ってきたが，今後は，次世代シーケンサーを用いて，異なる表現型を持つ個体の全ゲノム配列の比較を行うことにより，表現型の違いを生み出している遺伝子の特定も可能になる．野生個体についても，近年は糞を用いた遺伝子解析により，個々の遺伝子解析や全ゲノム解析が可能となった（井上，2015）．新しい技術を用いることで，これまで長年にわたって蓄積された行動データの遺伝的基盤も解明される可能性が高まる．さらには，地域間での比較を行うことで，特定の

生息環境に適応した過程でどのような遺伝子に変化が生じてきたかを推定することができる．

サルは，いつどのように分布を広げ，その過程でどのような遺伝子を変化させて現在の生息環境への適応を果たしたのだろうか．漠然としていたこれらの疑問が，遺伝子研究の進展により，徐々に解明されていくことを期待したい．

引用文献

相見満．2002．最古のニホンザル化石．霊長類研究，18：239-245.
Chandrashekar, J., K.L. Mueller, M.A. Hoon, E. Adler, L.X. Feng, W. Guo, C.S. Zuker and N.J.P. Ryba. 2000. T2Rs function as bitter taste receptors. Cell, 100：703-711.
Ebstein, R.P. 2006. The molecular genetic architecture of human personality: beyond self-report questionnaires. Molecular Psychiatry, 11：427-45.
Ebstein, R.P., O. Novick, R. Umansky, B. Priel, Y. Osher, D. Blaine, E.R. Bennett, L. Nemanov, M. Katz and R.H. Belmaker. 1996. Dopamine D4 receptor (D4DR) exon III polymorphism associated with the human personality trait of novelty seeking. Nature Genetics, 12：78-80.
Fooden, J. and M. Aimi. 2005. Systematic review of Japanese macaques, *Macaca fuscata* (Gray, 1870). Fieldiana: Zoology New Series, 104：1-198.
Go, Y. 2006. Lineage-specific expansions and contractions of the bitter taste receptor gene repertoire in vertebrates. Molecular Biology and Evolution, 23：964-972.
Hayakawa, T., N. Suzuki-Hashido, A. Matsui and Y. Go. 2014. Frequent expansions of the bitter taste receptor gene repertoire during evolution of mammals in the Euarchontoglires clade. Molecular Biology and Evolution, 31：2018-2031.
Imai, H., N. Suzuki, Y. Ishimaru, T. Sakurai, L. Yin, W. Pan, K. Abe, T. Misaka and H. Hirai. 2012. Functional diversity of bitter taste receptor TAS2R16 in primates. Biology Letters, 8：652-656.
井上英治．2015．非侵襲的試料を用いたDNA分析――試料の保存，DNA抽出，PCR増幅及び血縁解析の方法について．霊長類研究，31：3-18.
Inoue-Murayama, M., E. Inoue, K. Watanabe, A. Takenaka and Y. Murayama. 2010. Topic 1：Behavior-related candidate genes in Japanese macaques. *In* (Nakagawa, N., M. Nakamichi and H. Sugiura, eds.) The Japanese Macaques. pp.293-301. Springer, Tokyo.
岩堀修一・門屋一臣．1990．カンキツ総論．養賢堂，東京．
Iwamoto, M. and Y. Hasegawa. 1972. Two macaque fossil teeth from the Japanese Pleistocene. Primates, 13：77-81.

泉山茂之．1999．上高地におけるニホンザル（*Macaca fuscata*）自然群の遊動の季節性と積雪期の気象条件の影響．霊長類研究，15：343-352．

環境省自然環境局生物多様性センター．2011．平成22年度自然環境保全基礎調査　特定哺乳類生息状況調査及び調査体制構築検討業務報告書．

川本芳．2008．遺伝的多様性と地理的分化――ニホンザル．（高槻成紀・山極寿一，編：日本の哺乳類学②中大型哺乳類・霊長類）pp.223-251．東京大学出版会，東京．

Kawamoto, Y., T.M. Ischak and J. Supriatna. 1984. Genetic variations within and between troops of the crab-eating macaque (*Macaca fascicularis*) on Sumatra, Java, Bali, Lombok and Sumbawa, Indonesia. Primates, 25：131-159.

Kawamoto, Y., K.I. Tomari, S. Kawai and S. Kawamoto. 2008. Genetics of the Shimokita macaque population suggest an ancient bottleneck. Primates, 49：32-40.

川本芳・川本咲江・森光由樹・赤座久明・六波羅聡．2016．ニホンザル地域個体群の遺伝的構造――地域個体群の成立年代推定．霊長類研究，32：S-49．

Kawamoto, Y., T. Shotake, K. Nozawa, S. Kawamoto, K. Tomari, S. Kawai, K. Shirai, Y. Morimitsu, N. Takagi, H. Akaza, H. Fujii, K. Hagihara, K. Aizawa, S. Akachi, T. Oi and S. Hayaishi. 2007. Postglacial population expansion of Japanese macaques (*Macaca fuscata*) inferred from mitochondrial DNA phylogeography. Primates, 48：27-40.

Kim, U.K., E. Jorgenson, H. Coon, M. Leppert, N. Risch and D. Drayna. 2003. Positional cloning of the human quantitative trait locus underlying taste sensitivity to phenylthiocarbamide. Science, 299：1221-1225.

Koyama, T., H. Fujii and F. Yonekawa. 1981. Comparative studies of gregariousness and social structure among seven feral *Macaca fuscata* groups. *In* (Chiarelli, A.B. and R.S. Corruccini, eds.) Primate Behavior and Sociobiology. pp.52-63. Springer Berlin Heidelberg, New York.

Liu, G., L. Walter, S. Tang, X. Tan, F. Shi, H. Pan, C. Roos, Z. Liu and M. Li. 2014. Differentiated adaptive evolution, episodic relaxation of selective constraints, and pseudogenization of umami and sweet taste genes *TAS1Rs* in catarrhine primates. Frontiers in Zoology, 11：79.

Marmi, J., J. Bertranpetit, J. Terradas, O. Takenaka and X. Domingo-Roura. 2004. Radiation and phylogeography in the Japanese macaque, *Macaca fuscata*. Molecular Phylogenetics and Evolution, 30：676-685.

Meyerhof, W., C. Batram, C. Kuhn, A. Brockhoff, E. Chudoba, B. Bufe, G. Appendino and M. Behrens. 2010. The molecular receptive ranges of human TAS2R bitter taste receptors. Chemical Senses, 35：157-170.

中川尚史．2013．霊長類の社会構造の種内多様性．生物科学，64：105-113．

Nevo, E., A. Beiles and R. Ben-Shlomo. 1984. The evolutionary significance of genetic diversity：ecological, demographic and life history correlates. *In* (Mani G. S., ed.) Evolutionary Dynamics of Genetic Diversity. pp.13-213. Springer Berlin Heidelberg, New York.

野澤謙．1991．ニホンザルの集団遺伝学的研究．霊長類研究，7：23-52.
Nozawa, K., T. Shotake, Y. Kawamoto and Y. Tanabe. 1982. Population genetics of Japanese monkeys: II. Blood protein polymorphisms and population structure. Primates, 23: 252-271.
Nozawa, K., T. Shotake, M. Minezawa, Y. Kawamoto, K. Hayasaka and S. Kawamoto. 1996. Population genetic studies of the Japanese macaque, *Macaca fuscata*. *In* (Shotake, T. and K. Wada, eds.) Variations in the Asian Macaques. pp. 1-36. Tokai University Press, Tokyo.
Nozawa, K., T. Shotake, M. Minezawa, Y. Kawamoto, K. Hayasaka, S. Kawamoto and S. Ito. 1991. Population-genetics of Japanese monkeys: III. Ancestry and differentiation of local-populations. Primates, 32: 411-435.
Osada, N. 2015. Genetic diversity in humans and non-human primates and its evolutionary consequences. Genes & Genetic Systems, 90: 133-145.
Osada, N., Y. Uno, K. Mineta, Y. Kameoka, I. Takahashi and K. Terao. 2010. Ancient genome-wide admixture extends beyond the current hybrid zone between *Macaca fascicularis* and *M. mulatta*. Molecular Ecology, 19: 2884-2895.
Pflüger, L.S., D.R. Gutleb, M. Hofer, M. Fieder, B. Wallner and R. Steinborn. 2016. Allelic variation of the COMT gene in a despotic primate society: a haplotype is related to cortisol excretion in *Macaca fuscata*. Hormons and Behavior, 78: 220-230.
Shotake, T. and C. Santiapillai. 1982. Blood protein polymorphisms in the troops of the toque macaque, *Macaca sinica*: Sri Lanka. Kyoto University Overseas Research Report of Studies on Asian Non-Human. Primates, 2: 79-95.
庄武孝義・山根明弘．2002．ヤクニホンザルとホンドザルのマイクロサテライトDNAを標識にした遺伝的変異性の比較．(庄武孝義，編：平成9-12年度科学研究費補助金（基盤研究（A）（2））研究成果報告書ヤクニホンザルの実験動物化）pp.1-13.
Snyder, L.H. 1931. Inherited taste deficiency. Science, 74: 151-152.
Suzuki, N., T. Sugawara, A. Matsui, Y. Go, H. Hirai and H. Imai. 2010. Identification of non-taster Japanese macaques for a specific bitter taste. Primates, 51: 285-289.
Suzuki-Hashido, N., T. Hayakawa, A. Matsui, Y. Go, Y. Ishimaru, T. Misaka, K. Abe, H. Hirai, Y. Satta and H. Imai. 2015. Rapid expansion of phenylthiocarbamide non-tasters among Japanese macaques. PLOS ONE, 10: e0132016.
Toda, Y., T. Nakagita, T. Hayakawa, S. Okada, M. Narukawa, H. Imai, Y. Ishimaru and T. Misaka. 2013. Two distinct determinants of ligand specificity in T1R1/T1R3 (the umami taste receptor). Journal of Biological Chemistry, 288: 36863-36877.
Tsuji, Y. 2010. Regional, temporal, and inter-individual variation in the feeding ecology of Japanese macaques. *In* (Nakagawa, N., M. Nakamichi and H. Sugiura, eds.) The Japanese Macaques. pp.99-127. Springer, Tokyo.

辻大和・和田一雄・渡邊邦夫．2011．野生ニホンザルの採食する木本植物．霊長類研究，27：27-49．

辻大和・和田一雄・渡邊邦夫．2012．野生ニホンザルの採食する木本植物以外の食物．霊長類研究，28：21-48．

Tsuji Y., T.Y. Ito, K. Wada and K. Watanabe. 2015. Spatial patterns in the diet of the Japanese macaque, *Macaca fuscata*, and their environmental determinants. Mammal Review, 45：227-238.

Wooding, S. 2006. Phenylthiocarbamide：a 75-year adventure in genetics and natural selection. Genetics, 172：2015-2023.

Wooding, S., U.K. Kim, M.J. Bamshad, J. Larsen, L.B. Jorde and D. Drayna. 2004. Natural selection and molecular evolution in PTC, a bitter-taste receptor gene. American Journal of Human Genetics, 74：637-646.

Wooding S., B. Bufe, C. Grassi, M. T. Howard, A. C. Stone, M. Vazquez, D.M. Dunn, W. Meyerhof, R.B. Weiss and M.J. Bamshad. 2006. Independent evolution of bitter-taste sensitivity in humans and chimpanzees. Nature, 440：930-934.

7
四足歩行や二足歩行による身体の移動

日暮泰男

　移動（locomotion）は動物にとって基本的な行動である．食物を探すためにも，ほかの個体に出会うためにも，まずは移動しなければならない，という状況は多い．普通ニホンザル（以下サル）は四肢のすべてを使った移動方法を選ぶ．その代表的なものは，四足歩行である．しかし，後肢のみを使って，二足歩行することもある．さらに，人間による訓練を受ければ，安定した二足歩行を長時間続けられるようにもなる．また，サルは平らな地面の上だけでなく，木の上を移動することもある．木の上での移動には落下の危険がともなうため，歩き方になにかしらの工夫が必要である．サルの移動についてこれまでどのような研究が行われてきたのだろうか．本章で現在までの研究成果を見ていくことで，サルが使う移動方法の多様さ，さらにはサルの移動の研究から提供される視点の多様さを知ってもらえるだろう．

7.1　生きていくためには，歩き続けなければならない

　お腹がすいた．でも，手の届くあたりには，口に入れられるものはなさそうだ．探しに行こう．地面に落ちているかもしれないし，木の上で採れるかもしれない．

　サルは群れで暮らすが，サル同士で食物を分け合うことはまずない．空腹を満たすためには，食物のある場所まで動かなければならない．もし怪我や病気で体の自由がきかなくなれば，そのサルは生命の危機に直面しているとすらいえる．採食に限らず，さまざまな社会交渉の前にも，まずは動かなければならない，ということは多い．

第 7 章 四足歩行や二足歩行による身体の移動

　本章で取り上げるのは，ある場所から別の場所に自分の位置を変える，という動物にとって基本的な行動である．この類の行動は，移動（locomotion）と呼ばれる．Locomotion は「移動」のほかに，「身体位置移動」，「移動運動」，「ロコモーション」などと訳されることもあるが，定着した訳語はない．本章では「移動」を選んだ．

　サルは半地上性で四足性の霊長類種である．野猿公苑に行けば，サルを地面の上と木の上の両方で見つけられるだろう．移動するときにサルは2本の前肢と2本の後肢，すなわち四肢のすべてを使って歩く，ということもすぐにわかるはずだ．しばらくすれば，走っているところや木を昇り降りするところも見られるかもしれない．もっと珍しい移動の仕方を観察できることもある．

　本章では，サルの移動，とくに歩行についてこれまでにわかっていることとまだわかっていないことの両方を見ていく．サルの移動の研究はおもに野外観察と実験室実験という2つの手法によってなされてきた．それぞれの手法にはそれぞれの利点がある．野外観察では，サルが本来の生活の中でどのような移動の仕方をしているのかがわかる．実験室実験では，飼育されたサルに特定の行動をしてもらって，その行動をさまざまな機器を使ってくわしく調べる．したがって，サルの移動を理解するための研究手法として，野外観察と実験室実験は車の両輪といえる．

　放飼場での観察も，サルの移動の研究に役立ってきた．「放飼場」は，動物が放し飼いにされている場所，という意味である．その一例は，動物園の展示場である．同じ空間の中にサルが集団で飼育されていることが多い．放飼場観察の研究上の利点は，サルに必ず会えること，そして実験室実験に参加するサルに比べれば人間による影響の少ないサルが見られることである．もちろん，放飼場の中はサルの本来の生活環境とは異なることに留意しなければならない．

　本章における筆者のねらいは2つある．第一に，サルが使う移動方法の多様さを伝えることである．サルは地面の上を四足歩行するだけでなく，木の上をすばやく移動したり，さらには人間による訓練を受けたことがなくても二足歩行をしたりもする．第二に，サルの二足歩行の研究が，ヒト（*Homo sapiens*）の二足歩行の理解に寄与することをあらためて強調することであ

る．サルの研究から，これまでは，ヒトの二足歩行の進化について貴重な示唆がもたらされてきた．これからは，二足歩行を制御する脳の働きの解明を目指す神経生理学的研究での貢献も期待される．

7.2　四肢のすべてを使った移動方法

普通サルは四肢のすべてを使って移動する．野外観察による十分な知見が公表されているわけではないが，さまざまな移動方法がある中で（Hunt et al., 1996），もっともよく用いられるのは四足歩行であると考えてほぼ間違いないだろう．和歌山県の椿野猿公苑（現在は閉園）で 1995-1997 年に実施された野外観察では，さまざまな移動方法の中で四足歩行が用いられる頻度がもっとも高く，さらに四足歩行で移動した距離がもっとも長いことが明らかにされた（Chatani, 2003）．ここで「歩行（歩く）」は，「走行（走る）」とは性質の異なる移動方法として個別に扱われている．本章では，「歩行」は四肢の少なくとも 1 本が必ず地面に着いている低速度での移動，「走行」は四肢のすべてが地面から離れる瞬間を含んでいる高速度での移動，ととらえていただければ，厳密な定義とはいえないかもしれないが，十分である．

本節では，まず，サルの四足歩行の基本的な特徴を述べる．とくに，歩行の 1 つの周期で，四肢がどのような順序で地面（または木の枝や幹）に着くのかをくわしく見ていく．次に，サルが平らな地面の上にいる場面と木に登ったり，木の上を移動したりする場面とで，四足歩行のやり方にどのような違いがあるのかを見る．

（1）　四足歩行の基本的な特徴

霊長類の四足歩行には，霊長類以外の哺乳類の歩行ではあまり見られない特徴がいくつかある．その 1 つは，前方交叉型の四肢の着地順序（footfall sequence）である（図 7.1A）．この四肢の着地順序では，ある後肢が地面に着いたら，その次に体の反対側の前肢が地面に着く．たとえば，左後肢，右前肢，右後肢，左前肢の順番になる．サルも四肢の着地順序は前方交叉型であることが，放飼場での観察によって明らかにされている（富田，1967）．筆者が動物園で撮った図 7.2 の連続写真でも前方交叉型の着地順序がわかる．

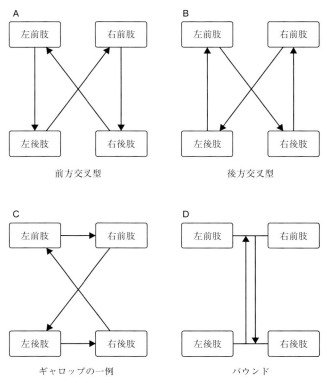

図 7.1 移動しているときの四肢の着地順序．A：前方交叉型．B：後方交叉型．C：ギャロップの一例．D：バウンド．これらのほかにもさまざまな着地順序がある．

それに対して，霊長類以外の哺乳類の四足歩行では後方交叉型と呼ばれる着地順序になるのが普通である（図7.1B）．ある後肢が地面に着いたら，その次に体の同じ側の前肢が地面に着く．ただし，サルを含めほかの霊長類でも後方交叉型の着地順序が見られることがあるし（Nakano, 1996；Higurashi et al., 2009），霊長類以外の哺乳類で前方交叉型の着地順序が見られることもある．

　四肢の着地順序の名称に関して，混乱を招きやすくしたかもしれない歴史的な事情がある．四足歩行時の四肢の着地順序が霊長類とそれ以外の哺乳類との間で異なるという事実を，多種の動物について十分なデータを集めて明

7.2 四肢のすべてを使った移動方法 147

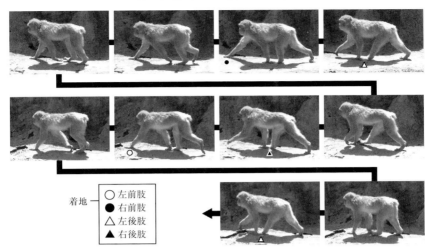

図 7.2 動物園の放飼場で撮影されたサルの四足歩行. 4 種類の記号は四肢のそれぞれが地面に着いた瞬間を示す. 連続画像の時間は右から左に流れる.

らかにしたのはミルトン・ヒルデブランドと富田守である. 2 人の研究者の間に協力関係はなかったと思われるが，論文を同じ 1967 年に発表し，それぞれの論文の中で同一の現象に異なる名称をつけた（Hildebrand, 1967；富田，1967）. 富田は霊長類の四肢の着地順序を「前方交叉型」と呼び，その英訳を forward cross type とした. それに対して，ヒルデブランドは「ダイアゴナル・シークエンス（diagonal sequence）」という名称を使った. また，富田の「後方交叉型（backward cross type）」に対して，ヒルデブランドは「ラテラル・シークエンス（lateral sequence）」を用いた. 命名の優先権がどちらにあったのかは，今となってははっきりしない. 現状としては，英語の文章と会話では「ダイアゴナル・シークエンス」が一般的であるように思われる. 日本人が日本語を使うときには「前方交叉型」が選ばれることもある.

　前方交叉型は，動物が対称な（symmetrical）移動の仕方をしているときに見られる着地順序である（図 7.3A）. ここでの「対称」は，四肢の左右ペアが着地する時間の間隔が等しい，という意味である（Hildebrand, 1967）. 四肢の動きが鏡に映したように左右対称であるかどうかはここでは関係がな

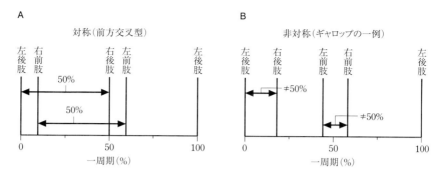

図 7.3 四足性移動の1つの周期における四肢の着地の間隔．対称な移動の仕方（A）と非対称な移動の仕方（B）．前方交叉型の着地順序は対称な移動の仕方をしているときに，ギャロップは非対称な移動の仕方をしているときに見られる．

い．対称な移動の仕方では，その1つの周期を100%とすると，たとえば左前肢が着地してから右前肢が着地するまでの時間は約50%となり，そこからふたたび左前肢が着地するまでの時間も約50%となる．この関係性は左右の後肢にもあてはまる．

　四肢の左右ペアが着地する時間の間隔が等しくないとき，その移動の仕方は非対称（asymmetrical）であるとされる（図7.3B）．非対称な移動の仕方をしているときに見られる代表的な四肢の着地順序は，ギャロップである（図7.1C）．ギャロップでは，四肢の左右ペアが1つの周期の50%以下の間隔で着地する．ウサギなどが使うバウンドでは，四肢の左右ペアがほぼ同時に着地する（図7.1D）．したがって，バウンドをしているときは，移動の仕方は必ず非対称になる．

　サルの移動でも前方交叉型の四肢の着地順序だけでなく，ギャロップがよく見られる．前方交叉型で対称な移動の仕方をするのはおもに歩行時であり，走行時にはギャロップになることが多い（Kimura, 2000）．移動速度が高いときにギャロップによる非対称な移動の仕方をするのは，哺乳類全般に見られる特徴である（Schmitt *et al.*, 2006）．

　前方交叉型の四肢の着地順序が霊長類の生活にとってどのような役に立つのかは，いくつかの仮説が提示されてはいるものの，十分に説明されてはいない（荻原，2015）．ある程度受け入れられているのは，前方交叉型の着地

順序が霊長類以外にはウーリーオポッサム（*Caluromys philander*）やキンカジュー（*Potos flavus*）といった樹上で生活する度合の高い哺乳類でも見られることから，樹上生活と関連があるとする見方であろう（Hildebrand, 1967; Schmitt and Lemelin, 2002）．ただし，樹上生活の度合が高くないツチブタ（*Orycteropus afer*）やオオアルマジロ（*Priodontes maximus*）でも，四肢の着地順序が前方交叉型であるとの報告もあり（Hildebrand, 1967），はっきりしない点がないわけではない．

　上記のほかに，サルを含む霊長類の四足歩行の特徴として挙げられるのは，前肢に比べて後肢が体重を支える割合が大きいことである（木村，1995; Schmitt and Lemelin, 2002）．四足歩行のこの特徴は，ヒトが二足歩行を獲得するための前段階として必要だった可能性がある．四足歩行時に，後肢が体重支持の役割を大きく担うことによって，前肢はこの役割が軽減される．霊長類の手は，物体の操作を可能にする精緻な機構を備えており，そのためには手は華奢な構造にならざるをえない．おそらく，前肢が歩行時の体重支持の役割を軽減されていることが，物体の操作が可能な手を獲得するために必要だったのだろう．そして，こうした前肢と後肢の役割分担をもっとも極端にしたのが，ヒトである．ヒトは歩行時に全体重を後肢で支える．さらに，ヒトは霊長類の中でもとりわけ手先が器用である（Heffner and Masterton, 1983）．

　霊長類の四足歩行のまた別の特徴として，四肢の動く範囲が広いことがあるが，これ以上の詳細はほかの刊行物（木村，1995; 荻原，2015）に譲ることにする．

（2）　地上移動と樹上移動の違い

　木の上を移動するときには，地面を移動するときにはない危険がともなう．歩くときの足場となる木の枝は細く，バランスを崩しやすい．さらに，木の上から落ちて，高い位置から地面にたたきつけられれば，ひどい怪我をすることもあるだろう．樹上移動にともなうこうした危険を避けるために，サルは歩き方になにかしらの工夫をしているのだろうか．

　サルの樹上移動の研究は，野外観察によるものも実験室実験によるものも少ない．椿野猿公苑での野外観察研究では，樹上移動時には，走行を用いる

頻度が地上移動時に比べて低いことが明らかにされた（Chatani, 2003）．樹上移動時の走行の頻度の低さから，サルは高速度での移動を控えて樹上での安全を確保していることが示唆される．

　実験室実験では，サルがすむ本来の樹上環境の一部分のみを再現して，サルの移動が調べられる．サルを含めて霊長類を対象にした研究でもっともよく使われるのは，動物に1本の細い棒の上を歩かせる課題である（図7.4A）．この課題では，体の左右方向のバランス維持が平らな地面を移動するときと比べてむずかしい，と考えられる．実験の結果から，サルは細い棒の上を歩くときに，手と足，とくに足を使って棒を握り，バランス維持に役立てることが明らかにされた（日暮, 2012）．

　樹上移動時のこのような手足の使い方と関連して，サルの足は，手に比べて力強い把握に適していると推測可能な形態をしている．足の親指は手の親指よりもほかの指に対する開きの角度が大きい（図7.4B）．この形態から，足は親指とほかの指との間で大きな物体を握れることが示唆される．さらに，把握時に物体を足の裏に押しつける役割をすると考えられる第一中足骨が，第一中手骨よりもはるかに太くて長い（日暮, 未発表データ）．

　地上移動と樹上移動との間には上記のような相違点があるが，共通点もある．地上移動時と同じように，細い棒の上を移動するときにも，四足歩行での四肢の着地順序は前方交叉型である（日暮, 未発表データ）．さらに，傾斜させた棒の上を移動するときや（中野ほか, 1996），床面に対して垂直に設置した棒を登るときも（Hirasaki et al., 1993），四肢の着地順序は前方交叉型であることが明らかにされている．

　以上をまとめると，サルが落下などの危険を避けるためにしている樹上移動時の工夫として，高速度での移動を控えること，そして手足を使って木の枝を握ることが現在までに明らかにされている．ただし，サルの樹上移動の研究は少なく，さらなる研究の進展を望みたい．今後とくに明らかにしたい問題の1つは，野生のサルが樹上移動時に木の枝をどのように利用しているのかということである（図7.4C）．実験室実験ではサルの樹上移動を調べるために細い棒の上を歩かせる課題を使うことが多いが，野生のサルはこのような木の枝の利用を実際にしているのだろうか．1本の枝を足場にするだけでは左右方向のバランス維持がむずかしいので，複数の枝に適切に手足を配

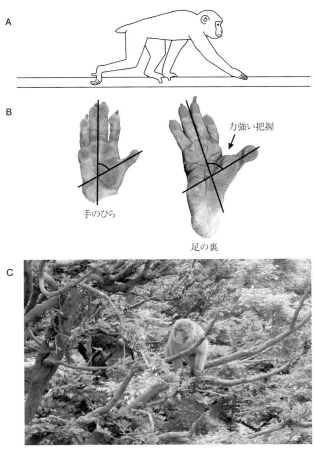

図 7.4 A：霊長類の樹上移動を調べるためによく使われる実験の課題．B：サルの手のひらと足の裏．C：木の上にいるサル．

置するなどして，サルはいともたやすく安全な樹上移動を実現していることもありえる．

7.3 二足歩行

普通サルは二足歩行をしない．猿まわしの芸猿が2本の後肢だけで立った

ままさまざまな芸をするのは，人間による長期間の訓練を受けたからだとほとんどの人は考える．確かにそうだろうが，二足歩行は訓練を受けたことがない野生のサルや放飼場のサルでも見られることがある（図7.5A）．

本節では，まず，訓練を受けていないサルが二足歩行を移動方法として選ぶのはどのような状況であるかを見ていく．二足歩行がよく使われるのは，両手に物を持って運ぶ場面とサルの左右両方の前肢に障害がある場合である．次に，研究者による訓練を受けたサルと猿まわしの芸猿を対象にした実験室実験を紹介する．

（1） 訓練を受けていないサルの二足歩行

野生場面でサルの二足歩行がもっともよく観察されるのは，おそらく，野猿公苑の餌場に食物が高密度で置かれている状況（Iwamoto, 1985），いわゆ

図7.5 人間による訓練を受けていないサルの二足歩行．手になにも持っていないサル（ニホンザル）（A）と両手に食物を持っているアカゲザル（B）．2種類の記号は左右それぞれの後肢が地面に着いた瞬間を示す．連続画像の時間は右から左に流れる．

るお食事タイムである．その場で食事を始めるサルが多いだろうが，両手に食物を持って二足歩行するサルが現れることがある．片方の手だけに食物を持って三足歩行するサルもいる．食物の運搬時の二足歩行に言及した文献は少ないが，目撃した経験のある人は多いのではないかと筆者は考えている．筆者も京都大学霊長類研究所（以後，霊長研）の放飼場でこの行動を比較的短時間の観察で見ることができた経験がある．インターネット上の動画共有サイトでも映像が見つけられるだろう．また，食物の運搬時の二足歩行はサル以外の霊長類種でも知られている（図 7.5B）．

食物の運搬時の二足歩行に関する研究はほとんどなく，今後検討したいのは以下のような問いである．まず，両手が自由なときに，二足歩行をすることはあるのだろうか．Iwamoto (1985) は，そのような行動を目撃した経験は一度しかない，と述べている．筆者も放飼場のサルで観察できたことがあるが（図 7.5A），この問いに対する答えを出すには観察時間が不十分である．次に，餌付けされていないサルでも食物を運搬することはあるのだろうか．あるとすれば，その際の移動方法は二足歩行なのだろうか．最後に，食物の運搬時の二足歩行は，以下で述べる四肢障害のサルや人間による訓練を受けたサルの二足歩行とどのような違いがあるのだろうか．

野生場面で二足歩行が見られる可能性のある別の状況は，左右両方の前肢に障害を負ったサルが移動するときである．ときに，四肢に障害を負ったサルが生まれてくることがある（中道，1999）．そのようなサルは先天的に四肢の骨が短かったり，またはなかったり，さらには四肢の関節が正しく形成されていなかったりする．障害の程度はさまざまであり，片手の指が 1 本だけない場合もあれば，四肢のすべてに広範囲な欠損がある場合もある．

先天性四肢障害のサルの中に，日常の移動方法として二足歩行を使い続けるサルが現れることがある．そうしたサルが障害を持つサル全体に対してどの程度の割合を占めるのかはわからないが，言及している文献は多いとはいえない．写真ないし挿絵付きで，日常的に二足歩行をすることが報告されているサルは，兵庫県の淡路島モンキーセンターのサブロー（Nakamichi et al., 1983），タナゴ（中道，1999），ユキとリボン（Turner et al., 2012），京都府の嵐山モンキーパークいわたやまのピョンタ（Ogihara et al., 2005），大分県の高崎山自然動物園のサヤカ（島田，2007）である．これらのサルの共

通点として，左右両方の前肢に重度の障害を負っているが，それに比べると後肢の障害の程度が軽いことが指摘できるかもしれない．手は完全に欠損しており，前腕もかなりの部分がないというサルが多い．ただし，このような度合の四肢障害を負ったサルが必ず二足歩行を日常の移動方法に選ぶのかどうかはわからない．

　2本の後肢のみで移動する生活を続けてきた四肢障害のサルの二足歩行はどのようなものなのだろうか．嵐山のピョンタは野外で暮らした後，霊長研で飼育されることになり，その二足歩行が実験室実験によってくわしく調べられた（Ogihara et al., 2005）．ピョンタの二足歩行の特徴については，以下で，訓練を受けたサルと比べながら見ることにする．

（2）　訓練を受けたサルの二足歩行からヒトの二足歩行の進化を考える

　サルの二足歩行の実験室実験を行うために，人間はサルを訓練する．研究者自身が訓練に携わった研究もあれば，すでに訓練を受けた猿まわし（周防猿まわしの会）の芸猿を調べた研究もある．ひとくちに「訓練」といっても，その程度はさまざまである．サルが二足歩行を数秒間持続して数mの距離を移動してくれれば，研究者の望む計測が行える場合も多い．それとは対照的に，芸猿がトレッドミル（ランニングマシンやルームランナーとも呼ばれる，その場で歩行を行える器具）の上で15分間二足歩行し続けた研究もある（Nakatsukasa et al., 2006）．

　また，猿まわしの訓練を受けたサルを「芸猿」とひとまとめにすることにも慎重であるべきだろう．猿まわしの団体は複数存在し，団体間で訓練法に違いがある場合もある．猿まわしの団体の全貌をまとめるのは筆者の手に余る課題であるが，周防猿まわしの会の訓練法はたとえば中務（2003）や平崎（2012）が，そのほかの団体のやり方は村崎（2015）が触れている．

　サルを調べることによって解こうとしている，ヒトの進化に関する問題の1つは，二足歩行はどういった状況で獲得されたのかということである（平崎，2012）．この問題の答えを考えるために，地上（または樹上）で生活する度合の異なる複数種の霊長類の二足歩行を比べた研究がある（木村，1995）．その研究対象に地上生活の度合の高い種としてサルが含まれていた．ヒト以外の霊長類の二足歩行に共通して見られた特徴は，後肢が地面に着い

て体を支えている時期，すなわち立脚相で股関節と膝関節がかなりの程度曲がっているということである（図7.6B）．もともと四足歩行をしているときから，ヒト以外の霊長類の股関節と膝関節は立脚相で屈曲した状態にある（図7.6A）．ヒトの二足歩行では股関節と膝関節は立脚相で伸びている（図7.6C）．ただし，ヒト以外の霊長類の間で異なる点もあり，チンパンジーや

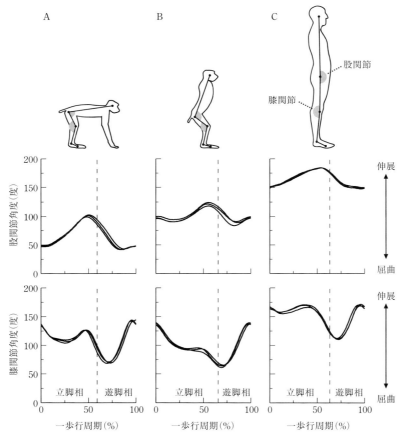

図 7.6 歩行時の股関節および膝関節の角度．サルの四足歩行（A）および二足歩行（B）とヒトの二足歩行（C）を比較している．横軸は一歩行周期であり，立脚相（後肢が地面に着いている時期）と遊脚相（後肢が地面から離れている時期）に分けられる．

クモザルといった樹上生活の度合の高い種のほうが，地上生活の度合の高いサルに比べて立脚相での後肢の動きがヒトに似ていた．以上の事実をもとに，二足歩行の獲得と樹上生活とを関連づける仮説が提示されている．

サルの二足歩行が解明の手がかりになる，ヒトの進化についての別の問題は，日常の移動方法として二足歩行をする霊長類，すなわちヒトが現れた後に，二足歩行がどのように洗練されていったのかということである（平崎，2012）．初期のヒトは，現在の私たちのような歩き方はしておらず，股関節と膝関節を曲げたまま二足歩行をしていたと考えられている（Hatala et al., 2016）．ただし，進化のかなり初期の段階から，現在の私たちと変わらない歩き方をしていたと主張する研究者もおり（Harcourt-Smith, 2007），いまだに議論の尽きない話題である．いずれにせよ，ヒトが最後は股関節と膝関節を伸ばした二足歩行をするようになったのはなぜなのだろうか．この問題を解くために，二足歩行の訓練をそれほどしていないサルと周防猿まわしの会の芸猿の二足歩行を比較した研究がある（中務，2003；平崎，2012）．芸猿の二足歩行では，膝関節と股関節がそれほど訓練していないサルに比べて立脚相で伸びていた．さらに，一定距離をより少ない歩数で移動できるといった歩行の効率を向上させるとされる特徴が見られた．以上の事実は，現在の私たちが行う股関節と膝関節を伸ばした歩き方は二足歩行に有利であることの裏づけとなる．

先に述べたように，生まれつき四肢に障害を持ったサルの中に，二足歩行を日常の移動方法にするサルがいる．二足歩行をする四肢障害のサルは長い経験によって，周防猿まわしの会の芸猿のように，効率的な歩き方を身につけているのだろうか．四肢障害のサルである嵐山のピョンタを対象にした研究では（Ogihara et al., 2005），股関節と膝関節の角度から見て，ピョンタの二足歩行は芸猿よりもそれほど訓練していないサルに似ていることが明らかにされた．すなわち，長期の経験があってもピョンタの二足歩行は効率的な歩き方へと洗練されていなかった．その理由として，ピョンタは左右両方の手と前腕が欠損しているため，二足姿勢を維持する方法が障害を持たないサルとは異なっているのではないかといったことなどが挙げられた．

(3) 訓練を受けたサルの二足歩行からヒトの二足歩行を制御する脳の働きを考える

2本の下肢だけを使って歩く運動を私たちの多くは簡単で，できてあたりまえと思っているかもしれない．頭を使って歩いているような気はしないし，なにかほかのことをしながらでも歩ける．しかし実際には，効率性の高い二足歩行を安定して行うために，さまざまな身体部位を使った，巧みな運動とバランスの制御がなされている．このことは，二足歩行ロボットの開発に苦労して取り組んでいる研究者たち（高西ほか，2012）を想像すれば納得してもらえるだろう．では，動物の行動を制御する神経系のどのような働きによって，効率性が高く，安定した歩行が実現されているのだろうか．

神経系の中でも大脳皮質がどのように二足歩行を制御しているのかはとくによくわかっていない（彦坂ほか，2003）．歩行制御に関する神経系の役割については，これまでは大脳皮質よりも脊髄がよく調べられてきた．ネコの大脳皮質ないし脳全体を切除した実験から，脊髄には歩行の基本的な周期運動を生成する神経回路，すなわちリズム発生器（central pattern generator）が備わっていると考えられている．しかし，私たちが暮らす空間は複雑で，さまざまな段差や傾斜が存在するため，脊髄のリズム発生器によってつくられる運動を，移動しようとしている場所の状況に合わせなければならない．そのような役割を担うと考えられる脳部位の1つが大脳皮質である．さらに，ヒトでは歩行の制御に関する大脳皮質の重要性がほかの動物に比べて高いとされている（Yang and Gorassini, 2006）．

サルの二足歩行はどのようにしてヒトの二足歩行中の脳の働きを調べようとする神経生理学的研究に貢献するのだろうか．このことを理解するために，以下の4つの事実を確認したい．第一に，サルでは神経細胞1つ1つの活動を記録できる．ヒトを対象にして脳波計や機能的近赤外分光法装置を用いて歩行中の脳の働きを明らかにしようとする試みがなされているが（Hamacher *et al*., 2015），これらの手法では単一の神経細胞の振る舞いはわからない．第二に，先に触れたように，サルは人間による訓練を受けなくても二足歩行ができる．この事実から，サルの神経系に生まれつき二足歩行を制御する神経回路が備わっていることが示唆される．第三に，サルの大脳皮質の構造は

図 7.7 二足歩行をしているサルの大脳皮質から神経細胞活動を記録する．神経細胞活動を見て，大脳皮質の働きを考える．

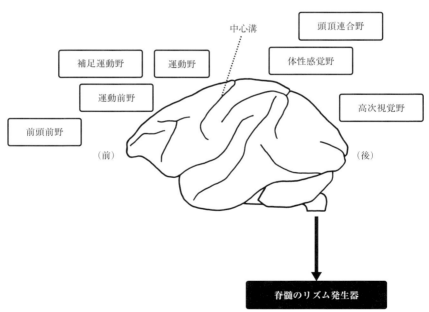

図 7.8 サルの大脳皮質．二足歩行をしているときに，大脳皮質のさまざまな場所はどのような働きをしているのだろうか．

ほかの実験動物に比べてはるかにヒトに近い（高田，2012）．最後に，訓練をすれば，サルは神経細胞活動を記録するための実験環境の中で，安定した二足歩行をしてくれるようになる（中陦・森，2007）．以上をまとめると，サルの二足歩行中に記録された神経細胞活動からわかる大脳皮質の働きは，ヒトにもあてはまる可能性が高い，ということになる（図 7.7）．

　サルの二足歩行の神経生理学的研究は今まさに進められている．現在までに，一次運動野と補足運動野という大脳皮質の中の場所で歩行のリズムに合わせて活動を変化させる神経細胞や歩行中に持続的に活動を変化させる神経細胞が見つかった（中陦・森，2007）．ほかの場所でも歩行中に活動を変化させる神経細胞が見つかるかもしれない（図 7.8）．今後，大脳皮質の中のさまざまな場所の働きの違いが明らかにされていくことが期待される．サルは二足歩行を維持したまま傾斜面を登ったり，障害物を越えたりするなどさまざまな実験が可能なため（Mori et al., 2006），大脳皮質の各部位の働きを浮かび上がらせるためのうまい実験が編み出されていくのではないだろうか．

7.4　霊長類学と神経生理学とが出会うところ

　本章ではサルの移動に関する研究の成果を紹介してきたが，野外観察によるものは少なく，依然として文献を読んだだけでは野生のサルの移動について多くのことはわからない．たとえば，樹上を移動するときにサルはどのように枝を利用するのかは知られていない．人間がつくった餌場のない場所で，餌付けされていないサルがどのくらいの頻度で二足歩行をするのかはわからない．野外観察研究が不足している一方で，移動はいろいろな行動の前後や最中に行われることが多いため，たとえば採食や社会交渉に関心を持ってサルを観察している人が，野生場面での移動について本章の内容よりも多くの知識を持っているということは十分にありうる．サルの移動についても，中道ほか（2009）のような，野外観察の経験によって自然に身につく，公表されにくい知識の集約は有効かもしれない．

　本章で述べたサルの歩行の特徴は肉眼で観察できるものが多いので，野猿公苑や動物園に行って自分の目で確かめる気になってもらえれば筆者は満足する．まず，サルがゆっくりとした速度で四足歩行しているときには，四肢

図 7.9　1 枚の静止画から四足歩行時の四肢の着地順序を考える問題．A と B のどちらか一方では四肢の着地順序が前方交叉型になっており，もう一方では後方交叉型になっている．どちらが前方交叉型かわかるだろうか．解答は引用文献の最後に記載した．

の着地順序は前方交叉型になっているはずである．歩行中の四肢の動きは速いので，最初はその着地の順序がわからないかもしれないが，すぐにあきらめてさえしまわなければ，判断する要領がじきに得られるだろう．さらには，サルの四足歩行を写した 1 枚の写真を見ただけでも，四肢の着地順序が根拠を持って推測できるようになる（図 7.9）．霊長類以外の哺乳類では，歩行時の四肢の着地順序は後方交叉型であることが多い．サルの歩き方とたとえば家の近所にいるネコの歩き方を比べてみてほしい．

　人間による訓練を受けていないサルの二足歩行も，この行動が起こりやすい場面を覚えておきさえすれば，短い観察時間で見られるだろう．野猿公苑や動物園でサルの二足歩行を見られる可能性が高いのは，いわゆるお食事タイムである．とくに両手に食物を持って今にも移動しそうなサルを注視してほしい．また，左右両方の前肢に障害を負っているために日常的に二足歩行をするようになったサルとは，どこかで会えるかもしれない．ただし，筆者はその場所を断言できない．生物には寿命があるし，野生のサルであれば野猿公苑に現れる群れから離脱してしまうこともある．本章で呼び名を挙げた四肢障害のサルたちも，刊行物として報告があった後の消息は簡単にはわからない．

　二足歩行はサルが生きていくための移動方法として重要な位置を占めているとはいい難いが，それとは不釣り合いに，学術研究の対象として注目を浴びてきた．その理由は，サルの二足歩行の研究から，複数の研究分野における多様な視点が提供されるからだろう．ヒトの二足歩行の獲得は樹上生活と

関連があることや，現在の私たちがするような股関節と膝関節を伸ばした二足歩行は効率のよい歩き方であることを主張した研究で，サルの二足歩行が調べられた．そして，今後は，二足歩行中の大脳皮質の神経細胞活動を記録することによって，二足歩行を制御する脳の働きが明らかにされていくはずである．サルを対象にして二足歩行中の脳の働きを調べる研究はほぼ手つかずの状況であり，もっとも進展が楽しみな分野という印象を筆者は持っている．

引用文献

Chatani, K. 2003. Positional behavior of free-ranging Japanese macaques (*Macaca fuscata*). Primates, 44：13-23.

Hamacher, D., F. Herold, P. Wiegel, D. Hamacher and L. Schega. 2015. Brain activity during walking：a systematic review. Neuroscience and Biobehavioral Reviews, 57：310-327.

Harcourt-Smith, W.E.H. 2007. The origins of bipedal locomotion. *In* (Henke, W. and I. Tattersall, eds.) Handbook of Paleoanthropology Vol III：Phylogeny of Hominids. pp.1483-1518. Springer-Verlag, Berlin.

Hatala, K.G., R.E. Wunderlich, H.L. Dingwall and B.G. Richmond. 2016. Interpreting locomotor biomechanics from the morphology of human footprints. Journal of Human Evolution, 90：38-48.

Heffner, R.S. and R.B. Masterton. 1983. The role of the corticospinal tract in the evolution of human digital dexterity. Brain, Behavior and Evolution, 23：165-183.

日暮泰男．2012．ニホンザルの四足歩行とバイオメカニクス．（中川尚史・友永雅己・山極寿一，編：日本のサル学のあした――霊長類研究という「人間学」の可能性）pp.46-51．京都通信社，京都．

Higurashi, Y., E. Hirasaki and H. Kumakura. 2009. Gaits of Japanese macaques (*Macaca fuscata*) on a horizontal ladder and arboreal stability. American Journal of Physical Anthropology, 138：448-457.

彦坂興秀・山鳥重・河村満．2003．眼と精神――彦坂興秀の課外授業．医学書院，東京．

Hildebrand, M. 1967. Symmetrical gaits of primates. American Journal of Physical Anthropology, 26：119-130.

平崎鋭矢．2012．サルの歩行からヒトの直立二足歩行の起源と進化を探る．（京都大学霊長類研究所，編：新・霊長類学のすすめ）pp.19-35．丸善出版，東京．

Hirasaki, E., H. Kumakura and S. Matano. 1993. Kinesiological characteristics of vertical climbing in *Ateles geoffroyi* and *Macaca fuscata*. Folia Primatologica, 61：148-156.

Hunt, K.D., J.G.H. Cant, D.L. Gebo, M.D. Rose, S.E. Walker and D. Youlatos. 1996. Standardized descriptions of primate locomotor and postural modes. Primates, 37：363-387.
Iwamoto, M. 1985. Bipedalism of Japanese monkeys and carrying models of hominization. *In*（Kondo, S., ed.）Primate Morphophysiology, Locomotor Analyses and Human Bipedalism. pp.251-260. University of Tokyo Press, Tokyo.
木村賛．1995．霊長類のロコモーション．バイオメカニズム学会誌，19：153-157.
Kimura, T. 2000. Development of quadrupedal locomotion on level surfaces in Japanese macaques. Folia Primatologica, 71：323-333.
Mori, F., K. Nakajima and S. Mori. 2006. Control of bipedal walking in the Japanese monkey, *M. fuscata*：reactive and anticipatory control mechanisms. *In*（Kimura, H., K. Tsuchiya, A. Ishiguro and H. Witte, eds.）Adaptive Motion of Animals and Machines. pp.249-259. Springer, Tokyo.
村崎修二（編著）．2015．愛猿奇縁——猿まわし復活の旅．解放出版社，大阪．
中陦克己・森大志．2007．歩行と大脳皮質．Brain Medical, 19：33-39.
中道正之．1999．ニホンザルの母と子．福村出版，東京．
Nakamichi, M., H. Fujii and T. Koyama. 1983. Development of a congenitally malformed Japanese monkey in a free-ranging group during the first four years of life. American Journal of Primatology, 5：205-210.
中道正之・山田一憲・中川尚史．2009．ニホンザルの稀な行動に関する情報の交換と集約．霊長類研究，25：15-20.
Nakano, Y. 1996. Footfall patterns in the early development of the quadrupedal walking of Japanese macaques. Folia Primatologica, 66：113-125.
中野良彦・石田英実・平崎鋭矢．1996．支持基体の傾斜角度によるニホンザル運動様式の変化について．霊長類研究，12：79-87.
中務真人．2003．ニホンザルの二足運動能力に関する解剖・生理・運動学的総合研究．平成12-14年度科学研究費補助金基盤研究（B）（2）研究成果報告書．
Nakatsukasa, M., E. Hirasaki and N. Ogihara. 2006. Energy expenditure of bipedal walking is higher than that of quadrupedal walking in Japanese macaques. American Journal of Physical Anthropology, 131：33-37.
荻原直道．2015．サルのロコモーション．体育の科学，65：477-483.
Ogihara, N., H. Usui, E. Hirasaki, Y. Hamada and M. Nakatsukasa. 2005. Kinematic analysis of bipedal locomotion of a Japanese macaque that lost its forearms due to congenital malformation. Primates, 46：11-19.
Schmitt, D. and P. Lemelin. 2002. Origins of primate locomotion：gait mechanics of the woolly opossum. American Journal of Physical Anthropology, 118：231-238.
Schmitt, D., M. Cartmill, T.M. Griffin, J.B. Hanna and P. Lemelin. 2006. Adaptive value of ambling gaits in primates and other mammals. Journal of Experi-

mental Biology, 209：2042-2049.

島田和子．2007．不自由な手でだきしめて——母になった高崎山のサル「サヤカ」．佼成出版社，東京．

高田昌彦．2012．霊長類脳の構造発達と機能分化．（京都大学霊長類研究所，編：新・霊長類学のすすめ）pp.110-124．丸善出版，東京．

高西淳夫・梶田秀司・佐野明人・藤本康孝・玄相昊・西脇光一・浅野文彦・杉原知道．2012．2足歩行ロボット技術の現在．日本ロボット学会誌，30：336-343.

富田守．1967．歩行の四肢運動様式に関する研究［1］哺乳類における二種の歩行型式の存在およびその意義．人類学雑誌，75：120-146.

Turner, S.E., L.M. Fedigan, H.D. Matthews and M. Nakamichi. 2012. Disability, compensatory behavior, and innovation in free-ranging adult female Japanese macaques (*Macaca fuscata*). American Journal of Primatology, 74：788-803.

Yang, J.F. and M. Gorassini. 2006. Spinal and brain control of human walking：implications for retraining of walking. The Neuroscientist, 12：379-389.

＊図7.9の解答はB．

8
コミュニケーションと認知

香田啓貴

　霊長類の群れ社会で繰り広げられる社会行動は，さまざまな視点からヒトの社会行動と相同性が高いものと推定されるため，ヒトの社会進化を考えるうえで有力な研究方法であった．野生ニホンザル（以下サル）の社会研究は，日本が世界に先駆けて試みた当時の革新的手法であり，今日における霊長類学の原点である．その一方で，半世紀以上におよぶ社会行動の観察研究の霊長類学の蓄積とは別に，社会行動が発現するための基盤についての精査が心理学や認知科学，神経科学などの精緻な実験科学の手法により次々に明らかにされつつある．従前のサル研究から得られた知見は，このような生物学的根拠をともなう形で，より客観的な系統比較が可能となり，より精密に進化や系統発生の議論が可能な時代が到来しつつある．本章では，サルの社会行動として関心が大きいと思われる2項目についての近年の進展を概説する．こうした事例をふまえ，きたるべき時代に備えた新しいニホンザルの社会行動研究についての期待を述べる．

8.1　サルの社会行動を支える心理基盤としての
　　　コミュニケーションと認知の研究

　野生のサルを対象とした研究は，霊長類学において花形である．個体識別と長期観察から個体間のやりとりを記録し，血縁関係などをはじめとした親和的関係性などの傾向を客観的に明らかにすることで，ヒト（*Homo sapiens*）の社会や行動との相同性を主張できるような証拠を積み重ねてきた．とりわけ，コミュニケーションをはじめとした社会行動を行動学的に分析（ここで

は，正しい客観的な方法で行動を記載し，行動が引き起こされる要因と結果を分析し，それがヒトやほかの動物で観測される社会行動と比較し相同な現象かを検討すること，を指す）し，ヒトとの相同性を議論する作業や，さらにはほかの霊長類種や動物種との比較を通じてさまざまな行動の系統発生を推定する試みは，サルの研究を魅力的なものにしていた．このような作業を基盤として，河合雅雄が記した『ニホンザルの生態』（河合，1964）などに代表される，ヒトの行動や社会の進化や起源を探ろうとした「霊長類学」の古典とされる読みものが伝えた興奮は，今も色あせることはない．

しかし，こうした霊長類学の手法や考え方は，「社会行動」というものが単一メカニズムに還元が不可能であった，あるいは社会行動を支える複雑な認知過程を脳機能や生理学的なメカニズムに還元するのは不可能であろうと，「暗黙のうちに」考えられ続けた（あるいは，実際にその時点では不可能であった）時代に隆盛を極めた研究手法であるといえるのかもしれない．より簡潔にいえば，ヒトを含む霊長類の社会行動は複雑であり，それを支えるメカニズムの追究は困難か不可能であり，メカニズムへの還元を回避していたのかもしれない．しかし，近年の認知神経科学的な手法や計算機の飛躍的な進歩により，たかだか5年前ですら還元不可能であると考えられていたような複雑な社会行動を発現させる神経基盤や生理学的基盤が明らかにされつつある．しかも，ヒトを対象としながら非侵襲的な手法での研究である．さらには個体間の認知の相互作用にもとづいたコミュニケーションなども，計算理論から再現され検証される試みが活発に行われるようになった．たとえば，マカクザル（ニホンザルと同じマカカ属の霊長類の総称）を対象にした脳機能画像の研究がある．脳機能画像の研究とは，知覚や認知，思考を要するような心理課題実施中の脳の活動を高磁場のMRIを用いて計測し，MRIにより撮像された血流量の変化を解析することで，脳の機能局在性を明らかにする研究である．この手法自体は，侵襲的な手続きがともなわない利点があり，ヒトを対象とした高次な認知機能についての脳内での機能局在を明らかにするための方法であったが，国内では宮下保司らが覚醒下のマカクザルでの実施に成功しており，おもに長期記憶のメカニズムについてたいへん優れた結果を残してきた（比較的近年の総説としてHirabayashi and Miyashita, 2014）．そして，その対象種は国産ならではの研究らしくサルも用いられて

いた．このように全脳的な活動を分析し，従来の単一細胞での神経活動の記録を凌駕し高次な認知やコミュニケーションに迫る試みは，サルが少なからず貢献しているといえる．近年でも，硬膜下皮質表面電位（ECoG）と呼ばれる，神経細胞活動由来の電気的信号を脳表面で記録できる手法が開発され，大規模な脳内の電気的信号を高い時間精度で並列的に記録することが可能となっている．このような手法を用いて，サルのコミュニケーション場面での複数個体の脳活動の同時記録ですら，可能な時代が到来しようとしている（たとえば Nagasaka *et al.*, 2011）．

　こうした状況をふまえ，本章ではサルの認知機能やコミュニケーションにまつわる筆者らが近年行った研究例を紹介しながら，認知やコミュニケーションに潜む行動発現機序の進化に関する解説を行いたいと思う．読者が興味を持ちやすいように，ヒトにも共通基盤として存在していると仮定されてきた2つのテーマ（愛情や養育行動の認知基盤と，捕食者に対する恐怖感情の認知基盤）について，筆者らの最近の研究成果を示しながら，その背景にあるメカニズムと，現在考えられている進化シナリオを提示し，解説を試みたいと思う．こうした議論を行いながら，野生ザルの研究で，筆者がこれから期待する方向性を検討していくことにしよう．

8.2　養育行動を支える認知基盤と　　　　「かわいいと感ずるこころ」の起源

（1）　ローレンツの幼児図式

　春はサルの出産の季節である．母親のお腹にしがみつく新生子を観察することができ，その母子の姿は愛くるしく微笑ましい．本節で注目するのは，母子を見たときに生ずる，この心理現象である．われわれの中でサルの新生子を見ると思わず「かわいい」という感情が紛れもなく生じているはずだ．むろん，この感情はサルの新生子に限定されない．いうまでもなく，われわれヒトやそれ以外の霊長類，哺乳類など，さまざまな動物の新生子を見ると理由なく「かわいい」と感ずる．逆説的にとらえれば，かわいくないと感じることが不可能であることからも，万国共通にあらゆる文化圏で観測できる

ヒトに生物学的に備わった心理現象といってよい．

このヒトがかわいいと感じる心理現象のメカニズムについて，生物学的に回答しようとした試みは，じつは古くから存在する．1973年にノーベル生理学医学賞を受賞し近代動物行動学を体系化したコンラート・ローレンツが，この「自動的にかわいいと感じる」現象とその特徴，適応的意義やその進化史について言及をした（Lorenz, 1943）．ローレンツは広範な哺乳類や鳥類の新生子が示す共通した身体特徴に着目した．その身体特徴とは，身体に対して大きな頭部，大きな額，顔の中央よりやや下に位置する大きな眼，短くて太い四肢，全体的に丸みのある体系，柔らかい体表面，丸みを持った大きな頬，などである（図8.1）．こうした身体特徴は，「ローレンツの幼児図式（baby schema）」と呼ばれている．ローレンツは，この幼児図式を成獣個体が知覚・認知すると，ヒトにおいては「かわいいと感じる感情」を自動的に喚起し，アカンボウへの攻撃行動を抑制させるとともに援助を促進する「養育行動」を発現させる解発刺激（releaser）として作用しているのではない

図8.1　幼児図式の模式図．ヒトの幼児（左）と成人（右）の正面顔の輪郭に，眼と鼻，口を線描として模式的に描画したものを例に挙げよう．ひとめで，同じような模式的な顔の部品を配置したのみであるにもかかわらず，左が幼児で右が成人とわかるだろう．この中で，幼児らしい特徴として挙げられているのは，大きな額（額の面積が大きい），大きな眼（顔に占める面積が大きい），小さな鼻や口，また顔の各部分が中央に凝集している点や，輪郭に丸みを帯びている点，頬のふくらみ，などである．こうした傾向は，哺乳類や鳥類で共通するとされる．

かと予測した．すなわち，オトナがこのような「いくつかの身体特徴を備えたアカンボウを見るとかわいいと感じる」という認知メカニズムを獲得したために，結果としてアカンボウは周囲個体からの支援を受けやすくなり，もっとも死亡率の高い危険な時期の生存率が改善するため，適応的にたいへん有利に働くと考えられる．このオトナが備える認知メカニズムとアカンボウが備える身体特徴が相互作用した結果として，この「かわいいと感ずるこころ」が進化してきたというシナリオを提案した．

この仮説の中で重要な点は，こうしたアカンボウの身体特徴が，オトナからの支援を得るために進化してきたという進化史ではなく，身体特徴自体は別の要因により生じ，オトナがかわいいと認知するというメカニズムが後発的に生じたと考える前適応的な解釈である．たとえば，大きな頭部や額などといった身体特徴は，脳と四肢の発生や発達機序の違いが関与しており，四肢よりも脳の身体形成が先行した結果であり，オトナがかわいいと感ずるために肥大化したわけではない．哺乳類や鳥類において身体発達の設計が変更される中で生じたアカンボウの特徴に，認知メカニズムが「便乗する」形で，「かわいいと感ずる」メカニズムが生じたと議論している．

（2） かわいいと感ずる認知メカニズムはほんとうに存在するのか？

このメカニズムの予測に関して実証的な証拠がいくつかある．最初の試みは，幼児図式に含まれるどのような要素が，かわいいという感情と関係しているかという心理実験である．もちろん，対象はヒトである．手続きとしては単純なもので，アカンボウの線画イラストを操作し，眼の大きさや額の大きさ，頬の大きさなど，幼児図式として提案されていたさまざまな身体特徴（顔や身体の特徴）を，割合値として操作し，ヒトの被験者にかわいらしさを評定させることで，「かわいらしさ値」と「幼児図式値」との相関関係を調べるものであった．その結果は，ローレンツの指摘したとおり，幼児図式特徴の変化量にしたがって「かわいい」と判定されやすくなる，というものであった．このような身体特徴の操作と，実際のアンケートなどを用いた印象評定を用いた心理研究自体は，1990年以前にいくつか実施されたもので（Fullard and Reiling, 1976；Alley, 1981, 1983），メカニズムの探求自体は行われることはなく，それ以上の盛り上がりを見せるようになるのは，2010

年前後とごく最近のことである．近年に明らかにされた重要な研究を紹介する．

1つは脳機能画像にもとづく脳内基盤に関するものである（Glocker et al., 2009）．グロッカーらはモーフィングの技術を利用して，アカンボウの顔写真の幼児図式特徴を段階的に変化させ，3段階の顔写真（もっともかわいい，操作なし，あまりかわいくない）をつくりだした．その顔写真を被験者に見せ，そのときの脳活動を検討した．解析の結果，かわいらしさの強度との強い相関を示したのは，側坐核と呼ばれる脳領域だった．側坐核は，多くの動物に存在する系統的には古い脳部位である．快楽と強い関連性があり，依存症などの習慣的行為の発現と関係性があることが古くから知られていた．すなわち，「かわいらしいアカンボウの顔を見る」という行為が，強い「快楽的感情」を引き起こすという現象が脳内レベルで初めて観察できたといえる成果であった．

また，かわいらしさの知覚という現象ではないが，アカンボウの顔がヒトの視知覚において特殊化された処理経路の存在も示唆されている（Brosch et al., 2007, 2008; Thompson-Booth et al., 2014）．ブロシュらが実施した心理実験によれば，被験者にコンピューター画面上にアカンボウの顔を呈示すると，自動的にアカンボウ写真の方向へ視覚注意が向いてしまうという現象を見い出している．アカンボウ写真へいつでも目が奪われる，といったことが知覚的に起きるということだ．つまり，かわいいと思う高次な感情判断とは別（単純な顔の視知覚）のレベルで，アカンボウ画像は特殊化された視覚処理機構の存在が予測されている．また，脳内基盤と異なる視点として，内分泌動態との強い相関現象も知られている（Sprengelmeyer et al., 2009）．アカンボウのかわいらしさの微妙な差異を判断させると，つねに女性のほうが男性よりも成績がよい．さらに，経口避妊薬を服用した女性ではその判断がさらに向上することから，性ホルモンとアカンボウのかわいらしさの判断とに強い結びつきが存在することを意味している．しかし，ホルモンが脳システムに作用する機序や関連性は未解明な点が多く，これからの解明が期待されている分野である．総じて，アカンボウを知覚し，そのかわいらしさを認知し，最終的に養育行動が発現される機序が少しずつ明らかにされつつあるのが，この5年ばかりの進展といえる．

(3) こうした現象はヒトに限定されうるのだろうか？
――サルを対象とした実験的アプローチ

　ローレンツは，幼児図形は広範な哺乳類や鳥類で存在していると指摘した．そうであれば，幼児図式を特別に知覚・認知する処理機構の萌芽は，ヒト以外の霊長類や哺乳類全般で見られても不思議ではない．とりわけ，母乳を必

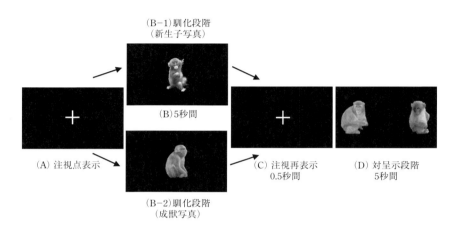

図8.2　視覚性対呈示法の実験の手続きと流れ．まず，サル1頭の前にモニターを設置する．実験者は，サルから見えないところに備える．A：最初モニターにはなにも表示されていないが，ときおり実験者がサルの状況を見計らって，モニターに「十字」を表示させたりモニターから音を流したりし，サルにモニターの中心を見るようにうながす．実験者は，カメラを通じてサルの視線を常時観察している．サルの視線がモニター中心に向いたと判断できたときに，実験を開始する．B：十字に続いて，サルの全身写真（新生子か成獣のいずれか）を1枚5秒間呈示する（馴化段階と呼ぶ）．C：その馴化段階ののち，写真は一瞬注視十字画像に入れ代わる．0.5秒間最初の十字が再表示され，画面中心を注視するようにうながす．D：最後に，新生子と成獣が左右対になった対呈示画像を5秒間呈示する（対呈示段階）．画面は暗転し，実験は終了する．一連の流れは画面情報にとりつけるカメラにより撮影し，のちにどちらを見ていたかどうかを分析する．この実験で重要なのは，馴化段階を経て，対呈示段階でどちらの写真を長く注視していたかである．もしも，事前に成獣の写真を見て，それを「成獣」だと認識したうえで対呈示段階に入ったならば，「新生子」写真はより新奇な写真になり，「成獣」は直前に見慣れた写真ということになる．その場合，新奇なものに対する注視が長くなると予測できる．もしも，「成獣」や「新生子」といった年齢クラスに関する概念がなければ，この手続きで期待できる新奇選好性は見られず注視時間に影響を与えないと考えられる．

須とし養育に特別な投資を払う哺乳類の共通祖先に備わる認知処理機構として存在したとしても，機能的には合理的に感じられる．しかし，これまでに幼児図形特徴の認知についての実証的な研究は，ヒト以外の動物では皆無であった．

そこで，筆者らは2つの実験を行った．第一の実験では，新生子に対して特別な興味や関心を払うかどうか，さらには新生子という年齢の概念を持ちうるかどうかについての心理実験を行った（Sato *et al.*, 2012）．実験は，ヒトのアカンボウやイヌなどの行動実験で用いられている手法である，視覚性対呈示法（visual paired comparison procedure）と呼ばれている手法を用いて（図8.2），京都大学霊長類研究所で飼育されているサルのメス11頭について調べた．この実験では新生子と成獣の写真を同時に呈示し注視時間を検討することで，その関心の高さを計測する手法である．実験の結果は，新生子への高い関心が確認されるものだった（図8.3）．このことから，新生

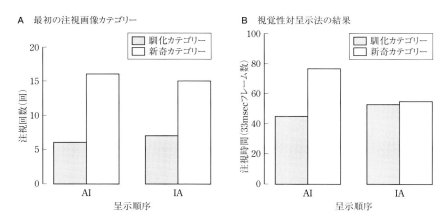

図 **8.3** 視覚性対呈示法で対呈示写真に対する反応．馴化，新奇，それぞれのカテゴリーへの最初の注視回数（A）と注視時間（B）．呈示順序のAIは成獣（A）写真を馴化段階として用いた条件（対呈示段階では新生子写真（I）が新規カテゴリーになる），IAは新生子（I）写真を馴化段階として用いた条件（対呈示段階では成獣（A）写真が新規カテゴリーになる）．Aは対呈示画像出現直後に，最初に見たほうの写真カテゴリーを示し，成獣／新生子にかかわらず，新奇カテゴリーを注視する．Bは5秒間の間の注視時間を示すが，新生子写真が新奇のカテゴリーのときに，顕著に注視時間が長くなる（Sato *et al.*, 2012より改変）．

子はよく興味深く注視されやすい＝新生子に関心が向けられやすい，という視覚認知特徴を示していた．

次の実験では，筆者らはより短時間（100 msec）の範囲で起きる，新生

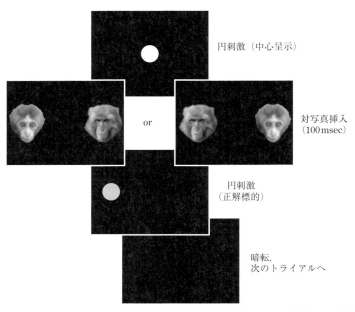

円刺激（中心呈示）

対写真挿入
（100 msec）

円刺激
（正解標的）

暗転，
次のトライアルへ

図 8.4 注意バイアスを検討するドットプローブ法の手続きの流れ．筆者らの実験ではサル2頭を対象として，タッチモニターに現れる円刺激を何回か触ることだけを訓練する．正確に正しくすばやく，モニター上に現れる円を触れば正解で，サルは報酬を得られる．重要なのは，複数回にわたり円刺激を触る中で，報酬直前の円（正解標的）は，モニターの左右どちらかに現れることである．訓練が進み，タッチ操作が習熟した段階で，正解標的が提示される直前にほんの一瞬（わずか 100 msec）だけ2枚の写真（新生子と成獣メスが左右対になった写真）を挿入し見せる．写真挿入後，なにごともなかったかのように，モニターの左右どちらかに正解標的が提示され，触れば正解で報酬が得られる．この実験における論理は以下のとおりである．対写真が挿入されたとき，思わず新生子に注意が向けば，その直後新生子側に正解標的が提示されたときに反応時間が短くなる．その逆に提示されれば，注意が反側方向に奪われている分，正解標的への反応時間は長くなる．とくに，新生子と成獣メスの写真の間に，注意捕捉に対する偏り（注意バイアス）が存在しなければ，反応時間に差はなくなる．この場合は新生子写真ののち，標的に入れ替わる条件であり，もしも新生子写真が視覚注意を捕捉するような効果があれば，反応時間が短くなると推察できる（ヒトの先行研究では実際に短くなり，新生子写真への注意バイアスが知られている）．

子写真への注意の状態について検討をした（Koda *et al.*, 2013）．第一の実験で対象とした注視行動や「関心」といった写真を認知し判断する過程においては，新生子に対する特殊な認知機能が示唆されているが，より低次の視知覚という段階の特殊性を，別の方法を用いて検討した．課題ではドットプローブ法と呼ばれる，ヒトの視覚注意バイアスを知るために用いられる方法を，サルの訓練課題にアレンジし検討した（図8.4）．注意バイアスとは，100 msecなどのごく短い時間で新生子と成獣の対呈示画像を見せると，どちらの画像カテゴリーに視覚注意が捕捉されるかという効果のことをいう．ヒト被験者を対象にした実験によれば，アカンボウ写真に対する注意バイアスが確認でき，脳波レベルでも観測される（すなわち，視知覚処理の中でアカンボウ写真が優先的にすばやく処理される神経基盤が存在することすら示唆する）ことが知られていた．しかし，筆者らのサルの実験の結果では，注意バイアスについては新生子写真に対する特殊性は見られず，反応時間に差は見られなかった．これは，ヒトと相同な結果に見えた実験1とは異なるものだった．

（4） 新生子を知覚する特殊化された現象
　　　　——かわいいと感ずるこころの萌芽か？

　サルでの結果をまとめよう．まず，視覚性対呈示法の実験から，①新生子と成獣（メス）という概念にもとづくような区別ができている，②また，(少なくとも成獣メスは) 新生子に対して注視しやすいこと（選好注視していると心理学的には表現される），そしてタッチパネル訓練にもとづいたドットプローブ法の実験から，③新生子顔写真に対する注意バイアスが認められなかった，ということである．②の選好注視が，感情としての「選好性」に結びついているとは限らないため（嫌悪するものも思わず長時間見つめてしまうこともあるため），ヒトと相同な新生子に対する選好性（好ましいと思うこと）があると結論づけられないが，新生子に対する選好注視をヒト以外の動物において世界で初めて明らかにした結果であり，その現象の一般性を示唆しており，ほかの動物種においても今後の展開が期待できる．ヒトでの研究をふまえれば，側坐核などの報酬系と呼ばれる一連のシステムが関与しているのかどうかが，動物レベルでの今後の検討課題となるだろう．また，

③の注意バイアス実験の結果からは，注意や知覚といったレベルではヒトと異なる結果が出ていることからは，注意や知覚といった視覚処理の低次な過程では，新生子顔写真に対しては特殊な経路を持ち合わせておらず，ヒトの系統で獲得されたシステムであることが考えられるのかもしれない．以上の点をふまえると，サルの生活史において新生子と触れ合う中で，新生子に対して特別な関心や保護的行動が成立していく過程に潜む神経基盤は，系統的には古くから存在しており（むしろ哺乳類全般で共通するようなシステムと推察される），それが養育行動を維持するための共通基盤となりそうである．一方で，ヒトの系統では，低次なレベルの処理系にまでアカンボウの視知覚は特殊化を遂げている．神経機構が徐々に解明され，さらにさまざまな部位を標的とするホルモンなどの内分泌物質の作用機序も明らかにされる中で，養育行動や愛情の基盤となるメカニズムが明らかになるだろう．「かわいい」と感ずるこころがヒトとサルで共通しているかは不明であるが，共通する異なる認知要素群を調べることで，その進化的な起源に迫れる可能性が高いと見込まれる分野であり，こうした基盤を背景とした母子間の行動発達の分析など，さまざまな研究分野への展開が期待されるだろう．

8.3 「ヘビを恐怖と感ずるこころ」は生得的といえるのか？

（1） ヘビ恐怖は生得的か？

旧約聖書では，人間に禁断の果実を食べるようにそそのかし，楽園を追われるに至るきっかけをつくりだしたのが「ヘビ」である．「ヘビ，長すぎる」といったのは，博物学者のジュール・ルナールであり，それをエッセイ『砂漠の思想』に引用したのは小説家の安部公房（1965）である．古来，忌み嫌われる対象であることが多いように思われる．ヘビ恐怖症も，一定の割合であらゆる文化に存在するようだ．こうしたヘビに対する嫌悪感や恐怖感覚が，ヒトに生得的に備わるメカニズムなのか，経験を通じて獲得された感情であるかについての古くからの論争は，いまだ決着がついていない．生得性を主張するものたちは，ヘビが霊長類にとって潜在的恐怖であった点を重視する．すなわち，霊長類の共通祖先にとってヘビは脅威の1つで，逃れる

ためにさまざまな認知機能が進化してきたはずであり，ヒトが抱く嫌悪感や恐怖症はその産物であるという（たとえば Isbell, 2006）．

　生物学的なアプローチとして有名なのは，ミネカとオーマンが行った，アカゲザル（*Macaca mulatta*）を用いた研究であろう（Öhman and Mineka, 2001）．問いは単純なもので，生まれて一度もヘビを見たことがないサルが，ヘビを恐れるかどうかを調べたものだった．結果は明白で，恐れなかったという．経験なく恐れる対象にはならないことを意味している．しかしながら，事後の研究では，ヘビを恐れている個体のビデオを見せるという観察学習の手続きを経過させると，すばやく学習し，その恐怖反応は長期にわたり維持されたという．なにか特殊な認知様式が潜んでおり，恐怖学習について準備性（preparedness）が存在していると予測している．

（2）　ヘビをすばやく検出する知覚現象とその脳内基盤

　一連の結果は 1980-1990 年代に多く，さかんに実験が行われたが，ふたたび注目をされるようになったのは，ヒトのある視知覚現象が報告されてからである．オーマンらのグループは，視覚探索課題という心理実験課題を用いて，ヘビの写真がなぜかすばやく発見できることを示した（Öhman *et al.*, 2001）．視覚探索課題では，花の写真複数枚と，ヘビの写真 1 枚を同時に見せる．その中からヘビの写真を発見させ，その発見までにかかる時間を分析する．絵本の『ウォーリーを探せ』のヘビ版だと考えればよい．すると，たくさんの花写真の中に潜んだヘビはたいへん迅速に発見できるのに対し，その逆のたくさんのヘビ写真の中に潜んだ花はなかなか発見できないという「ヘビ効果」を発見した．彼らは，ヘビのような脅威対象をすばやく発見する知覚基盤を備えることで，捕食回避などその後の脅威に対する迅速な対処が可能になるため，生物学的に適応的な認知基盤が進化したと主張した．さまざまな形で再現されているものもあり，非常に頑健性の高い効果であるといわれている（たとえば Masataka *et al.*, 2010）．

　進化的な議論となると，当然そのほかの霊長類でも検討が進む．柴崎と川合は，サルにヒトの実験と同様な視覚探索課題を実施したところ，同じ「ヘビ効果」をヒト以外の動物で初めて示した（Shibasaki and Kawai, 2009）．このことから，ヘビの視知覚については，恐怖を感ずるかどうかは別として，

ヒトとサルに共通する基盤が存在しそうである．さらに，近年では野生霊長類研究者のイスベルが神経科学者たちと共同して，ヘビ効果に関与する神経基盤を明らかにしている（van Le et al., 2013）．サルを対象にして単一神経細胞の活動を記録し，ヘビをすばやく探索する際に顕著に活動しやすい神経細胞群の場所の特定を行った．すると，脳の深部，視床の背側後部に位置する領域である視床枕（pulvinar）という部位で，ヘビ効果に関連する神経細胞群を多数記録した．たいへん興味深いことに，この視床枕はマウスなどの齧歯類では解剖学的には存在しないとされ，霊長類の視床にのみ存在していると分類されている．すなわち，これらの結果から，ヘビ効果は霊長類特有の可能性もあり，霊長類の系統で進化してきた視床枕という構造が脅威の発見を一部担うことにより創発した視知覚現象であるというわけである．本節冒頭で取り上げた，ヘビ恐怖の学習や準備性，生得性などとは，まだ乖離のある証拠であるが，ヘビ（あるいは脅威刺激全般かもしれない）に対する特殊な知覚処理様式の存在は，ヘビ恐怖が特殊な認知システムとして備わっていることを示唆しているのかもしれない．近年では，同種他個体の威嚇の表情も，ヘビと同様な効果があることがサルで示唆されている（Kawai et al., 2016）．今後の研究によっては，ヘビを代表とした，恐怖学習のメカニズムや，その霊長類に特有な現象についてさまざまな展開が期待されうる．

（3）　ヘビと結びつきやすい警戒音

今後の研究展開を期待させる事例として，サルで行った筆者らの簡単な研究事例を紹介しよう．

霊長類を含めてさまざまな哺乳類や鳥類で，警戒音（alarm call）という声が存在する．これは，捕食者を発見したときに発せられる特別な声で，血縁個体や群れのメンバーに，捕食者の存在を知らせて捕食リスクを回避させる機能があると考えられている．たいへん有名な研究として，ベルベットモンキー（Chlorocebus pygerythrus）の警戒音の研究があり，捕食者の種類に応じて声を使い分けるという発見がある．ヘビや猛禽類，ヒョウ（Panthera pardus）と脅威の対象が違えば，警戒音が異なる．相手に応じて，襲来の仕方が異なるため，その情報が共有されることは生存にたいへん有利なので，こうした行動が進化したと推定されている（Cheney and Seyfarth, 1990）．

8.3 「ヘビを恐怖と感ずるこころ」は生得的といえるのか？　　　　177

サルが複数の警戒音を使い分けているという証拠は今のところないが，警戒音は確かに存在し，彼らの生存に役立っている．筆者が鹿児島県屋久島で調査していたときには，人慣れしていない群れは，観察者である筆者に対し鋭い響きの警戒音を繰り返し発する，という経験を何度もしたものだ．スピーカーから警戒音を流して聞かせると，激しい警戒反応が起きるなど，たいへん特殊な音声であるのは間違いない．

　さて，筆者らが検証しようと考えたのは，その警戒音の認知過程である．野外で多くの研究がなされている反面，警戒声を聴いたときに，はたして脅威の対象を想起するような過程があるのだろうか．あるいは，警戒音が，その後の脅威対象の発見などといった認知過程に対して，なんらかの効果が働きうるだろうか．

　こうした点を検証するために，簡単な行動実験を実施した（Shibasaki et al., 2014）．ふたたび，対呈示写真を用いる．今度は，ヘビと花の写真を組とした対写真である．非常に単純な手続きで，サルの前にモニターを配置し，モニター中央を見た瞬間にその対写真を呈示する．肝心なのは，写真の呈示と同時に，モニター背景から「声」を再生する．声は，「警戒音」か「クーコール」と呼ばれるサルが群れで鳴き交わす特殊な情動と結びつきが少ないとされる音声である．このような2つの条件で，ヘビと花に対する注視時間を分析する．この方法は視聴覚刺激を用いた選好注視法（audio-visual preferential looking procedure）と呼ばれ，音と画像の結びつきについて調べる際によく用いられる．

　図 8.5 はその結果である．左側にヘビ写真が呈示され警戒音が流れたときに，ヘビ写真を長く見る傾向が顕著であった．視覚処理の左右差がある理由については，まだ議論の余地があるが（恐怖情動処理の神経基盤の1つである扁桃体の左右差と関連しているのかもしれない），警戒音を聴取することがのちの視認知へ影響を与えうることを示している．警戒音は捕食者などの心的表象の想起を促し，結果として視覚認知への影響がおよぼす現象としてとらえられるのかもしれない．音声と捕食者の連合学習が成立する過程を検討する手段として一定の役割を果たしていると考えられる．多くの警戒音のコミュニケーションと認知研究が進む中で，その連合学習過程やメカニズムについては置き去りにされてきた．こうした，対捕食者戦略を支える認知や

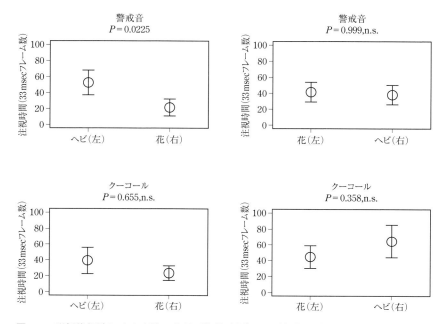

図 8.5 選好注視法による実験の結果(注視時間).ヘビと花の対呈示写真を呈示中の,各写真への注視時間.P は統計的有意差についての統計量を示す.分析の結果,警戒音を再生する条件でヘビが左側,花が右側に呈示されたときにのみ,ヘビ方向への注視時間が増大する.

神経基盤に関する研究は,これから進展する有望な分野であろうと期待される.

8.4 野生ザルの社会行動の研究を通じて期待される展開
── 脱擬人化と擬人化のはざまで

本章では,社会行動を支える認知基盤について,できるだけメカニズムに立脚した形での解説を試みた.そして,「新生子認知」や「警戒音と脅威との連合学習」といった,サルの社会行動に関心を抱く研究者にも興味深い題材を扱い,さまざまな研究例を紹介した.

さまざまな先進的な方法が応用される中で,複雑な社会行動をゲノム変異

上の延長線としてとらえる潮流も，一部でさかんになっている（第6章参照）．しかし，それは非侵襲的にゲノム情報にアクセスし分析すらできる方法論の向上により突如可能となっただけであり，外部形態や感覚器官などの外部表現型とゲノム変異との関係性に比べれば，社会行動とゲノム変異には本来直接的な接続性はなく，親和性は緩やかなものであり，目的と方法に一定の乖離が存在する．そもそも，高次に複雑な社会行動は，その行動発現の中枢である脳基盤の理解すら不明である中で，一足飛びにゲノムの変異として説明をしようとする試みは，時期尚早と考えられるし，現状では説得力のある回答が得られる期待はきわめて低い．本章で取り扱った内容については，複雑なサルの認知やコミュニケーションの一側面であり，さらに未解明な点も膨大に存在している．しかし，本章で紹介したような事例に代表されるような研究の進展もあり，社会行動を支える認知機能の要素（群）が着実に解明されつつある．実験研究者と野外で活躍する動物学者が手を携えて行動発現の系統発生を理解する努力を重ねれば，サル（ニホンザル）研究や霊長類学そのものが，社会行動の進化の理解に先端性をもって関与し続けられるだけでなく，サルという動物をより客観性をもって理解でき，魅力と愛嬌を持った動物として紹介し続けることが可能であろう．

　野外研究に憧れを抱き野生動物を観察したい学者にとっては，こうした認知システムを意識した考察や，さらには動物実験的な作業は苦痛を感じることもあるだろう．少なくとも，少なからず苦痛を感じるものにとっては，それをすべきでないしする必要もないだろう．しかし，その知識を敬遠すべきではないだろう．生得的という安易な言葉で，社会行動を支える基盤に対して見ぬふりをし続ける時代は終焉を迎えつつある．加えて，社会行動の研究を目指すものが「認知やコミュニケーションを支える神経基盤やメカニズムのことはむずかしいのでよくわからない」と安易に敬遠するのも控えたほうがよい．高い倫理感覚を持ちながらも，さまざまな方法により解明された証拠を知識として蓄え，自身の野外観察研究に生かすような実直な取り組みをこれまで以上に重ねる努力が不可欠である．サルを対象とした野外研究が，こうした真の学際的発想を取り入れて初めて，ふたたび先端的で新しい時代に即した将来像を開拓することができるだろう．

　本章で取り扱った内容についてはサル（ニホンザル）に対象を絞る必然性

はない．サルを対象動物としながらも，設定している問題点は認知やコミュニケーションの種それぞれの独自性や進化についてであり，サルあるいはヒト，チンパンジー（*Pan troglodytes*）などといった少ない種に限局することは無意味な問題であるからだ．それでもなお，サル（ニホンザル），とりわけ野生のサルにこだわり研究対象として選択する利点があるとすれば，これまでの先人が蓄えた膨大な知識が存在することであり，それはほかの動物では見られないまれな条件を整えた動物といえることだろう．その点において，サルの社会行動の研究は多くの手がかりがすでに提示されているともいえ，先端的方法論との親和性が高いチャンスの多い将来有望な分野であると断言できる．動物行動学者のローレンツやニコ・ティンバーゲンたちが予測したようなメカニズムが次々と実証されてきたように，日本の霊長類学者のパイオニアたちが記述した現象を生物学的な根拠をともなって説明できる将来も遠からずあると，筆者は考えている．その先に見えるのは，言語に代表されるような「ヒトたらしめるもの」の進化史への思いであることはいうまでもない．

引用文献

安部公房．1965．砂漠の思想．講談社，東京．
Alley, T.R. 1981. Head shape and the perception of cuteness. Developmental Psychology, 17：650-654.
Alley, T.R. 1983. Age-related changes in body proportions, body size, and perceived cuteness. Perceptual and Motor Skills, 56：615-622.
Brosch, T., D. Sander and K.R. Scherer. 2007. That baby caught my eye：attention capture by infant faces. Emotion, 7：685-689.
Brosch, T., D. Sander and K.R. Scherer. 2008. Beyond fear：rapid spatial orienting toward positive emotional stimuli. Psychological Science, 19：362-370.
Cheney, D.L. and R.M. Seyfarth. 1990. How Monkeys See the World：Inside the Mind of Another Species. The University of Chicago Press, Chicago.
Fullard, W. and A.M. Reiling. 1976. An investigation of Lorenz's "Babyness." Child Development, 47：1191-1193.
Glocker, M.L., D.D. Langleben, K. Ruparel, J.W. Loughead, J.N. Valdez, M.D. Griffin, N. Sachser and R.C. Gur. 2009. Baby schema modulates the brain reward system in nulliparous women. Proceedings of the National Academy of Sciences of the United States of America, 106：9115-9119.
Hirabayashi, T. and Y. Miyashita. 2014. Computational principles of microcircuits for visual object processing in the macaque temporal cortex. Trends

in Neurosciences, 37：178-187.
Isbell, L.A. 2006. Snakes as agents of evolutionary change in primate brains. Journal of Human Evolution, 51：1-35.
河合雅雄．1964．ニホンザルの生態．河出書房新社，東京．
Kawai, N., K. Kubo, M. Masataka and S. Hayakawa. 2016. Conserved evolutionary history for quick detection of threatening faces. Animal Cognition, 19：655-660.
Koda, H., A. Sato and A. Kato. 2013. Is attentional prioritisation of infant faces unique in humans?：comparative demonstrations by modified dot-probe task in monkeys. Behavioural Processes, 98：31-36.
Masataka, N., S. Hayakawa and N. Kawai. 2010. Human young children as well as adults demonstrate "superior" rapid snake detection when typical striking posture is displayed by the snake. PLOS ONE, 5：e15122.
Nagasaka, Y., K. Shimoda and N. Fujii. 2011. Multidimensional recording (MDR) and data sharing：an ecological open research and educational platform for neuroscience. PLOS ONE, 6：e22561.
Lorenz, K. 1943. Die angeborenen formen möglicher erfahrung. Zeitschrift für Tierpsychologie, 5：235-409.
Öhman, A. and S. Mineka. 2001. Fears, phobias, and preparedness：toward an evolved module of fear and fear learning. Psychological Review, 108：483-522.
Öhman, A., A. Flykt and F. Esteves. 2001. Emotion drives attention：detecting the snake in the grass. Journal of Experimental Psychology, 130：466-478.
Sato, A., H. Koda, A. Lemasson, S. Nagumo and N. Masataka. 2012. Visual recognition of age class and preference for infantile features：implications for species-specific vs universal cognitive traits in primates. PLOS ONE, 7：e38387.
Shibasaki, M. and N. Kawai. 2009. Rapid detection of snakes by Japanese monkeys (*Macaca fuscata*)：an evolutionarily predisposed visual system. Journal of Comparative Psychology, 123：131-135.
Shibasaki, M., S. Nagumo and H. Koda. 2014. Japanese monkeys (*Macaca fuscata*) spontaneously associate alarm calls with snakes appearing in the left visual field. Journal of Comparative Psychology, 128：332-335.
Sprengelmeyer, R., D.I. Perrett, E.C. Fagan, R.E. Cornwell, J.S. Lobmaier, A. Sprengelmeyer, H.B.M. Aasheim, I.M. Black, L.M. Cameron, S. Crow, N. Milne, E.C. Rhodes and A.W. Young. 2009. The cutest little baby face：a hormonal link to sensitivity to cuteness in infant faces. Psychological Science, 20：149-154.
Thompson-Booth, C., E. Viding, L.C. Mayes, H.J.V. Rutherford, S. Hodsoll and E. McCrory. 2014. I can't take my eyes off of you：attentional allocation to infant, child, adolescent and adult faces in mothers and non-mothers. PLOS ONE, 9：e109362.

van Le, Q., L. Isbell, J. Matsumoto, M. Nguyen, E. Hori, R. S. Maior, C. Tomaz, A. H. Tran, T. Ono and H. Nishijo. 2013. Pulvinar neurons reveal neurobiological evidence of past selection for rapid detection of snakes. Proceedings of the National Academy of Sciences of the United States of America, 110：19000–19005.

9
群れの維持メカニズム

西川真理

　ニホンザル（以下サル）の群れは異なる性・年齢の複数の個体から構成されている．群れのメンバー間には，個体間の優劣関係にもとづく順位序列や血縁関係の有無といった社会的な関係がある．サルは森の中で採食，移動，休息，毛づくろいといった活動を繰り返して生活しており，1日の中で群れのメンバー同士が集まったり離れたりすることで，群れのメンバーの凝集性が変化する．これには群れメンバー間で生じる食物をめぐる競争とメンバー間で行われる毛づくろいが関係している．この章では，サルの群れの様相について概説し，群れのメンバーが凝集するメカニズムとして働く視覚的・聴覚的モニタリングについて紹介する．そして，近年の技術革新によって明らかになった群れのメンバーの空間的な広がりの程度とその変異をもたらす要因について解説する．

9.1　群れの特徴とメンバー間の社会関係

　さまざまな種の動物が「群れ」をつくって生活している．「群れ」とは，同種の個体が複数集まって形成する「まとまり」のことであり，群れのメンバーは，時間的・空間的にある程度は近接していることが想定される（Krause and Ruxton, 2002）．「群れ」と聞いて思い浮かぶのは，マイワシ（*Sardinops melanostictus*）やムクドリ（*Sturnus cineraceus*）のように何百匹もの個体が集まって一糸乱れぬ動きをしている姿かもしれない．しかし，ひとことに「群れ」といっても，どのような群れを形成するのか，たとえば，群れのメンバーの安定性や凝集性の程度などは種によって異なっている．本

章は，サルの群れの維持メカニズムについて解説するものである．そこでまず，読者の皆さんにサルの群れとはどのようなものかをイメージしていただくために，サルの群れの様相について彼らの社会の特徴も含めて概説しておこう．

(1) 群れメンバーの構成と社会関係

サルは，複数の成獣のオスと成獣のメスおよびその子供たちを合わせた数十頭のメンバーで1つの群れをつくって生活している（Yamagiwa, 2010）．それぞれの群れは，群れごとに特定の地域（行動圏）を利用して生活しているが，各群れの行動圏の一部は隣接する群れと部分的に重複していることもある．群れで生まれたオスは4-5歳ごろになると，生まれた群れを出て別の群れに入り，数年経つとふたたび別の群れに移る，ということを生涯繰り返す（Sprague et al., 1998）．オスの中には生涯の一時期をどの群れにも属さず1頭で生活する個体もおり，こうしたオスはハナレザルと呼ばれる（第5章参照）．オスは数年単位で群れ間を移籍するため，群れの中のオスのメンバー構成は毎年のように変化する．一方，メスは基本的には生まれた群れで一生を過ごすので，メスのメンバー構成は，生死による変化を除けば安定している．成獣メスたちは，それぞれが母系の血縁でつながっており，1つの群れの中にいくつかの家系が共存している．母系血縁者（母と子，姉と妹，祖母と孫，叔母と姪）の間では，親和的な社会交渉が頻繁に行われ，血縁びいきの行動も見られる（Takahashi and Furuichi, 1998）．群れはメスが家系を継ぐことで，世代を超えて維持されていく．

次に，サルの群れのメンバー間に見られる社会関係について取り上げる．群れのオス同士，メス同士の間には，それぞれ直線的で明確な順位序列がある（Kawamura, 1958；Furuichi, 1983）．つまり，任意の2個体の間には比較的安定した優劣関係があり，劣位の個体は優位の個体に対して食物や場所を譲らなければならない．幼獣のうちは順位が明確ではないが，性成熟に近づくころになると，群れの中での順位が決まってくる（Nakamichi and Yamada, 2010）．オスの順位はその個体の力量や群れでの在籍年数によって決まるが（Suzuki et al., 1998），メスの順位はその個体の母親の順位に大きく依存する（Kawamura, 1958；Hill and Okayasu, 1995）．つまり，母親が高順

位のメスの娘は高順位になるが，母親が低順位のメスの娘は低順位にしかなれない．メスの順位はおおむね生まれながらに決まっているのだ．

以上がサルの群れとメンバー間に見られる社会関係についての概要である．これらの特徴は，本種に共通したものであるが，群れの行動圏の大きさには地域によって違いがある．これには，サルが生息する環境の多様性が関係している．行動圏の大きさは，後述する群れの広がりの程度にも関連するため，次項では生息環境と行動圏の大きさについて説明しておこう．

（2） 生息環境と群れの行動圏

サルは，北は青森県下北半島から南は鹿児島県屋久島までの本州・四国・九州の森林に生息している．彼らは木本植物の果実と葉を主要な食物としているが，ほかにも種子・花・樹皮・昆虫・菌類・脊椎動物なども食べる（辻ほか，2011, 2012）．サルの生息環境（植生や冬期の積雪の有無など）は，地域によって異なっている．たとえば，屋久島の低地に生息するサルは積雪のない亜熱帯性樹種を含む常緑広葉樹林を，下北半島では積雪のある落葉広葉樹林を利用して生活している．このような違いがあるため，彼らの食物の種類やその質と量は地域によって，また，季節によって異なっている（Nakagawa et al., 1996; Maruhashi et al., 1998; Tsuji, 2010; Tsuji et al., 2015）．

生息環境が同じ場合，群れの行動圏の大きさは群れのメンバーの頭数と相関している．メンバーの数が多いほど，それだけたくさんの食物が必要となるので，群れの行動圏は大きくなる（Takasaki, 1981; Furuichi et al., 1982; Izumiyama et al., 2003）．また，自然の食物だけを利用している群れ（純野生群）と田畑の農作物を食物の一部として利用している群れ（猿害群）では，後者のほうが行動圏は小さい（Izumiyama et al., 2003）．これは，農作物は自然の食物よりも栄養価と消化率が高いため，猿害群は純野生群よりも狭い範囲で必要な食物を得ることができるからだと考えられる．

群れの成獣1頭あたりの行動圏の大きさ（群れの行動圏面積を群れの成獣の頭数で割ったもの）は，生息地の植生の攪乱の程度と植生タイプに影響される（Takasaki, 1981）．本来の植生を破壊して植林されるスギ（*Cryptomeria japonica*）やヒノキ（*Chamaecyparis obtusa*）はサルの食物にはならないので，こうした針葉樹の人工林は彼らにとって利用価値がほとんどない．

そのため，植生の攪乱の程度が大きい生息地では，利用可能な食物を求めて広い範囲を利用する必要があることから，行動圏が大きくなる．植生タイプの違いは冬の食物不足の程度に影響する．落葉広葉樹林に生息するサルは冬に葉を食物として利用できなくなるので，常緑広葉樹林に生息するサルよりも冬期の食物条件が厳しくなる（Nakagawa, 1989；Nakagawa et al., 1996）．そのため，落葉広葉樹林に生息するサルは秋に高質の食物（果実や種子）を摂取し，脂肪としてエネルギーを蓄積しなければならないことから，広い範囲を歩き回って食物を得る必要があるため行動圏が大きい．

　純野生群が生息し，植生の攪乱がほとんどない屋久島の低地（常緑広葉樹林・積雪なし）と宮城県金華山島（落葉広葉樹林・寡雪）において，サルの食物となる木本植物の1 ha あたりの密度を比較すると，屋久島のほうが19倍高く，食物生産量の代替指標となる樹木の胸高断面積の合計値は，屋久島のほうが2.2倍大きい．そして，群れの年間を通した行動圏は屋久島が平均90 ha であるのに対し，金華山島は平均221 ha である（Maruhashi et al., 1998）．食物の分布密度と生産性の低い金華山島に生息するサルのほうが，大きな面積の行動圏を必要とすることがわかる．

（3）　サルの1日の生活

　ここで，サルの1日の生活について簡単に紹介しておく．サルは日の出前になると目覚めて，食物を探して森の中を移動する．食物を見つけたらその場でひとしきり採食する．採食を終えると次の食物を求めてふたたび移動し，食物を見つけると採食する．お腹がいっぱいになると，その場で，あるいは休むのに適した場所に移動して，休息やメンバーとの毛づくろいをしてしばらく過ごす．そして，ふたたび食物を探して移動を再開する．日中，サルはこうした移動・採食・休息・毛づくろい，という活動を群れの行動圏の中で繰り返して過ごしている（Maruhashi, 1981）．日没後は，母系血縁者や仲のよい個体と集まって地面や木の上で睡眠と休息をとる（Takahashi, 1997；Wada et al., 2007；Nishikawa and Mochida, 2010）．

9.2　群れのメンバーが凝集するメカニズム

（1）　群れで生活することの利益

　群れで生活することのおもな利益は，捕食者を回避すること，そして，同種他群との競争に対処することであると考えられている（Krause and Ruxton, 2002）．個体が集合することで，群れ全体の捕食者に対する警戒性が上がり，個体あたりの被食の危険が減るし，複数個体で協力するほうが同種との競争に有利だからである．群れの各個体がこうした利益を得るためには，メンバー同士がある程度近くにいる，すなわち，凝集している必要がある．現在，サルには捕食者がほとんどいないため，彼らが群れを形成するおもな利益は，同種他群との競争に対処する点にあると考えられる．実際に，ハナレザルが群れオスから激しく攻撃された事例や（Shimada *et al.*, 2009），群れのメンバーから離れて遊動しているオスは隣接群と遭遇するとその群れを回避すること（Otani *et al.*, 2014），群れ間の出会いが多い環境では，群れのメンバー数が多いほうが隣接群との競争で優位に立ちやすいことが知られている（Takahata *et al.*, 1998；Sugiura *et al.*, 2000）．

（2）　視覚的・聴覚的モニタリング

　群れのメンバーが各自で思い思いに行動すると，メンバー同士は空間的に広がってしまい，群れのメンバーの凝集性が低くなってしまう．これでは，個体は群れでいることの利益を得ることができない．それでは，群れの各個体は，群れでいることの利益を得るために，どのようにして群れの他メンバーとの空間的な凝集性を維持しているのだろうか．

　サルが生息する森林の中で見通せる範囲（視界範囲）の平均距離は，金華山島で 42 m，屋久島で 20 m である（Koda *et al.*, 2008）．視界範囲内にいる他メンバーの様子は見ること，つまり目を使ってキョロキョロと見回すことで把握することができ，こうした行動を視覚的モニタリング（見回し行動）と呼ぶ．その生起頻度は半径 10 m 以内の群れのメンバーが少ない場合や，採食や移動のような動きをともなう行動を行うときに高くなる（Suzuki and Sugiura, 2011）．採食時においては，同じ木で採食している群れの仲間の数

が少ないほど見回し行動の頻度が高くなり，群れの仲間に追随する移動が起こりやすくなる（Kazahari and Agetsuma, 2010）．このように，サルは群れの他メンバーからはぐれる可能性がある状況では，視覚的に他個体の場所や行動をモニタリングすることで，群れのメンバーとはぐれないようにしている．

　森林の中の見通しの悪い場所では，視覚よりも聴覚，すなわち音声などの音を用いてモニタリングするほうが効果的である．サルには豊富な音声レパートリーがあるが（Itani, 1963；Green, 1975），もっともよく発声する音声は「クー」や「ウゥー」と聞こえるクーコールという音声である．このクーコールには音の強弱にバリエーションがあり，弱く発せられるクーコールは約 100 m 離れた場所まで聞こえ，強く発せられるクーコールは約 200 m 離れた場所まで聞こえる（大井ほか，2003）．このように，耳と音を用いることで，視界範囲を超えた場所にいる個体をモニタリングすることが可能になる．視界範囲の異なる金華山島と屋久島では，視界の悪い屋久島に生息するサルのほうがクーコールを発声する頻度が高い（Koda et al., 2008）．このことは，視覚的な情報を得にくい環境では群れの他メンバーとはぐれるリスクが高くなるため，音声を多用することで他個体をモニタリングしていることを示唆している．クーコールの発声頻度は，周辺に群れのメンバーが少ない休息と移動のときや（Suzuki and Sugiura, 2011），個体間の距離が大きく離れた場合に高くなることが知られている（Sugiura et al., 2014）．また，群れのメンバー同士は，クーコールを交互に発することで呼びかけ・応答する音声のやりとり（鳴き交わし）を行う（Koda and Sugiura, 2010）．とくに，母系血縁者同士でよく鳴き交わすことが知られている（Mitani, 1986）．このように，サルは，視覚と聴覚を用いてたがいの場所を確認し，群れのメンバーとの凝集性を維持している．

（3） 群れで生活することの不利益

　ここまで，群れで生活することの利益を強調して群れのメンバー同士が凝集するメカニズムに重点を置いて説明してきた．しかし，群れで生活することには不利益もある．それは，サルの群れが異なる性・年齢の個体で構成されていること，さらに，メンバー間に順位序列があることと関係している．

各個体が必要とする栄養要求量や活動の好適なタイミングは個体によって異なる（Portman, 1970；Iwamoto, 1974）．そのため，つねに群れの他個体と一緒にいようとすると，自身の要求が満たされない場合が生じる．たとえば，自分はまだ休息していたいのに，他メンバーが移動を開始したので休息を続けられなくなる場合や，あるいは，自分はこの木で採食したいのに，すでに優位個体がその木を占有していて食べられない場合などである．群れのメンバーとまとまり続けようとすると，こうした葛藤がついてまわることになる．

　群れのメンバー間で生じる食物をめぐる競争（以下，採食競争）は，群れで生活することで生じる不利益の１つとしてとくに注目されてきた（van Schaik and van Noordwijk, 1986, 1988）．食物は行動圏の中に無限にあるわけではない．そのため，群れのメンバー数が多くなるほど，１頭あたりの分け前は減ることになる．このように，群れで生活すると必然的にメンバー間で食物をめぐる競争が生じることになる．こうした採食競争のことを間接的採食競争という．また，群れのメンバー間で食物をめぐる敵対的交渉（高順位個体が低順位個体を攻撃するなど）が目に見える形で生じることもある．こうした採食競争のことを直接的採食競争という．金華山島では，食物が極端に不足すると，群れメンバー間での間接的採食競争が激しくなり，採食時の高順位個体による敵対的交渉の頻度が高くなる（直接的採食競争が大きくなる）．その結果，群れのすべての成獣メスの出産率が下がり，低順位個体の死亡率が高まることが知られている（Tsuji and Takatsuki, 2012）．

　サルの食物の多くは，行動圏の特定の場所に集中して存在しているのではなく，一定の塊となって分散して存在している（Maruhashi *et al.*, 1998）．その塊のことを「食物パッチ」と呼ぶ．サルの主要食物である木本植物の場合では，樹木１本１本を１つの食物パッチとみなす．群れサイズにもよるが，１つの食物パッチの中で群れのすべてのメンバーが同時に採食することはほとんどない．なぜならば，食物パッチの大きさが群れのすべてのメンバーを収容するには小さすぎるからである（Hanya, 2009；図 9.1）．したがって，群れのメンバーは間接的・直接的採食競争を減らすために，いくつかの食物パッチに分かれるか，時間をずらして採食する必要がある．また，同じ植物種の樹木であっても，樹木個体によって実っている果実の量に違いがあるため，食物パッチの質はパッチごとに異なる．メンバー間に順位序列があるた

図 9.1　1本のイヌビワ（*Ficus erecta*）で2頭のサルが果実を採食している様子.

め，質の高い食物パッチで優先して採食できるのは高順位の個体である．低順位の個体は高順位個体とは別の食物パッチを利用することで，高順位個体からの攻撃を回避し，直接的採食競争を減らしている（Nakagawa, 1990; Saito, 1996）．高順位個体がいつも好き放題に行動しているかというと，必ずしもそうではなく，群れのどの個体も基本的には他個体との採食競争が大きくならないように食物パッチを選択している（Ihobe, 1989）．

　以上のことから，サルの群れのメンバーは，つねに凝集しているわけではなく，採食のときには社会的状況に応じて利用する食物パッチをずらすことで群れ内に生じる採食競争に対処していることがわかる．それでは，群れのメンバー同士はいったいどの程度，空間的・時間的に離れているのだろうか．また，採食以外の活動のときはどうなっているのだろうか．次節では，群れのメンバーの広がりについて取り上げる．

9.3 群れのメンバーの広がり

(1) 群れのメンバーの広がりを定量化する方法

　ある個体のまわりにいる群れのメンバーの数（周辺個体数）を数えると，毛づくろいや休息をしているときは多く，採食や移動をしているときは少ないことから，サルの群れのメンバーの広がりは1日の中で変化することが知られていた（Mori, 1977）．また，サルの群れを観察したときに，群れのすべてのメンバーを視界内に一望できることはほとんどないことも指摘されていた（Maruhashi, 1981）．しかしながら，視界内にいないメンバーがどの程度離れた場所にいるのか，すなわち，群れのメンバー同士が空間的にどの程度まで広がっているのかは明らかになっていなかった．なぜなら，観察者の視界を超えた場所にいるメンバーがどこにいるかを確認するのは困難だからである．近年になって，群れのメンバーの空間的な広がりについて，視界を超えた範囲も含めて定量化することができるようになった．その背景には，全地球測位システム（global positioning system；GPS）の普及が関係している．2000年代から安価で小型のGPS受信機が発売され，サルを対象とした研究にも導入され始めた．観察者がGPS受信機を携帯することで，観察対象のサルの位置情報とその時刻を手軽に記録することができるようになったのである．GPS受信機を携帯した複数の観察者が同時にそれぞれの観察対象個体を追跡する手法（同時個体追跡法）によって，各観察個体の位置情報（緯度・経度）を記録し，そのデータをもとに2個体間の距離を算出することができる．群れメンバーのさまざまな組み合わせについて同時個体追跡を行い，2個体間距離のデータを集積することで，群れ全体の空間的・時間的な凝集性を定量的に評価することができる．観察のときに観察対象個体の行動も記録しておけば，凝集性と活動の関連を調べることもできる．こうした新しい技術・手法の導入によって，これまでは扱いにくかった「群れのメンバーの広がり」という群れ現象の一側面を新たに知ることができるようになった．

（2） 群れのメンバーの空間的な凝集性

　屋久島と金華山島に生息するサルの群れを対象に，GPS 受信機と同時個体追跡法を用い群れのメンバーの空間的な凝集性を定量化する研究が行われた．その結果，どちらの地域においても群れの成獣同士の 2 個体間距離には大きな変異があることがわかった（Sugiura et al., 2011；Nishikawa et al., 2014；Otani et al., 2014；表 9.1）．屋久島 E 群の成獣メスの同時個体追跡によって得られた個体間距離の 1 日の変化の例を図 9.2 に示した．2 個体間距離の中央値は，屋久島では視界範囲を超えた値であるが，金華山島では秋と冬に視界範囲内となる．どちらの地域も，弱いクーコールの可聴範囲（< 100 m）に位置している頻度がもっとも高い（図 9.3）．このことは，サルではクーコールによるコミュニケーションが遊動の過程において重要であることを示唆している．また，驚くことに，どちらの地域においても，群れのメンバー同士がクーコールの可聴範囲を超えた場所に位置している場合がある．こうしたメンバー同士が視覚的にも聴覚的にもたがいの場所を把握できない極端に離れた状態では，たがいが独立して遊動するサブグルーピングが生じていると考えられる．2 個体間距離の最大値は，屋久島では 600 m 以上（メ

表 9.1　屋久島と金華山島に生息するサルの群れの構成とメンバーの空間的な広がり．

調査地	植生	視界[d] (m)	群れ	群れメンバー数 （成獣メス数）	行動圏 面積(ha)	季節	同時追跡 ペア	2 個体間距離 (m)	
								中央値	最大値
屋久島[a]	常緑広葉樹林	20	E	38（11）	60	春	メス-メス	47.4	618
屋久島[b]			AT	29（9）	53	春	メス-メス	21.3	376[h]
							メス-オス	47.8	632[i]
金華山島[c]	落葉広葉樹林	42	A	31-39（17）	79-129[e]	夏	メス-メス	94.6[f]	1225
								48.1[f,g]	253[g]
					120-141[e]	秋	メス-メス	19.8[f]	172
					188-195[e]	冬	メス-メス	35.1[f]	262

[a] Nishikawa et al.（2014）より改変，[b] Otani et al.（2014）より改変，[c] Sugiura et al.（2011）より改変，[d] Koda et al.（2008）から引用，[e] Tsuji and Takatsuki（2004）から算出，[f] 杉浦，私信，[g] サブグルーピングが生じているときのデータを除いて算出した値，[h] 大谷，私信，[i] Otani（2014）から引用．各地域とも 2 個体間距離の最小値は，追跡個体同士が接触した場合の 0 m である．

9.3 群れのメンバーの広がり　　　　　　　　　　　　　　　　　193

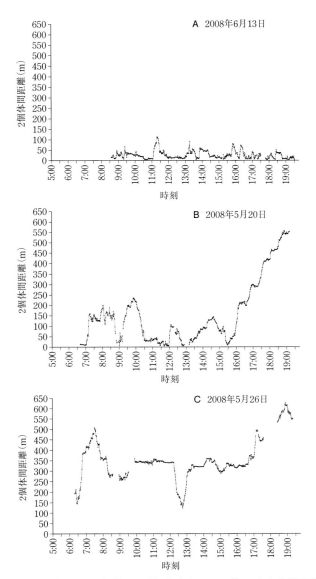

図 9.2　屋久島 E 群の成獣メス 2 個体の同時個体追跡によって得られた個体間距離の 1 日の変化の例．A：母子, 高順位-高順位ペア．B：非血縁, 高順位-低順位ペア．C：非血縁, 低順位-低順位ペア．線が途切れている時刻は, 追跡個体を見失ったため追跡できていないことを示す．

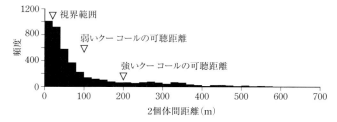

図 9.3　屋久島 E 群の成獣メスの 2 個体間距離のヒストグラム（Nishikawa *et al.*, 2014 より改変）．

ス–オス 632 m，メス–メス 618 m），金華山島では 1225 m であり，群れの行動圏の大きさを考慮すると，両地域とも行動圏の中でメンバー同士がかなり広がっていることがわかる．2 個体間距離の最大値が金華山島のほうが屋久島よりも大きいのは，金華山島の群れの行動圏がより広いためである．東北地域に生息する群れの中には，年間行動圏が金華山島よりもさらに広く，その面積が 1000 ha を超える群れもある（Takasaki, 1981）．こうした地域の群れの広がりはまだ調べられていないが，行動圏が大きい分，離れたときの最大距離は金華山島よりもさらに大きい可能性がある．しかし，音声の可聴範囲を超えて離れすぎると，広大な行動圏の中ではメンバー同士の再合流がむずかしくなると考えられることから，群れのメンバーは音声の届く範囲内に位置しようとする傾向が強いかもしれない．

　群れのメンバーの空間的な凝集性に変異をもたらす要因は 3 つある．まず，凝集性の程度はサルの活動状態によって変化する（Sugiura *et al.*, 2011；Nishikawa *et al.*, 2014）．群れの凝集性は，採食・移動のときに低く，毛づくろい・休息のときに高くなる（図 9.4）．採食・移動時の凝集性の低さは，メンバーが離れて異なる食物パッチを利用していることを示しており，群れのメンバー間で生じる採食競争を反映していると考えられる．毛づくろいと休息のときは，多くの場合で個体同士は視界範囲内に位置しており凝集性が高い．毛づくろいは，外部寄生虫の除去を行うものであるが（第 10 章参照），群れのメンバー間の親和性を保つ機能もあると考えられている（第 2 章参照）．毛づくろいの相手は次々と変わるので，集まることで相手を見つけやすくしていると考えられる．

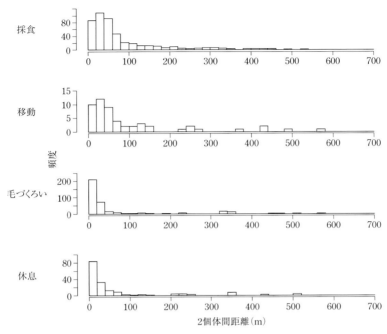

図 9.4 屋久島 E 群の成獣メスの活動タイプにおける 2 個体間距離のヒストグラム.

　メンバー間の凝集性の程度は，個体間の社会関係によっても異なる．メスでは高順位の個体同士の凝集性が，高順位と低順位間および低順位同士よりも高い（Nishikawa et al., 2014）．オスでは順位の高い個体ほどメスとの凝集性が高くなる（Otani et al., 2014）．また，群れのメンバーから離れて一時的に単独で遊動する場合もあり，こうした行動は低順位個体においてより頻繁に見られる（Nishikawa et al., 2014; Otani et al., 2014; Tsuji and Sugiyama, 2014）．順位による凝集性の違いが見られるのは，低順位個体が採食競争に対して不利であることが原因であると考えられる．さらに，メスでは血縁関係の有無で凝集性の違いが見られ，血縁のあるメス間では血縁がないメス間よりも凝集性が高い（Nishikawa et al., 2014）．これは，血縁者は採食であっても近接が許容されているためであると考えられる（Furuichi, 1983）．また，血縁のあるメス同士は，平静時のクーコールが届く範囲内

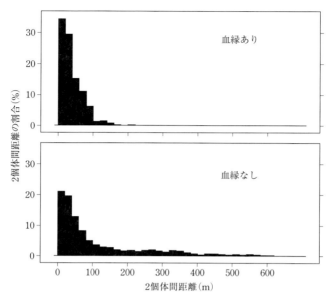

図 9.5　屋久島 E 群の成獣メスの血縁の有無による 2 個体間距離の違い.

(< 100 m) に位置することが多く，強いクーコールが届く距離 (< 200 m) より離れた場所にいることはほとんどない (Nishikawa et al., 2014; 図 9.5). 血縁のあるメス同士は，長距離 (> 50 m) の移動が起こるときにはともに移動する場合が多いことからも (Jacobs et al., 2011)，メスは血縁者との近接を維持しようとする傾向が強いことがわかる．これは，オスから攻撃されるなどの緊急時に血縁者同士で協力して対処できる距離にいることが重要であることを示唆している．

　群れの凝集性の程度は，彼らの食物の分布状態によっても異なる．低木や草本のような，行動圏の中で散在している食物を食べるとき（夏）よりも，高木になる果実や葉のような，ある程度まとまって存在する食物を食べるとき（秋・冬）のほうが，群れのメンバーはより凝集する (Sugiura et al., 2011). また，樹木であっても，特定のエリアに集中分布している植物種を採食するときは，そうでない種を採食するときよりもメンバーが凝集する (Otani et al., 2014). つまり，サルは，食物パッチの特性や採食競争の度合

にも応じて凝集性の調整を行っている．以上のように，群れのメンバーの凝集性は1日の中で変化し，その程度は，活動状態やメンバー間の社会関係，そして食物条件によって変化している．

（3） 群れのメンバーの時間的な凝集性

群れのメンバー同士が離れた状態は，どの程度の時間続くのだろうか．屋久島では，オスとメスの場合とメス同士の場合について，離れた状態の継続時間（離散継続時間）が調べられている．オスがメスから100 m以上離れて遊動する離散継続時間は平均68分間であり，低順位のオスのほうが高順位のオスよりもメスから離れて遊動する頻度が高い（Otani *et al.*, 2014）．メス同士が20 m以上離れて（視覚的な接触がない状態）遊動する離散継続時間を図9.6に示した．その平均は26分間であり，低順位のメス同士でもっとも長い（Nishikawa *et al.*, 2014）．また，日没後になっても合流しない日や（図9.2B, C），1日の中で一度もたがいが視覚的に出会わない日もある（図9.2C）．こうした長時間にわたるサブグルーピングは，血縁のないメスの間で見られる．このように，サルは順位序列や血縁関係といった他メンバーとの社会関係を考慮しながら，とくに低順位の個体が高順位といることで生じる不利益を回避するように行動を調整していると考えられる．

ここまで見てきたように，サルは群れのメンバー間で採食競争が生じる場合は，他メンバーから離れて異なる食物パッチを利用する．その結果として，視覚的な情報が使えない範囲に分散して遊動することになり，ときには聴覚

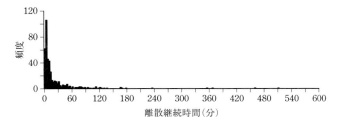

図9.6 屋久島E群の成獣メスの離散継続時間のヒストグラム．20 m以上離れた状態を離散している状態として，その継続時間を示す（Nishikawa *et al.*, 2014 より改変）．

的な情報も使えない範囲にまで分散し，その状態が長時間にわたって続く場合もあることがわかった．こうした凝集性の低い状態が見られるおもな要因は，サルにとっての捕食者がいないことだろう（第 11 章参照）．命を失ってしまう被食の危険性がないことは，まとまり続けることの差し迫った必要性を弱め，各個体は比較的自由に行動できると考えられる．しかしながら，隣接群との競争があることから，ある程度の凝集性を維持しているものと考えられる．

（4） 離れた状態から集まった状態へ

群れのメンバー同士が空間的に離れてしまった場合，どのようにしてふたたび集まるのだろうか．金華山島で同時個体追跡を行った研究から，個体間距離が 40 m 以上離れると，その 10 分後には周辺個体数にかかわらず個体間距離が縮まることが示された（Sugiura *et al.*, 2014）．このことは，群れのメンバーの一部が視界範囲を超えて離れてしまうと，自分の周辺にいるメンバーではなく，見えないメンバーとの凝集性を回復しようと移動することを示唆している．メンバー同士が音声の聞こえる範囲内にいる場合は，音声を用いることでたがいの位置を把握して集まることができるだろう．それでは，メンバー同士が音声の聞こえる範囲を超えた場所にいる場合は，どのようにしてふたたび集まるのだろうか．そのくわしいメカニズムは明らかになっていないが，考えられるのは，休息・毛づくろいに使う場所（毛づくろい場）がメンバー同士の再集合する場所になっている可能性である．群れのメンバーが集まって長い時間をかけて休息や毛づくろいを行うのは，水はけや日当たりのよい快適な場所である．こうした場所は，行動圏の中に限られた数しかない（岩本，1989）．そのため，群れの他個体の場所がわからなくなっても，毛づくろい場に行けば，あるいは，毛づくろい場でしばらく待っていれば，他メンバーと合流できる可能性がある．ただし，群れの行動圏が大きい場合は毛づくろい場の候補地が多くなり，群れの他メンバーと出会える可能性が低くなる．そのため，毛づくろい場を再集合の場として利用する方法は，屋久島のような行動圏が小さい群れに限られているかもしれない．今後は，群れのメンバー同士が離れた状態から集まった状態に移行するメカニズムを解明することで，サルの群れの維持メカニズムの理解がさらに進むと期

待される.

引用文献

Furuichi, T. 1983. Interindividual distances and influence of dominance on feeding in natural Japanese macaque troop. Primates, 24：445-455.

Furuichi, T., H. Takasaki and D.S. Sprague. 1982. Winter range utilization of a Japanese macaque troop in a snowy habitat. Folia Primatologica, 37：77-94.

Green, S. 1975. Variation of vocal pattern with social situation in the Japanese monkey (*Macaca fuscata*)：a field study. *In* (Rosenblum, L., ed.) Primate Behavior. pp. 1-102. Academic Press, New York.

Hanya, G. 2009. Effects of food type and number of feeding sites in a tree on aggression during feeding in wild *Macaca fuscata*. International Journal of Primatology, 30：569-581.

Hill, D.A. and N. Okayasu. 1995. Absence of youngest ascendancy in the dominance relations of sisters in wild Japanese macaques (*Macaca fuscata yakui*). Behaviour, 132：367-379.

Ihobe, H. 1989. How social relationships influence a monkey's choice of feeding sites in the troop of Japanese macaques (*Macaca fuscata fuscata*) on Koshima Islet. Primates, 30：17-25.

Itani, J. 1963. Vocal communication of the wild Japanese monkey. Primates, 4：11-66.

Iwamoto, T. 1974. A bioeconomic study on a provisioned troop of Japanese monkeys (*Macaca fuscata fuscata*) at Koshima Islet, Miyazaki. Primates, 15：241-262.

岩本俊孝. 1989. ニホンザルの土地利用における時間とエネルギーの分布構造について. 霊長類研究, 29：63-74.

Izumiyama, S., T. Mochizuki and T. Shiraishi. 2003. Troop size, home range area and seasonal range use of the Japanese macaque in the Northern Japan Alps. Ecological Research, 18：465-474.

Jacobs, A., K. Watanabe and O. Petit. 2011. Social structure affects initiations of group movements but not recruitment success in Japanese macaques (*Macaca fuscata*). International Journal of Primatology, 32：1311-1324.

Kawamura, S. 1958. The matriarchal social order in the Minoo-B group：a study on the rank system of Japanese macaque. Primates, 1：149-156.

Kazahari, N. and N. Agetsuma. 2010. Mechanisms determining relationships between feeding group size and foraging success in food patch use by Japanese macaques (*Macaca fuscata*). Behaviour, 147：1481-1500.

Koda, H. and H. Sugiura. 2010. The ecological design of the affiliative vocal communication style in wild Japanese macaques：behavioral adjustments to social contexts and environments. *In* (Nakagawa, N., M. Nakamichi and H.

Sugiura, eds.) The Japanese Macaques. pp.167-189. Springer, Tokyo.

Koda, H., Y. Shimooka and H. Sugiura. 2008. Effects of caller activity and habitat visibility on contact call rate of wild Japanese macaques (*Macaca fuscata*). American Journal of Primatology, 70：1055-1063.

Krause, J. and G.D. Ruxton. 2002. Living in Groups. Oxford University Press, Oxford.

Maruhashi, T. 1981. Activity patterns of a troop of Japanese monkeys (*Macaca fuscata yakui*) on Yakushima Island, Japan. Primates, 22：1-14.

Maruhashi, T., C. Saito and N. Agetsuma. 1998. Home range structure and inter-group competition for land of Japanese macaques in evergreen and deciduous forests. Primates, 39：291-301.

Mitani, M. 1986. Voiceprint identification and its application to sociological studies of wild Japanese monkeys (*Macaca fuscata yakui*). Primates, 27：397-412.

Mori, A. 1977. Intra-troop spacing mechanism of the wild Japanese monkeys of the Koshima troop. Primates, 18：331-357.

Nakagawa, N. 1989. Bioenergetics of Japanese monkeys (*Macaca fuscata*) on Kinkazan Island during winter. Primates, 30：441-460.

Nakagawa, N. 1990. Choice of food patches by Japanese monkeys (*Macaca fuscata*). American Journal of Primatology, 21：17-29.

Nakagawa, N., T. Iwamoto, N. Yokota and A.G. Soumah. 1996. Inter-regional and inter-seasonal variations of food quality in Japanese macaques：constraints of digestive volume and feeding time. *In* (Fa, J.E. and D.G. Lindburg, eds.) Evolution and Ecology of Macaque Societies. pp.207-234. Cambridge University Press, Cambridge.

Nakamichi, M. and K. Yamada. 2010. Life time social development in female Japanese macaques. *In* (Nakagawa, N., M. Nakamichi and H. Sugiura, eds.) The Japanese Macaques. pp.241-270. Springer, Tokyo.

Nishikawa, M. and K. Mochida. 2010. Coprophagy-related interspecific nocturnal interactions between Japanese macaques (*Macaca fuscata yakui*) and sika deer (*Cervus nippon yakushimae*). Primates, 51：95-99.

Nishikawa, M., M. Suzuki and D.S. Sprague. 2014. Activity and social factors affect cohesion among individuals in female Japanese macaques：a simultaneous focal-follow study. American Journal of Primatology, 76：694-703.

大井徹・泉山茂之・今木洋大・植月純也・岡野美佐夫・白井啓・千々岩哲．2003．音声を手がかりとしたニホンザル野生群の位置探索の正確さについて．霊長類研究，19：193-201．

Otani, Y. 2014. Feeding and reproductive strategies of ranging behavior in male Japanese macaques. Doctoral thesis. Kyoto University, Kyoto.

Otani, Y., A. Sawada and G. Hanya. 2014. Short-term separation from groups by male Japanese macaques：costs and benefits in feeding behavior and social interaction. American Journal of Primatology, 76：374-384.

Portman, O.W. 1970. Nutritional requirements of non-human primates. *In* (Harris, R.S., ed.) Feeding and Nutrition of Nonhuman Primates. pp.87–116. Academic Press, New York.

Saito, C. 1996. Dominance and feeding success in female Japanese macaques, *Macaca fuscata*: effects of food patch size and inter-patch distance. Animal Behaviour, 51: 967–980.

Shimada. M., T. Uno, N. Nakagawa, S. Fujita and K. Izawa. 2009. Case study of a one-sided attack by multiple troop members on a nontroop adolescent male and the death of Japanese macaques (*Macaca fuscata*). Aggressive Behavior, 35: 334–341.

Sprague, D.S., S. Suzuki, H. Takahashi and S. Sato. 1998. Male life history in natural populations of Japanese macaques: migration, dominance rank and troop participation of males in two habitats. Primates, 39: 351–363.

Sugiura, H., Y. Shimooka and Y. Tsuji. 2011. Variation in spatial cohesiveness in a group of Japanese macaques (*Macaca fuscata*). International Journal of Primatology, 32: 1348–1366.

Sugiura, H., Y. Shimooka and Y. Tsuji. 2014. Japanese macaques depend not only on neighbours but also on more distant members for group cohesion. Ethology, 120: 21–31.

Sugiura, H., C. Saito, S. Sato, N. Agetsuma, H. Takahashi, T. Tanaka, T. Furuichi and Y. Takahata. 2000. Variation in intergroup encounters in two populations of Japanese macaques. International Journal of Primatology, 21: 519–535.

Suzuki, M. and H. Sugiura. 2011. Effects of proximity and activity on visual and auditory monitoring in wild Japanese macaques. American Journal of Primatology, 73: 623–631.

Suzuki, S., D.A. Hill and D.S. Sprague. 1998. Intertroop transfer and dominance rank structure of nonnatal male Japanese macaques in Yakushima, Japan. International Journal of Primatology, 19: 703–722.

Takahashi, H. 1997. Huddling relationships in night sleeping groups among wild Japanese macaques in Kinkazan Island during winter. Primates, 38: 57–68.

Takahashi, H. and T. Furuichi. 1998. Comparative study of grooming relationships among wild Japanese macaques in Kinkazan A troop and Yakushima M troop. Primates, 39: 365–374.

Takahata, Y., S. Suzuki, N. Agetsuma, N. Okayasu, H. Sugiura, H. Takahashi, J. Yamagiwa, K. Izawa, T. Furuichi, D.A. Hill, T. Maruhashi, C. Saito, S. Sato and D.S. Sprague. 1998. Reproduction of wild Japanese macaque females of Yakushima and Kinkazan Islands: a preliminary report. Primates, 39: 339–349.

Takasaki, H. 1981. Troop size, habitat quality, and home range area in Japanese macaques. Behavioral Ecology and Sociobiology, 9: 277–281.

Tsuji, Y. 2010. Regional, temporal, and interindividual variation in the feeding

ecology of Japanese macaques. *In* (Nakagawa, N., M. Nakamichi and H. Sugiura, eds.) The Japanese Macaques. pp.99-127. Springer, Tokyo.
Tsuji, Y. and S. Takatsuki. 2004. Food habits and home range use of Japanese macaques on an island inhabited deer. Ecological Research, 19：381-388.
Tsuji, Y. and S. Takatsuki. 2012. Interannual variation in nut abundance is related to agonistic interactions of foraging female Japanese macaques (*Macaca fuscata*). International Journal of Primatology, 33：489-512.
Tsuji, Y. and Y. Sugiyama. 2014. Female emigration in Japanese macaques, *Macaca fuscata*：ecological and social backgrounds and its biogeographical implications. Mammalia, 78：281-290.
辻大和・和田一雄・渡邊邦夫. 2011. 野生ニホンザルの採食する木本植物. 霊長類研究, 27：27-49.
辻大和・和田一雄・渡邊邦夫. 2012. 野生ニホンザルの採食する木本植物以外の食物. 霊長類研究, 28：21-48.
Tsuji, Y., T.Y. Ito, K. Wada and K. Watanabe. 2015. Spatial patterns in the diet of the Japanese macaque *Macaca fuscata* and their environmental determinants. Mammal Review, 45：227-238.
van Schaik, C.P. and M.A. van Noordwijk. 1986. The hidden costs of sociality：intra-group variation in feeding strategies in Sumatran long-tailed macaques (*Macaca fascicularis*). Behaviour, 99：296-315.
van Schaik, C.P. and M.A. van Noordwijk. 1988. Scramble and contest in feeding competition among female long-tailed macaques (*Macaca fascicularis*). Behaviour, 105：77-98.
Wada, K., E. Tokida and H. Ogawa. 2007. The influence of snowfall, temperature and social relationships on sleeping clusters of Japanese monkeys during winter in Shiga Heights. Primates, 48：130-139.
Yamagiwa, J. 2010. Research history of Japanese macaques in Japan. *In* (Nakagawa, N., M. Nakamichi and H. Sugiura, eds.) The Japanese Macaques. pp.3-25. Springer, Tokyo.

10
寄生虫との関わり

座馬耕一郎

　ニホンザル（以下サル）と比べれば，寄生虫は小さな生き物である．小さいので，特別な方法を用いなければ，寄生虫を観察することができない．しかし体のサイズが小さいからといって，サルとの関係が小さいというわけではない．ほかの生物よりもサルにピッタリとくっついて生活しているので，むしろ関係が深いといったほうがよいかもしれない．サルにはマダニやシラミといった外部寄生虫と，蠕虫などの内部寄生虫が寄生する．これらの寄生虫は，たんに，宿主であるサルの上に存在しているだけではない．マダニやシラミはサルの血液を吸う一方で，サルに毛づくろいで取り除かれる．サルの温かい体の中でぬくぬくと生活しているように見える蠕虫も，サルの生息環境に左右されている．そんな寄生虫とサルの切っても切れない寄生関係について見ていこう．

10.1　無視されがちなムシ

　野生のサルが1頭，目の前に現れたとき，多くの研究者は，そこにいるのが1頭のサルだと思って観察する．しかしそこにいるのはサルだけではない．サルに寄生する者たちもいるのだ．サルの体内や体表面では，さまざまな寄生虫が生活しているが，多くの研究者はそういったことに目を向けない．なぜだろう．

　じつは私たちは野山に寄生虫がいることをよく知っている．野山でハイキングをする人の中には，マダニが体についてしまった人もいるだろう．田舎ではペットのイヌ（*Canis lupus familiaris*）やネコ（*Felis silvestris catus*）

を放し飼いにすることがあるが，外を駆け回るとマダニがついてくることがあるので，そのまま家に上げる人は少ない．動物に寄生虫がつくことはよく知られていることで，ペットショップで寄生虫退治の薬を見たことがある人も多いだろう．

研究者ももちろん寄生虫が身近にいることをよく知っている．野山を歩き回るフィールドワーカーもマダニにたかられることがあるし，野生動物の捕獲をともなう研究をしている者は，動物から湧いて出てくる（ように見える）寄生虫について，鮮明な記憶を持っていることだろう．ではなぜ寄生虫は研究対象となりにくいのだろうか．

それは寄生虫があまりにも小さいからだろう．動物から距離を置いて観察していると，食物となる葉や果実，あるいは休憩場所の岩や樹木など，よく見える物についてはノートに書き留められる．だが体表面を動く小さなシラミや体内で増殖する線虫は，目で見ることができないため記録できない．そして記録できないものは，存在しないものとして扱われる．

自然の中で生活する野生動物はひとりで生きているのではない．多様な生物と関わり合って生きている．その多様な生物の中には，目に見える大きさのものだけでなく，目に見えない小さな生き物もいる．見えないけれど，いるのだ．この章ではそんな小さな寄生虫について紹介する．

10.2 寄生虫とはどのような生き物か

「寄生虫」という言葉には虫という文字が含まれている．なので一般的な虫，つまり昆虫綱（Insecta）を強く意識される方もいるかもしれない．もちろん昆虫の寄生虫もいるのだが，それだけではなく，寄生虫は多様な分類群に属する生物で構成されている．

寄生虫は，ある生物の体の中や体表面で生活し，その生物から栄養を取り，しかもその生物に害を与えるような生き物の総称である（多田ほか，1991）．そして寄生虫に取りつかれる生物は宿主と呼ばれる．一見，明快な定義だが，どこからどこまでを寄生虫に含めるのか，その線引きはむずかしい．

たとえばカやアブは，ヒト（*Homo sapiens*）などの生物から栄養を取って暮らしているが，体の表面に取りついて吸血する時間が短いので，寄生虫

と呼ぶのがためらわれる．一方でマダニは，カと同じように宿主から離れた生活も行うのだが，吸血期間が数日間にわたるので，寄生虫のイメージが強い．「宿主の体で生活している」というには，ある動物に滞在する時間がある程度長くなければならない．では「ある程度の滞在時間」とはどのくらいの時間なのだろう．とくに決まりはないが，カやアブは寄生虫から外される場合が多い（たとえば Nunn and Altizer, 2006）．

また「ある生物から栄養を取る」といってもいろいろなタイプが考えられ，一筋縄ではいかない．たとえばウイルスは宿主の遺伝子を利用して増殖しているが，マダニが血を吸うのと同じように，栄養を奪い取っているわけではない．「害を与える」という点についても同じだ．寄生虫の多くは，宿主とともに進化の歴史を歩んできており，宿主に致死的な害を与えることは少ないが，寄生虫と呼ばれている．共生細菌のように，ある動物の腸内にすむ生物がその動物に利益をもたらすような相利共生する生物は，寄生虫と呼ばれない（たとえば多田ほか，1991）．

寄生虫にはさまざまな生活様式を持つ生物がいるため，寄生虫のどの性質に重点を置くかによって，寄生虫とみなすかどうかの判断が分かれる．寄生虫病学の教科書では単細胞生物の原虫と多細胞生物の蠕虫，節足動物が中心となることが多いが（たとえば小島，1993），感染症に注目する研究者は，ウイルスや細菌，菌を含めた広義の定義を用いることもある（たとえば Nunn and Altizer, 2006）．また寄生虫はその生活場所で，外部寄生虫（ectoparasite）と内部寄生虫（endoparasite）の2つに大きく区別される．宿主の体表面で生活しているのが外部寄生虫で，体内で生活しているのが内部寄生虫である．体内といっても，消化管の膜に張りつく寄生虫もあれば，消化管から皮膚の中に潜り込む寄生虫も存在する．この章では寄生虫の中でも大きめの「多細胞の寄生虫（蠕虫と節足動物）」を取り上げ，サルとの関係について紹介する．

10.3 外部寄生虫

（1） マダニ

まずは私たちが肉眼で目にすることができる外部寄生虫のマダニから紹介しよう．野山を歩いているとマダニがくっついてくることがある（図10.1）．服の上をはいあがっている最中のマダニだったらすぐに取り払うことができるが，皮膚に口吻を刺し，吸血した状態で見つかるとやっかいである．取り除くのがむずかしくなるうえに，取り除いた後に痛みが残ることもある．

よく「ダニに血を吸われた」という人がいる．間違いではないのだが，耳にするたび違和感を覚える．ダニというのはクモ綱（Arachnida）ダニ目（Acari）の節足動物で，葉の汁を吸うハダニ（Tetranychidae）や，落ち葉などを栄養にするササラダニ（Oribatida）など，さまざまなライフスタイルを持つ2万種以上の種で構成される分類群である（佐々・青木，1977）．

図 10.1　サルの調査中にはいあがってきたマダニの1種．吸血する前に発見できれば，取り除くのもたやすい．鹿児島県大隅半島にて撮影．

すべてのダニが吸血するわけではない．

　哺乳類の体の内部に寄生するダニには，ヒゼンダニ科（Sarcoptidae）やハイダニ科（Halarachnidae）などが知られており，呼吸器系や皮膚などに寄生する（金子，1977）．霊長目（Primates）には，ハイダニ科 *Pneumonyssus* 属のダニがブタオザル（*Macaca nemestrina*）やアカゲザル（*M. mulatta*）などに寄生し（Hamerton, 1938），Lemurnyssidae 科 *Lemurnyssus* 属のダニがショウガラゴ（*Galago senegalensis*）に寄生することが知られている（Durden et al., 1985）．

　そして私たちが山に入ったときに血を吸ってくるのが，マダニ上科（Ixodoidea）の仲間である．日本に生息するものには，ヒメダニ科（Argasidae）とマダニ科（Ixodidae）の2科があり，合わせて8属44種が知られている（山口，1977）．マダニには宿主特異性の強い種もいるが，フタトゲチマダニ（*Haemaphysalis longicornis*）のようにさまざまな宿主に寄生する種もいる（角田，2012）．そしてサルの体表面に取りつくことが確認されているのは，このフタトゲチマダニである（Zamma, 2002）．

　サルが毛づくろいでマダニを除去する行動は特徴的である．サルは毛づくろい中に指で取り除いたマダニを，岩や地面にこすりつけて押しつぶし，そしてそれを食べずに放置する（Tanaka and Takefushi, 1993; Zamma, 2002）．サルは手についてしまった糞を地面にこすりつけることがあるが，マダニをこすりつける様子もそれに似ており，じつに不快そうに見える．まれにしか観察されない行動だが，この行動を見た後に地面を探しにいくと，倒れた（？）マダニが見つかることがある．

　マダニの一生は以下のとおりである（Nicholson et al., 2009）．卵は地上に産み落とされる．孵化したのち，幼虫，若虫，成虫と脱皮を繰り返しながら成長し，オスとメスが交尾して，メスが産卵する．多くのマダニは幼虫期，若虫期，成虫期で吸血する宿主を替える3宿主性のマダニだが，なかには幼虫期から成虫期まで，同じ宿主の体表面で生活する1宿主性のマダニや，幼虫期と若虫期はある宿主に取りつき，成虫期に別の宿主に取りつくという2宿主性のマダニもいる．ちなみにマダニの成虫と若虫は8本の脚を持つが，幼虫は6本脚である（6本脚の節足動物は昆虫と覚えている方もいるかもしれないが，マダニは昆虫綱ではない）．

マダニが宿主にたどりつく方法は，待ち伏せである．孵化した幼虫や，地上に落ちて脱皮した若虫や成虫は，地上から生える植物に登り，宿主となる動物が通りかかるのを待つ（Nicholson et al., 2009）．このような方法をとるので，同じ環境に生息するさまざまな動物に同種のマダニが観察されることがある．

サルにはフタトゲチマダニが寄生すると書いたが，実際にサルに寄生しているマダニを観察するのはきわめてまれなようだ．角田（2012）は千葉県で回収されたサルやイノシシ（*Sus scrofa*），タヌキ（*Nyctereutes procyonoides*）など10種の哺乳類の死体について，その体表面に寄生するマダニ類の調査を行ったが，サルを除くすべての種でマダニが見られたのに対し，サルではマダニの寄生が観察されなかったと報告している．とくにニホンアナグマ（*Meles anakuma*）には，フタトゲチマダニや，オオトゲチマダニ（*Haemaphysalis megaspinosa*），キチマダニ（*H. flava*），ヤマトマダニ（*Ixodes ovatus*）など9種のマダニ類が観察されたという．サルもこれらの動物と同じ環境に生息しているので，サルが歩く場所にも多くのマダニが待ち伏せしていたと考えられる．ではなぜサルにはマダニの寄生が見つからなかったのだろうか．その理由の1つは，サルが指を用いた効果的な毛づくろいで，体についたマダニをすべて除去してしまったからだと考えられる（角田，2012）．身ぎれいな人がいつもきれいなのは，垢が出ないからではなく，いつも体や衣服を清潔にしているからである．サルはほかの動物と比べて，体を清潔にする技術に長けているといえる．

もう1つの理由として，マダニが待ち伏せする場所を選んで，通りかかる宿主を選択している可能性がある．大型哺乳類を選好するオオトゲチマダニは，ほかの哺乳類よりも背の高いニホンジカ（*Cervus nippon*）に寄生できるよう，植生の高い位置まで登って待ち伏せすることが示唆されている（角田・森，1995）．これまで，サルでオオトゲチマダニの寄生が報告されてこなかったのは，こういったマダニの戦略が関係しているのかもしれない．

（2） シラミ

山の中でサルを追跡していても，私たちにくっついてこない外部寄生虫もいる．それはシラミだ．サルに寄生するシラミの成虫は1mm以上の大きさ

なので肉眼で見ることができる．しかしシラミは一生を宿主の上で過ごすため，私たちがその姿を目にすることはほとんどない．

シラミとは昆虫綱シラミ目（Phthiraptera）シラミ亜目（Anoplura）に属す，哺乳類を宿主とする寄生虫の総称で（Johnson et al., 2004；大野，2006），その生活史は次のとおりである（Durden and Lloyd, 2009）．卵は宿主の体毛に，膠状の物質で接着するように産みつけられる．孵化した若虫は6本脚を持ち，カニのハサミのような脚先で宿主の体毛をつかみながら移動し，体表から吸血する．そして宿主の体表面で脱皮を3回繰り返し，成虫になる．成虫の雌雄は宿主の体表上で交尾し，メスは宿主の体毛に卵を産みつける．

このように一生を宿主の上で暮らすように適応したシラミは，宿主から離れて暮らすことはできない．宿主から離れてしまうと数日で死んでしまうらしい（徳永，1943）．

シラミは宿主との結びつきが非常に強い昆虫である．そのためシラミの名前には宿主の名前が冠せられることが多く，イノシシに寄生するシラミはイノシシジラミ（*Haematopinus apri*），アカネズミ（*Apodemus speciosus*）にはアカネズミジラミ（*Hoplopleura akanezumi*）というように，とてもわかりやすい（朝比奈ほか，2001）．サルにはサルジラミ（*Pedicinus obtusus*）とハラビロサルジラミ（*P. eurygaster*）が寄生している（朝比奈ほか，2001）．サルとイノシシはどちらも日本に生息しているが，同じ場所にいても，寄生するシラミはまったく異なるのだ．シラミにとっての環境は，それぞれの宿主の体の上なのである．

しかしサルジラミやハラビロサルジラミの宿主は日本にすむサルだけ，というわけではない．サルジラミはボンネットモンキー（*Macaca radiata*）や，カニクイザル（*M. fascicularis*），タイワンザル（*M. cyclopis*）にも寄生し，ハラビロサルジラミはカニクイザルやアカゲザル，タイワンザルにも寄生することが知られている（Kuntz and Myers, 1969；金子，1985）．日本に自然分布していないサルたちだが，宿主の系統が近いため，同種のシラミがいるのだろう．サルのシラミにとっては，日本に生息するほかの哺乳類の体の上は別世界だが，外国にいる近縁のサルの体には馴染みがあるのだ．

ところでサル1種にシラミが2種いるというのは，奇妙である．1種の宿主上で同所的に種分化が起きたのだろうか．ヒトにはヒトジラミ（*Pedicu-*

lus humanus）とケジラミ（*Pthirus pubis*）の 2 種のシラミが寄生している．ヒトジラミはチンパンジージラミ（*Pediculus schaeffi*）と同属で，ケジラミはゴリラジラミ（*Pthirus gorillae*）と同属だが，どうしてヒトには別系統の 2 種が寄生しているのだろうか．シラミの遺伝子を調べてみると，もともとはヒトジラミの祖先だけが寄生していたが，数百万年前にケジラミの祖先が，ゴリラに至る系統からヒトに至る系統へと宿主を替えてやってきて，一緒にすむようになったのだそうだ（Reed *et al*., 2007）．サルジラミとハラビロサルジラミにも，同じような歴史があったのかもしれないが，まだその謎は解明されていない．小さなシラミにも，宿主とともに歩んできた進化の歴史が刻まれている．それを解き明かすような今後の研究が待たれる．

　現在のサルジラミとハラビロサルジラミの生活について，里吉ほか（2004）は興味深い報告をしている．千葉県で有害駆除されたサルのうち，1 頭のサルからサルジラミ 188 個体とハラビロサルジラミ 5 個体が検出されたが，サルジラミはとくに背中から多く見つかったのに対し，ハラビロサルジラミはとくに頭から多く検出されたのだ．里吉ほか（2004）は，脚先の爪の形態がサルジラミとハラビロサルジラミで異なっていることに注目し，こういった形態が寄生する部位とどのような関係にあるか，さらなる研究が必要であると考察している．

　シラミは宿主から離れることはないといっても，すんでいるのは体の外側である．だからサルの毛づくろい中に見つかってしまえば，取り除かれてしまう．しかし取り除かれた後の始末は，マダニと様子が異なる．食べられるのだ．サルに捕まったマダニは地面にこすりつけられるが，シラミはごくあたりまえのことのように口に入れられる．

　取ってすぐに口に入れてしまうので，実際にサルがなにを取っているか判別するのは困難だが，田中伊知郎の研究により解明されている．長野県志賀高原の餌付けザルの中でもとくにヒトに慣れたサルの横で，毛づくろいで除去した物を押収し，さらにビデオを用いた詳細な分析により，毛づくろいで除去される物のほとんどがシラミの卵であり，「毛の根元をつまみ，その指を毛に沿って引っ張る」という動作で行動的に判別できることを明らかにした．シラミの成虫を除去することもあるそうだが，まれなようだ（Tanaka and Takefushi, 1993；田中，1999）．

サルはシラミを食べる，ということで，その栄養としての価値も注目されている（田中，1999）．Onishi *et al.*（2013）は，高順位のサルが低順位のサルに，一方的に毛づくろいをし続けた例を観察し，毛づくろいで食べるシラミの栄養価が，毛づくろいをする動機づけの1つであると考察している．

それでは，サルにはシラミがどれくらい寄生しているのだろうか．調べてみると，サルの成獣メス1頭には，平均約550個のシラミの卵がついていると推定できた（Zamma, 2002）．これが多いのか少ないのか，その評価はむずかしい．ヒトに寄生するヒトジラミの内的自然増加率は $r = 0.111$ である．サルジラミやハラビロサルジラミも同様だとすると，成獣メスにつくシラミの卵は，1日に55個くらい増える計算になる．そしてサルが1日に取り除くシラミの卵の数は，ちょうどこのくらいの数のようだ（Zamma, 2002）．

サルは毎日のようにシラミの卵を取り除いている．しかし増加分を取り除くだけと聞くと，全体の数が減らないので意味がなさそうに思える．だがちょっと視点を変え，サルがシラミの卵を取らなかったらどうなるか考えてみよう．もし毛づくろいしなかったら，シラミは指数関数的増加をする．実際に他個体から毛づくろいを受けなかったと考えられるハナレザルには，多くのシラミが寄生していた（座馬，2013）．また，群れについて歩くことができなくなった個体も，毛づくろいを受ける機会が減少し，シラミが増えると考えられる．里吉ほか（2004）は，肉芽腫性肺炎や腹膜炎に罹っていたサルが，多くのシラミに寄生されていたことを報告している．また宮城県金華山島で自然死したサルの1本の毛には，最高で6個のシラミの卵が産みつけられていた（座馬，1999）．増殖するシラミの数を抑制するためには，ほかのサルと行動をともにし，毎日のように毛づくろいする必要がありそうだ（Zamma, 2002）．

サルとシラミの関係は，宿主・寄生虫の関係だけでなく，捕食・被食の関係もある．このような二重の関係は，シラミが寄生する部位に影響を与える．シラミの生息環境は宿主の体表面で，そこには宿主の毛が生えている．この毛は，シラミの産卵場所であり，移動のときにつかむ足がかりでもある．一方でこの体毛は，サルの毛づくろいからシラミやシラミの卵を見えにくくする隠れミノでもある．このようにシラミの生息環境を模式化すれば，シラミは体毛の濃い場所，すなわちサルに見つかりにくく捕食されにくい場所に産

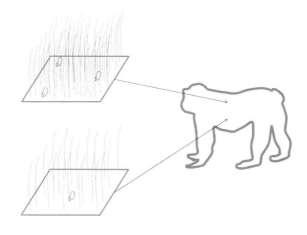

図 10.2　シラミは毛の密度に応じて産卵する．毛の密度が高い背中側の部位には多く産卵し，毛の密度が低い腹側の部位には少ししか産卵しない．シラミの視点に立てば，サルの体にも多様な環境があることがわかる．

卵し，体毛の薄い場所，すなわちサルに見つかりやすい場所にはあまり産卵しないと予測される．実際に調べてみると，シラミの卵は毛の密度が高い背中や頭などに多く見られ，胸や腹など毛の密度が低い場所には少ない（図10.2；Zamma, 2002；座馬，2013）．サルの体表面というのは，シラミという小さな生き物の視点に立てば，立派な生態系の1つなのである．

　サルを大海原に浮かぶ船にたとえ，シラミをその船員とみなせば，シラミの移動は船と船が接するときだけだとイメージできる．この視点に立てば，シラミの個体群には「サル1個体の中のシラミ個体群」と，「サルの群れの中のシラミ個体群」，そして「サルの地域個体群の中のシラミ個体群」という，メタレベルの個体群が想定される（座馬，2013）．「サルの群れの中のシラミ個体群」に注目し，サルの社会ネットワークとシラミの移動に注目した研究もある．Duboscq *et al.* (2016) は，他個体より頻繁に接触や毛づくろいをする社交的なメスにはより多くのシラミが寄生すると予測し，シラミが増加する分と，みんなから毛づくろいされてシラミが減る分の，どちらが多いか分析を行った．結果，社交的なメスは，不人気なメスよりも，夏と冬

でシラミが少ないことが判明し，宿主の社会という側面と，環境の季節性が重要な鍵だと考察している．この研究は宿主の社会生活の寄生虫リスクに注目した点でとても興味深いのだが，「シラミの移動に関する予測」について，しっくりこない点がある．多くの個体と交渉を持つ個体は，確かに，多くの「種」の寄生虫に感染する危険がある．しかし「量」も多くなるとはいえない．シラミの移動がランダムであると仮定すると，多数のシラミが寄生しているサルAと，少数のシラミしか寄生していないサルBが接触した際には，BからAに移動するより，AからBへと移動するシラミが多くなるはずである．人気者だからシラミが一方的に増え続けるというわけではなく，サルの接触は寄生するシラミの数を平準化させるはずだ．霊長類の社会に注目するだけでなく，実際に宿主の体の上にいるシラミの視点を考慮した研究が増えていくことを望んでいる．

10.4　内部寄生虫

　内部寄生虫は体の中にいるので普段は目にすることができない．しかし宿主が排泄する糞を調べれば，内部寄生虫を見つけることができる．よく見つかるのは寄生虫の虫卵だが，50μmほどと小さいので，観察するには顕微鏡などの機材を使う必要がある．

　ヒトの蠕虫（helminth）には，線虫類（Nematoda）や吸虫類（Trematoda），条虫類（Cestoidea）などが知られている（多田ほか，1991；小島，1993）．蠕虫というのは蠕動する細長い多細胞生物の総称だが，サルには線虫類の *Trichuris trichiura*, *Strongyloides fuelleborni*, *Oesophagostomum aculeatum*, *Streptopharagus pigmentatus*, *Gongylonema pulchrum*, *G. macrogubernaculum* と，条虫類の *Bertiella studeri* の合計7種が知られている（Gotoh, 2000）．これらの蠕虫は，サルに特有というわけではなく（長谷川・浅川，1999），ヒトを含むほかの霊長類にも寄生することがある．

（1）　*Trichuris trichiura*

　鞭虫の1種で，サルだけでなく，アヌビスヒヒ（*Papio anubis*）やチンパンジー（*Pan troglodytes*），ヒトなど，多くの霊長類に寄生することが知ら

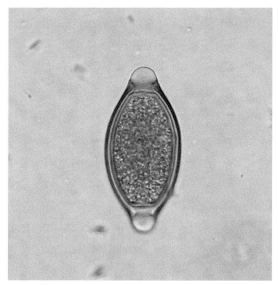

図 10.3 チンパンジーの糞から検出された鞭虫（*Trichuris trichiura*）の卵．サルと同一種の寄生虫が，遠く離れたアフリカの霊長類にもいるというのは興味深い．タンザニア，マハレ山塊国立公園にて撮影．

れている（図 10.3；Kuntz and Myers, 1966；Myers and Kuntz, 1972）．感染経路は経口感染で，糞とともに排出された卵を口から取り入れると，小腸で孵化し，その後，盲腸や結腸に寄生する（多田ほか，1991）．

（2） Strongyloides fuelleborni

糞線虫の1種で，タイワンザルやチンパンジーにも寄生する（Kuntz and Myers, 1969；Myers and Kuntz, 1972）．ヒトに寄生する糞線虫（*S. stercoralis*）とは遺伝的に近縁だが，別種である（Dorris *et al.*, 2002）．この *S. stercoralis* はサルやイヌ，ネコにも感染することが知られており（多田，1991；小島，1993），人獣共通感染症（zoonosis）を引き起こす病原体の1つとみなされている（小島，1993；Dorris *et al.*, 2002）．*Strongyloides* 属の感染経路はさまざまだが（Dorris *et al.*, 2002），ヒトの糞線虫では，メスが単為生殖で小腸内に産卵し，孵化した R 型幼虫が糞とともに排泄され，そ

してF型幼虫に成長したのち，経皮感染する（多田ほか，1991）．皮膚から潜り込んだ幼虫はその後，血管内を通って肺に向かい，気管に出た後，喉を通って消化管に入り，小腸上部に定着する（多田ほか，1991）．

（3） *Oesophagostomum aculeatum*

結節虫の1種で，タイワンザルにも寄生することが知られている（Kuntz and Myers, 1969）．糞とともに排出された卵は，宿主外で孵化し，幼虫は経口感染する（Gotoh, 2000）．

（4） *Streptopharagus pigmentatus*

旋尾線虫の1種で，カニクイザルやタイワンザルの胃や小腸に寄生する胃虫として知られている（Yamashita, 1963; Kuntz and Myers, 1969; Machida et al., 1978）．糞とともに排出された卵は，中間宿主を介してサルに寄生すると考えられているが，その中間宿主として，糞虫やゴキブリが示唆されている（Machida et al., 1978; MacIntosh et al., 2010）．

（5） *Gongylonema pulchrum* と *G. macrogubernaculum*

これも旋尾線虫の1種で，食道虫として知られている．*G. pulchrum* はニホンジカやイノシシにも寄生するが（Makouloutou et al., 2013），ヒトに寄生した例も報告されている（Jelinek and Löscher, 1994）．*S. pigmentatus* と同様，糞虫やゴキブリが中間宿主と考えられている（Jelinek and Löscher, 1994）．

（6） *Bertiella studeri*

条虫の1種で，タイワンザルやアヌビスヒヒ，チンパンジーにも寄生することが知られている（Kuntz and Myers, 1966, 1969; Myers and Kuntz, 1972）．チンパンジーでは消化管の中にいるこの条虫を，葉の丸呑み行動で取り除くことが示唆されている（Wrangham, 1995）．Gotoh（2000）はこの条虫を，静岡県静岡市郊外で捕獲されたサルから剖検により観察しているが，糞から虫卵を検出するのはむずかしいようだ．

（7） 地域差，順位差，年齢差

　内部寄生虫が生息する宿主の体の中は，外と違って温度が安定している．だから気候などの外部環境の影響は受けにくいと考えがちだが，蠕虫も外部環境の影響を受ける．マカカ属では，カニクイザルなど温かい熱帯地域に生息するサルに多くの種の蠕虫が寄生しているが，緯度が高くなるに従い，その種数が減少する（Gotoh, 2000）．同じような現象は日本にすむサルにも見られ，鹿児島県屋久島や宮崎県幸島など南に生息するサルよりも，青森県下北半島や長野県志賀高原など北にすむサルのほうが，寄生虫の種数が少ない（Gotoh, 2000）．内部寄生虫も，宿主間を移るときなど体外に出ることがあるので，外部環境の影響を受けるのだろう（Gotoh, 2000）．

　こういった蠕虫に対し，サルはただ寄生されているわけではないようだ．サルの食べるヌルデ（*Rhus javanica*）の果実，種子，葉や，カキノキ（*Diospyros kaki*）の花や葉，ヤマモモ（*Myrica rubra*）の果実や樹皮といった多くの植物の部位には，ウイルスや原虫，蠕虫に負荷を与えるような成分が含まれているが，寄生する蠕虫の種類が多い低緯度地域に生息するサルほど，食物全体に占めるこういった品目の割合が高いらしい（MacIntosh and Huffman, 2010）．外部寄生虫には毛づくろいで対抗するように，体の内部にいる蠕虫には薬効成分のある食事で対抗しているようだ．

　同じ地域で生活していても，みんなが同じ内部寄生虫を持っているとは限らない．屋久島で調査を行った MacIntosh *et al.*（2012）によれば，高順位個体ほど，*S. fuelleborni* の感染率が高く，また糞中に *O. aculeatum* の虫卵が多く見られる傾向にあったそうだ．高順位個体は集団の中で毛づくろいの中心的存在で，多数の個体と接触する傾向にあるので，感染率が高いのだろう（MacIntosh *et al.*, 2012）．また年齢による差もあるようだ．屋久島に生息するサルでは，幼獣期に鞭虫と糞線虫が流行するが，亜成獣期以降になると低い値になることが知られており，後天的な免疫の作用が働いていることが示唆されている（MacIntosh *et al.*, 2010）．

10.5　寄生虫の影響力

　サルと比べれば，寄生虫はほんとうに小さな生き物である．だがこの小さな寄生虫は，サルに毛づくろいをさせたり，食生活を変えさせたりと，なんらかの影響を与える生物でもある．そんな影響力のある寄生虫だが，読者の皆さんの中には，まだ，それがどれくらいの力なのかイメージしにくく，筆者が大げさに書いているだけだと思っている方もいるだろう．そんな方は，寄生虫が自分の体に取りついたらどうなるか，想像してほしい．きっと病院に行ったり，薬を探したりと，あたふたするのではないだろうか．日本では，戦後，DDTによりシラミが駆除され（内田，1946），回虫が集団駆虫されるなど，衛生環境が改善されてきた（多田ほか，1991）．寄生虫による疾病は人々にとって脅威であり，それに対する対策がとられたのだ．

　しかし寄生虫は，宿主とともに長い進化の歴史をたどってきた生き物であり，よほどのことがなければそれほど大きな脅威にはならない，ともいえる．たとえば屋久島で観察された老齢個体のサル死体には多くの線虫が観察されたが，線虫が突然悪さを始めたわけではなく，老化にともなうサルの免疫力の低下により引き起こされた現象だと考えられている（早川ほか，2011）．またマダニは，それ自身による害というよりは，ウイルスやリケッチアなど，伝染病の原因となる病原体を伝播させるため（多田ほか，1991），問題視されることが多いようだ．

　サルを観察するときには，サルの体にこういった寄生虫がいるということを頭の片隅に入れて見てほしい．そうすることで，サルのことをもっと深く理解できるようになるに違いない．

引用文献

朝比奈正郎・石原保・安松京三．2001．原色昆虫大圖鑑　第 III 巻．北隆館，東京．

Dorris, M., M.E. Viney and M.L. Blaxter. 2002. Molecular phylogenetic analysis of the genus *Strongyloides* and related nematodes. International Journal for Parasitology, 32：1507-1517.

Duboscq, J., V. Romano, C. Sueur and A.J.J. MacIntosh. 2016. Network centrality and seasonality interact to predict lice load in a social primate. Scientific Reports, 6：22095.

Durden, L.A. and J.E. Lloyd. 2009. Lice (Phthiraptera). *In* (Mullen, G.R. and L.A. Durden, eds.) Medical and Veterinary Entomology. pp.59-82. Elsevier, Massachusetts.

Durden, L.A., D.L. Sly and A.T. Buck. 1985. Parasitic arthropods of bushbabies (*Galago senegalensis* and *G. crassicaudatus*) recently imported to the USA. Laboratory Primate Newsletter, 24：5-6.

Gotoh, S. 2000. Regional differences in the infection of wild Japanese macaques by gastrointestinal helminth parasites. Primates, 41：291-298.

Hamerton, A.E. 1938. Report on the deaths occurring in the Society's Gardens during the year 1937. Proceedings of the Zoological Society of London, 108：489-526.

長谷川英夫・浅川満彦．1999．陸上動物の寄生虫相．（大鶴正満・亀谷了・林滋生，監修：日本における寄生虫学の研究6）pp.129-146．財団法人目黒寄生虫館，東京．

早川祥子・A. D. Hernandez・鈴木真理子・菅谷和沙・香田啓貴・長谷川英男・遠藤秀紀．2011. Necropsy case report for an old wild Japanese macaque (*Macaca fusucata yakui*) from Yakushima Island．霊長類研究，27：3-10.

Jelinek, T. and T. Löscher. 1994. Human infection with *Gongylonema pulchrum*：a casereport. Tropical Medicine and Parasitology, 45：329-330.

Johnson, K.P., K. Yoshizawa and V.S. Smith. 2004. Multiple origins of parasitism in lice. Proceedings of the Royal Society of London B：Biological Sciences, 271：1771-1776.

金子清俊．1977．動物体内寄生ダニ類の分類と生態．（佐々學・青木淳一，編：ダニ学の進歩――その医学・農学・獣医学・生物学にわたる展望）pp.345-370．図鑑の北隆館，東京．

金子清俊．1985．シラミ類の類縁関係からみた霊長類の系統と進化．霊長類研究所年報，15：63.

小島莊明（編）．1993．NEW 寄生虫病学．南江堂，東京．

Kuntz, R.E. and B.J. Myers. 1966. Parasites of baboons (*Papio doguera* (Pucheran, 1856)) captured in Kenya and Tanzania, east Africa. Primates, 7：27-32.

Kuntz, R.E. and B.J. Myers. 1969. A checklist of parasites and commensals reported for the Taiwan macaque (*Macaca cyclopis* Swinhoe, 1862). Primates, 10：71-80.

Machida, M., J. Araki, T. Koyama, M. Kumada, Y. Horii, I. Imada, M. Takasaka, S. Honjo, K. Matsubayashi and T. Tiba. 1978. The life cycle of *Streptopharagus pigmentatus* (Nematoda, Spiruroidea) from the Japanese monkey. Bulletin of the National Science Museum Series A, Zoology, 4：1-9.

MacIntosh, A.J.J. and M.A. Huffman. 2010. Topic 3：Toward understanding the role of diet in host-parasite interactions：the case for Japanese macaques. *In* (Nakagawa, N., M. Nakamichi and H. Sugiura, eds.) The Japanese Macaques. pp.323-344. Springer, Tokyo.

MacIntosh, A.J.J., A.D. Hernandez and M.A. Huffman. 2010. Host age, sex, and reproductive seasonality affect nematode parasitism in wild Japanese macaques. Primates, 51：353-364.

MacIntosh, A.J.J., A. Jacobs, C. Garcia, K. Shimizu, K. Mouri, M.A. Huffman and A.D. Hernandez. 2012. Monkeys in the middle：parasite transmission through the social network of a wild primate. PLOS ONE, 7：e51144.

Makouloutou, P., A. Setsuda, M. Yokoyama, T. Tsuji, E. Saita, H. Torii, Y. Kaneshiro, M. Sasaki, K. Maeda, Y. Une, H. Hasegawa and H. Sato. 2013. Genetic variation of *Gongylonema pulchrum* from wild animals and cattle in Japan based on ribosomal RNA and mitochondrial cytochrome *c* oxidase subunit I genes. Journal of Helminthology, 87：326-335.

Myers, B.J. and R.E. Kuntz. 1972. A checklist of parasites and commensals reported for the chimpanzee (*Pan*). Primates, 13：433-471.

Nicholson, W.L., D.E. Sonenshine, R.S. Lane and G. Uilenberg. 2009. Ticks (Ixodida). *In* (Mullen, G.R. and L.A. Durden, eds.) Medical and Veterinary Entomology. pp.493-542. Elsevier, Massachusetts.

Nunn, C. and S. Altizer. 2006. Infectious Diseases in Primates：Behavior, Ecology and Evolution. Oxford University Press, Oxford.

Onishi, K., K. Yamada and M. Nakamichi. 2013. Grooming-related feeding motivates macaques to groom and affects grooming reciprocity and episode duration in Japanese macaques (*Macaca fuscata*). Behavioural Processes, 92：125-130.

大野正彦．2006．シラミ類の分類体系の変遷と最近の動向．家屋害虫，27：51-60．

Reed, D.L., J.E. Light, J.M. Allen and J.J. Kirchman. 2007. Pair of lice lost or parasites regained：the evolutionary history of anthropoid primate lice. BMC Biology, 5：7.

佐々學・青木淳一（編）．1977．ダニ学の進歩――その医学・農学・獣医学・生物学にわたる展望．図鑑の北隆館，東京．

里吉亜也子・蒲田肇・萩原光・谷山弘行・吉澤和徳・辻正義・萩原克郎・村松康和・浅川満彦．2004．房総半島に生息するニホンザル（*Macaca fuscata*）の寄生虫症および感染症に関する予備調査．日本野生動物医学会誌，9：79-83．

多田功・大友弘士・金子清俊・山口富雄．1991．第II版エッセンシャル寄生虫病学．医歯薬出版，東京．

田中伊知郎．1999．「知恵」はどう伝わるか――ニホンザルの親から子へ渡るもの．京都大学学術出版会，京都．

Tanaka, I. and H. Takefushi. 1993. Elimination of external parasites (lice) is the primary function of grooming in free-ranging Japanese macaques. Anthropological Science, 101：187-193.

德永雅明．1943．醫用昆蟲学（上巻）．診断と経験社，大阪．

角田隆．2012．千葉県から記録された中型・大型哺乳類寄生性マダニ類．千葉

中央博自然誌研究報告，12：33-42．
角田隆・森啓至．1995．オオトゲチマダニ *Haemaphysalis megaspinosa* Saito とフタトゲチマダニ *H. longicornis* Neumann（Metastigmata：Ixodidae）が宿主に付着する高さ．衛生動物，46：381-385．
内田清之助．1946．虱．芸艸堂出版部，京都．
Wrangham, R.W. 1995. Relationship of chimpanzee leaf-swallowing to a tapeworm infection. American Journal of Primatology, 37：297-303.
山口昇．1977．日本産マダニ上科の検索．（佐々學・青木淳一，編：ダニ学の進歩──その医学・農学・獣医学・生物学にわたる展望）pp.451-472．図鑑の北隆館，東京．
Yamashita, J. 1963. Ecological relationships between parasites and primates：I. Helminth parasites and primates. Primates, 4：1-96.
座馬耕一郎．1999．金華山のニホンザルに寄生しているシラミ卵の密度．宮城県のニホンザル，11：1-7．
Zamma, K. 2002. Grooming site preferences determined by lice infection among Japanese macaques in Arashiyama. Primates, 43：41-49.
座馬耕一郎．2013．霊長類とシラミの関係．霊長類研究，29：87-103．

11 他種との関係

辻 大和

　樹上・地上いずれも利用するニホンザル（以下サル）は，食性の幅が広い．また，サルは群れのメンバーの栄養要求を満たすべく広い面積を動き回るため，その過程でほかの生物とさまざまな関係を築いているはずだ．要求する資源が近い動物とは競争関係にあるだろうし，捕食者の存在はサルの行動圏利用や活動性に影響するだろう．樹上のサルが落とした葉や果実を，木の下に集まってきたシカが利用するという関係も報告されている．サルによる植物の採食は，それが軽微なら植物の補償成長をうながすが，過度の採食圧は植物を枯死させ，しばしばサルの土地利用や食性変化に影響する．サルの果実食は，種子散布を通じて植物の適応度に影響する．本章では，サルと他種との関係についてのこれまでの知見を整理し，森林におけるサルの生態学的機能について紹介する．

11.1 さまざまな種間関係

　同所的に生息する生物は，程度の違いはあれどたがいに影響しながら生きている．2種の生物の関係は，①いずれも不利益を被る関係（競争関係 competition），②一方が利益を得るがもう一方が不利益を被る関係（被食・捕食関係 prey-predator interaction および寄生関係 parasitism），③少なくとも一方が利益を得るが，いずれにとっても不利益とならない関係（共生関係 symbiosis），④片方のみが不利益を被る関係（片害 amensalism）に大別される．①はさらに，攻撃，威嚇など相手を排除する行動をともなう干渉型競争（interference）と，限られた資源をいっせいに利用する結果，個体あ

たりの資源が目減りする消費型競争（exploitation）に，③は一方だけが利益を得る片利共生（commensalism）と，いずれも利益を得る相利共生（mutualism）にそれぞれ分けられる．種間関係のタイプや強さを調べれば，生態系におけるそれぞれの生物の相対的な役割が明確になり，またその生態系の健全性維持の鍵となる生物が明らかになる．応用面では，生態系保全のための有効な施策を考える手がかりが得られる．

霊長類の多くは樹上と地上の両方を利用するため食性や空間利用の幅が広い．また，とくに群れ生活する種はメンバーの栄養要求を満たすために大きな行動圏を必要とする．ゆえに，霊長類はその生活の中で，ほかの生物とさまざまな関係を築いているはずである．本章ではサルと動物，サルと植物の関係についてのこれまでの知見を紹介し，生態系の中のサルという視点の重要性を指摘したい．なお，サルと寄生虫との関係は第10章で取り上げるので，そちらをご覧いただきたい．

11.2　サルとほかの動物の種間関係

（1）　競争関係

サルは果実を主食とする雑食性の動物である．したがって，サルと食物資源をめぐって競争するのは，同様に果実食性の強い動物だろう．熱帯林の霊長類の場合，大型の鳥類，リスの仲間，そして他種の霊長類が競争者であるが，日本の森林にはサル以外に在来の霊長類はおらず，大型の鳥類もいない．ホンドテン（*Martes melampus*），タヌキ（*Nyctereutes procyonoides*）など中型の果実食性哺乳類は，サルが利用するのと同じ液果類を採食するため（小池・正木，2008），これらの果実の獲得をめぐっては潜在的な競争者といえる．ただ，彼らはサルが好む堅果類を利用することはない．一方，果実食性の小型鳥類は，利用可能な果実サイズの幅が小さく，かつ一度の採食量が少ないため（寺川ほか，2008；Hanya et al., 2014），サルにとって深刻な競争相手にはならないだろう．

ニホンツキノワグマ（*Ursus thibetanus japonicus*，以下クマ）の体重は50 kgを超え，成獣のサルの体重数頭分に匹敵する．さらに，クマとサルの

国内分布域はほぼ重なる．どちらの種も地上と樹上の両方を利用し，また両種ともに植物食中心の雑食性である．つまり，両者の生態学的ニッチの重なりを考えると，わが国の森林ではクマがサルの最大の競争相手だと考えられる．干渉型競争ではサルに勝ち目はないだろうが，消費型競争ではむしろサルのほうが有利だろう．なぜなら，群れで行動するサルは多くの目でパッチ状に分布する食物資源を探索でき，クマよりも効率的に食物を獲得できると考えられるからである．枝先の果実をサルが先に食べてしまうと，クマの取り分はそれだけ減ることになる．ただ，食物の利用可能性は季節変化するし，堅果類の豊凶など，より長期的な環境変化もあるため，両者はつねに競争関係にあるわけではないだろう．森林生産量が彼らの要求量を上回るならば消費型競争はそもそも存在しない．両種ともに，食性や土地利用のパターンが結実状況に応じて大きく変わることが知られており（Tsuji, 2010; Koike et al., 2010, 2011），たとえば凶作の年には，資源をめぐる種間競争が顕在化するかもしれない．種間競争の存在を確認し，競争がサルの行動や生態に与える影響を評価するためには，両者が同所的に生息する場所と，クマ不在の場所とでサルの行動を比較する，ないしある場所で複数年にわたって調査を継続し，食物環境の変動との関連性を調べる必要がある．

（2） 被食・捕食関係

サルの捕食者として考えられるのは，野犬と大型の猛禽類である．捕食者の接近に対するサルの応答については，いくつかの報告がある．捕食者と距離がある場合，サルは警戒音を発した後で近くの木にかけ登ってやり過ごす．より近くにいる場合は，まず岩場や雑木林など，追跡が困難な場所にいっせいに逃げ込むと，群れの主だったメスが警戒音を発し，それと前後して群れオスが先頭に立ち威嚇することが多い（伊沢，1982）．猛禽類によるサルへの襲撃の瞬間を観察した事例はまだないが，クマタカ（*Spizaetus nipalensis*）に襲われた直後と見られる成獣メスの死体が，広島県で見つかっている（Iida, 1999）．岡山県勝山群では，餌場に迷い込んだホオジロムササビ（*Petaurista leucogenys*）を見た幼獣が悲鳴を上げると，母親は子供を抱いて後ろに下がり，続いて群れオスが威嚇や攻撃を行った．ホオジロムササビを猛禽類と誤認したための行動と思われる（大西ほか，2010）．このような，

性・年齢に応じて役割が決まっているかのような対捕食者行動は，オスの攻撃性や血縁・順位関係で特徴づけられるサルの社会が，捕食者に対する防衛を1つの目的に進化してきたことの傍証といえる．かつて日本の森林に広く生息していたニホンオオカミ（*Canis lupus hodophilax*）に対しても，サルはこのような防衛行動をとっていたのだろうか．

一方，サルが捕食する動物には，昆虫やクモなどの節足動物，カタツムリやナメクジ，カサガイなどの貝類，カエルやトカゲ，鳥（の卵）などがある（辻ほか，2012）．哺乳類を捕食したという科学的なデータは，今のところ得られていない．これらの動物にとって，サルは潜在的な捕食者ということになるが，サル以上の脅威となる捕食者がほかに存在すると考えられること，サルの動物食は日和見的であり，特定の動物を集中的に利用することはないことから，サルの捕食圧がこれらの動物の個体群サイズや行動に影響を与えるとは考えにくい．捕食者としてのサルの影響は，むしろ後述する植物に対して強く表れる（11.3節を参照）．

（3） 共生関係

樹上のサルが葉や枝を採食しているとき，うっかり落としたり，あるいは食べ飽きて自ら落とすことがある．やがて，サルがたてる大きな音や声を手がかりに，木の下にニホンジカ（*Cervus nippon*，以下シカ）が集まってきて，地上の植物を採食し始める（Koda, 2012）．食物を通じたサルとシカの関係を，落穂拾い行動（gleaning）と呼ぶ．金華山島で，6年間にわたって落穂拾い行動を調査したところ，この関係は春に頻繁に生じていた．この季節のシカは，主要食物である草本類の利用可能性が低いため栄養状態が悪い．葉や果実の多くは草本類に比べてエネルギー含有量やタンパク質含有量が高いため，落穂拾いはシカの栄養摂取においてプラスに作用すると考えられる（Tsuji *et al.*, 2007；Agetsuma *et al.*, 2011；図11.1）．屋久島のシカは夜間に，寝ているサルの群れに近づいて糞を丸ごと採食することがあり（Nishikawa and Mochida, 2010），これも食物を通じたサルとシカの関係といえるだろう．いずれの関係も，シカはサルから利益を得るが，サルはシカから見返りを得られないばかりか，ときにはシカに攻撃されることもある片利共生である．

両者の関係として，サルからシカへの毛づくろいが見られることがある

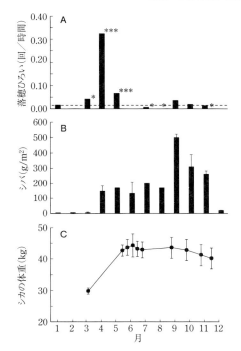

図 11.1 A：金華山島で観察されたシカの落穂拾いの発生頻度（回／時間）の季節変化．破線は年平均（0.02回／時間）．***：$p < 0.001$，*：$p < 0.05$．B：シカの主要食物であるシバの現存量（g/m^2）の季節変化．C：シカの体重（kg）の季節変化．レンジは標準誤差を表す（Tsuji *et al.*, 2007 より改変）．

（金井塚，2002）．毛づくろいするのはおもに幼獣のサルなので，シカへの毛づくろいは，彼らにとって遊びの一種なのかもしれない．一方，シカにとって，この関係には外部寄生虫を除去してもらえるメリットがあるのかもしれないが，検証されていない．なお，サルとシカがたがいの警戒音を捕食者回避に使っているという証拠は，まだ得られていない．

　サルが提供するこれらのサービスは，シカの採食成功や繁殖成功にどの程度貢献しているのだろうか．また，イノシシ（*Sus scrofa*）やニホンカモシカ（*Capricornis crispus*）など，ほかの動物とは林の中でどんな関係を築いているのだろうか．今後の課題である．

11.3 サルと植物の種間関係

（1） サルによる植物採食の影響

サルにとって，ある植物個体の採食は一度きりの出来事にすぎないが，植物にとってサルの「捕食」は生死に関わる問題となる．ただし，サルの採食はただちに植物個体の死を意味するわけではない．たとえば，青森県下北半島のサルが冬期に好んで採食するヤマグワ（*Morus australis*）の冬芽，つまり翌年の葉は光合成能力に関わる器官なので，サルによる冬芽の採食は，植物の成長量に直結する．サルが新たに利用し始めたヤマグワの木は，失われたシュート（苗条）を補うべく残ったシュートを伸ばし，そこに芽を大量に着けることでサルの採食に対抗した（Watanuki *et al.*, 1994）．青森県白神山地のヤマグワは，同様の事態に対してシュート数を増やした（Enari and Sakamaki, 2010）．宮城県金華山島のエノキ（*Celtis sinensis*）やサワフタギ（*Symplocos sawafutagi*）は，春から初夏にかけて若葉がサルに集中利用されるため，やはりシュートを伸ばして対抗し，樹冠部はまるで盆栽のようないびつな形に変化した（伊沢，2009；図11.2）．つまり，比較的短期（3年程度）の繰り返し採食は，植物の補償成長（compensatory growth）をうながし，生産量を高めるため，この段階ではサルと植物は共生関係にあるといってよい．

しかしサルの採食圧がより長期間継続し，植物の補償成長能力を超えると，状況は一変する．下北半島では，繰り返し採食によりヤマグワが冬芽を出せなくなると，サルは採食部位をそれまでの冬芽から樹皮へと変えた（Watanuki *et al.*, 1994）．樹皮が繰り返し採食されたヤマグワは形成層がダメージを受けて枯死し，生育密度が減少した．金華山島でも，サワフタギが枯死により激減し，筆者は2010年以降，サルがこの植物を利用するところをほとんど観察していない．また，かつて島内にはコブシ（*Magnolia kobus*）の木が生育していたが，1993年に突如始まったサルによる成熟葉期の繰り返し採食によって次々に枯死し，1997年ごろには島から姿を消した．成熟葉期に集中採食され，光合成能力が急激に低下したためと考えられる（伊沢，2009）．大分県高崎山では，餌付けザルの個体数が問題になり始めた1980年

図 11.2 サルの繰り返し採食により樹形の変化したエノキ（宮城県金華山島）．

代から，ムクノキ（*Aphananthe aspera*），クスノキ（*Cinnamomum camphora*）やエノキの立ち枯れが生じ，同時に低木のアオキ（*Aucuba japonica*）が繁茂する．林床土壌がサルの踏みつけのために硬くなり植生が貧弱になるなど，景観構造が大きく変化した（横田・長岡，1998）．

サルの影響は，島嶼，高標高部，野猿公苑など，植物の生産量に比してサルの生息密度が高い場所で顕在化すると考えられる．たとえば森林の生産量の高い屋久島低地林では，サルによる調査地内の葉の消費量は生産量の 0.4% 以下で，調査した 13 年間で樹木個体数の顕著な減少は見られなかったが，相対的に生産量の低い高標高部ではサルによる葉食の程度は生産量の 10% に達する場合もあり，影響が強かった（Hanya *et al.*, 2014）．サルの影響は外的要因によっても変化する．たとえば先述のヤマグワの場合，豪雪地帯の白神山地では雪に覆われた部分のシュートが生き残るため，サルの採食圧の影響は樹形変化に留まり，下北半島のような大規模な枯死には至らない

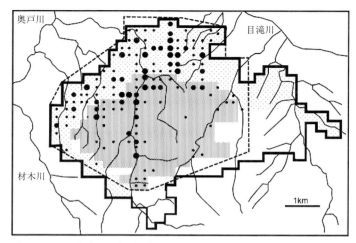

図 11.3 下北半島 M 群の行動圏および直径 5 cm 以上のヤマグワの分布 (Watanuki *et al*., 1994 より改変).色の濃い部分は 1970,1981 年以降ともに利用していたエリア,薄い部分は 1981 年以降に新たに利用を始めたエリア,色のない部分は,1970 年代には利用されたがその後利用されなくなったエリアを示す.円の大小は方形内のヤマグワの本数を表す(小:1-3 本,中:4-6 本,大:7 本以上).点線はヤマグワの分布調査を行った範囲を示す.図の中央部が上流域.

ことがわかっている(Enari and Sakamaki, 2010).

　このように,サルは採食行動を通じて植物の形状や採食部位の生産量,ひいては景観構造を変化させる.近年,動物の活動による環境改変が,森林内の動植物の多様性に与える影響に関心が集まっている.本節で紹介した事例は,サルもまた生態系エンジニア(ecosystem engineer)としての役割を担っている可能性を示唆する.

　サルの採食圧の影響で植物が枯れると,サル自身のその後の生活に変化が生じることがある.上で紹介した下北半島の場合,サルはかつて奥戸川の上流域を冬期の行動圏としていたが,この場所のヤマグワが枯死すると,まだ利用していないヤマグワを求めて下流域に移動したため,冬期の行動圏の位置が 5 年の間に大きく変化した(Watanuki *et al*., 1994;図 11.3).長野県志賀高原では,主要食物が枯死した際の反応は群れごとに異なり,同じ場所に残って採食樹種だけを変化させた群れと,下北半島同様に行動圏の位置を変

えた群れが見られた（Wada, 1983）．金華山島では，コブシが絶滅するとサルはこれまで利用しなかった同属のホオノキ（*M. obovata*）の葉を新たに採食し始めた（伊沢，2009）．これらは，環境条件の時間的変異に対するサルの行動適応を考えるうえで，興味深い事例である．新たな環境への移動や，新たな食物の開発がサルの個体群パラメータにどう影響するのか，モニタリングが必要である．また，このような調査を行う基盤として，環境に関するデータの収集は不可欠であろう．

（2） シカによる植生改変の間接的な影響

哺乳類が関わる間接効果（indirect effect）としてよく知られているのは，カリフォルニア湾のラッコ（*Enhydra lutris*）の事例である．毛皮目的でラッコを乱獲したところ，それまでラッコの捕食により個体数が抑えられていたウニが増え，魚の産卵場所となる海藻を採食するようになり，海中の群集構造が大きく変わってしまった，というものだ（Estes *et al.*, 1998）．生物同士の関係は，単純な被食・捕食の関係だけではない．ある動物が利用する資源の量や質の変化が，ときにその動物とは直接のつながりはない別の動物に影響をおよぼすこともある．

金華山島のサルの土地利用に影響を与えている主要食物の一部は，シカの採食圧の影響で増加した植物である．この島のシカは生息密度が高く，下層植生は彼らの採食圧の影響を強く受けている．高木種の実生が大きくなることはほとんどなく，シバ（*Zoysia japonica*）などシカの採食に耐性のある植物が島内で分布を広げている（Takatsuki, 2009）．一方，メギ（*Berberis thunbergii*）やサンショウ（*Zanthoxylum piperitum*）には鋭い棘があり，シカが好まないので島内で繁茂している．これらの樹種が，冬から春にかけてこの島のサルの主要食物になっているのだ（日本国内で，ここまでこれらの樹種に依存するサルは知られていない；Tsuji and Takatsuki, 2004）．メギは島の一角にある草原に多く生えているため，サルは草原を頻繁に訪れる．つまりシカの採食圧は間接的に「草原を使うサル」を生み出したのである（図11.4）．さらに，毒のあるシキミ（*Illicium anisatum*）はシカが採食しないので分布を徐々に広げ，調査地の一角に純林を構成しているが，そのシキミを土台につる性のクマヤナギ（*Berchemia racemosa*）が繁茂し，その

図 11.4 金華山島の草原で草本類やメギの若葉を採食するサルの群れ（2006年6月）．この草原は，同所的に生息するシカの採食圧によって広がったものである．

果実が，食物の乏しい夏の主要食物となって，やはりサルの土地利用に影響していた（Tsuji and Takatsuki, 2004）．これらの事実をもって，シカが改変した植生や景観が，間接的にサルの行動に影響を与えた，と考えるのは論理が飛躍しすぎだろうか．シカの植生改変と，サルの個体群パラメータを関連づけるのは非常に困難だが，長期的・広域的な視点で検証に取り組めば，サルと他種との結びつきを象徴する事例となるかもしれない．

（3）種子散布

自力では動けない植物にとって，種子の散布は移動できる数少ないチャンスの1つである．種子散布には，重力，風，海流などさまざまな方法があり，このうち動物の力を借りる散布（動物散布 zoochory）は，とくに液果類の主要な散布方法だと考えられている．サルによる種子散布には，果肉とともに飲み込んだ種子を遠く離れた場所で糞とともに排泄する飲み込み型散布（endozoochory）と，頰袋にいったん入れた果実を移動の途中で取り出して採食し，種子だけ排出する吐き出し散布（stomatochory）の2タイプがあり，一度に運ぶ種子の量は前者のほうが多いが，散布される種子のサイズは

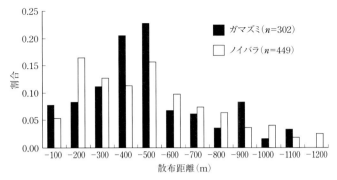

図 11.5 行動観察と給餌実験の結果を組み合わせて推定した，ガマズミ (*Viburnum dilatatum*) とノイバラ (*Rosa multiflora*) の種子の散布距離の分布 (Tsuji and Morimoto, 2016 より改変).

後者のほうが大きい (Yumoto *et al.*, 1998).

サルは，種子を採食場所からどれくらい離れた場所に運んでいるのだろうか．金華山島のサルが秋に採食するガマズミ (*Viburnum dilatatum*) とノイバラ (*Rosa multiflora*) の果実を対象に，飲み込み型の種子散布距離を評価した．まず，京都大学霊長類研究所で飼育されている個体に種子の入ったバナナを与え，種子の飲み込みから排泄までの時間を調べた．同時に，野外調査でサルの土地利用パターンを調べ，これと給餌実験の結果を組み合わせて散布距離を推定した．推定された散布距離は，300-500 m にピークを持つ，一山型の分布を示し，3% の排泄種子は，採食場所から 1 km 以上離れた場所に散布されていた (Tsuji and Morimoto, 2016；図 11.5)．屋久島低地林でヤマモモ (*Myrica rubra*) の種子の散布距離を調べた研究でもほぼ同様の値が得られており (Terakawa *et al.*, 2009)，サルによる飲み込み型の散布距離は，おおむね数百 m と見てよい．一方，吐き出し型の散布距離は数 m から数十 m と短いが (Yumoto *et al.*, 1998)，散布した場所は，その植物の発芽にとって都合のよい場所となっていた．たとえばヤマモモは尾根を好む樹種だが，サルが種子を吐き出した場所は尾根であることが多かった (Tsujino and Yumoto, 2009)．サルはこれらの樹種の散布効率，ひいては適応度の上昇に，より貢献している可能性がある．

果実の生産量は一定ではなく，年次的に変動する．食物の利用可能性の変

動は，果実食者の食性や行動圏利用を変化させるため，糞からの種子の出現率，一度に散布する種子の種類や種子の数，種子の破壊率，散布距離などに影響するかもしれない．金華山島のサルが採食する液果類の種子散布特性を5年間にわたって調べたところ，糞からの種子の出現率と種子の破壊率は年ごと，樹種ごとに異なっていた．たとえば，クマノミズキ（*Swida macrophylla*）の種子は2007年はほかの年より高い割合でかみ砕かれた（つまりこれらの年にはサルはこれらの樹種の種子散布者ではなく種子食者として機能した）のに対して，ガマズミやノイバラの種子の健全率は調査期間を通じて一定だった（Tsuji, 2014; 図11.6）．一部の種子の散布距離も年ごとに異なっていた．たとえばノイバラの散布距離は，主要食物である堅果類の生産量が少ない年に長くなり，サルの移動距離が主要食物の利用可能性から影響を受けることが確認された（Tsuji and Morimoto, 2016）．つまり，果実を提供する樹種と霊長類との結びつきは，その年の食物環境（利用可能な樹種の種類，分布，果実生産量）に応じて多様に変化するのだ．

サルが散布した種子は，その後どういう運命をたどるのだろうか．屋久島の9樹種について，糞中の種子と木から採取した種子で発芽率を比較したところ，ヒメイタビ（*Ficus thunbergii*），ヒサカキ（*Eurya japonica*），シャシャンボ（*Vaccinium bracteatum*），サカキ（*Cleyera japonica*），クスノキの5種は散布された種子の発芽率が木から採集したものに比べて高かった．種子の表面に傷がつく，ないしサルの体内の消化酵素の影響で物理・化学的な処理を受けて発芽率が上昇したと考えられる．一方，シラタマカズラ（*Psychotria serpens*）とシロダモ（*Neolitsea sericea*）は散布された種子の発芽率が低く，タイミンタチバナ（*Myrsine seguinii*）とトキワガキ（*Diospyros morrisiana*）の発芽率は，サルに散布された種子と木から採取した種子との間で違いがなかった．また，半数の種子が発芽するまでに要した日数は，9種中3種では散布された種子のほうが短く，3種では散布された種子のほうが長くなり，残りの3種は両者で違いがなかった（Otani, 2010）．つまり，サルによる飲み込みが種子の発芽や成長に与える影響は，種子の大きさ・形状・硬さ，あるいは採食時期・採食方法（飲み込み，かみ砕き，吐き出し）などに応じて，多様に変化すると考えられる．

最近の研究で，霊長類が散布した種子がほかの動物に捕食される，あるい

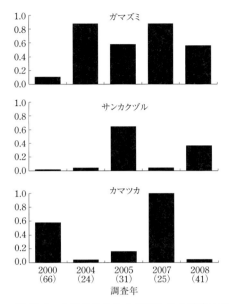
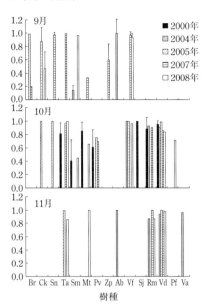

図 11.6 金華山島のサルが飲み込み散布する果実種子の解析結果．A：糞からの種子出現率の年変化．カッコ内の数字は分析したサンプル数を示す．B：種子の健全率の年変化．2000年は10月のみ．Br＝クマヤナギ（*Berchemia racemosa*），Ck＝ヤマボウシ（*Cornus kousa*），Sn＝マツブサ（*Schisandra nigra*），Ta＝ハダカホオズキ（*Tubocapsicum anomalum*），Sm＝クマノミズキ（*Swida macrophylla*），Mt＝オオウラジロノキ（*Malus tschonoskii*），Pv＝カマツカ（*Pourthiaea villosa*），Zp＝サンショウ（*Zanthoxylum piperitum*），Ab＝ヤブマメ（*Amphicarpaea edgeworthii*），Vf＝サンカクヅル（*Vitis flexuosa*），Sj＝ウラジロノキ（*Sorbus japonica*），Rm＝ノイバラ（*Rosa multiflora*），Vd＝ガマズミ（*Viburnum dilatatum*），Pf＝レモンエゴマ（*Perilla frutescens*），Va＝ヤドリギ（*Viscum album*）（Tsuji, 2014より改変）．

はさらに別の場所に散布されることが明らかになってきた．サルが散布した種子の一部も，齧歯類によって持ち去られていると考えられるが，定量的な調査はまだなされていない．屋久島では，先述したようにサル糞に含まれる種子をシカが捕食することがあり（Nishikawa and Mochida, 2010），その意味ではシカは齧歯類と同様，液果類の種子散布を阻害する存在といえる．

Enari and Sakamaki-Enari（2014）は，糞虫による種子の二次散布に着目

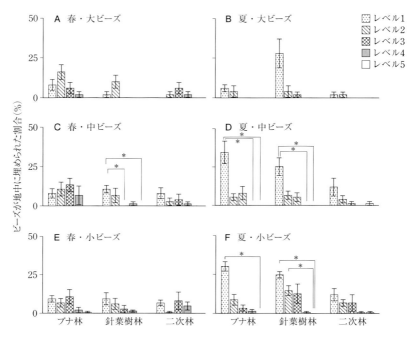

図 11.7 糞に含まれるプラスチックビーズが糞虫により地中に埋められた割合の群落・季節による違い（Enari and Sakamaki-Enari, 2014 より改変）．レベル 1：5-10 cm，レベル 2：10-15 cm，レベル 3：15-20 cm，レベル 4：20-25 cm，レベル 5：25-30 cm．＊：$p < 0.05$．

し，種子の埋め込み割合と埋め込みの深さを実験的に調べた．糞虫類は，実験に用いた糞の 11-56% を地中に埋めており，小さな種子は地中 30 cm 近くまで埋められることもあった．種子の埋め込みは，齧歯類などによる種子持ち去りを抑制すると考えられるため，糞虫は二次散布者としての役割を果たしている（図 11.7）．種子の埋め込み割合や深さは季節，群落，種子サイズにより異なり，とくに夏，中・小型種子は比較的浅い位置に高い割合で埋められた．この傾向はブナ林や針葉樹林で高かった（図 11.7D, F）．サルの動きが群落ごとの糞虫の数や種構成を決め，それがひいては植物の適応度に影響することが示唆される．

　森林には，サル以外にも多くの果実食者がいる．その中で，サルは種子散布にどの程度貢献しているのだろうか．サルによって種子が一次散布される

表 11.1 日本の森林に生息数する果実食者による種子散布特性の比較（Tsuji *et al.* 2016 より改変）．

種	哺乳類					鳥類	
	ホンドテン（食肉目）*Martes melampus*	オコジョ（食肉目）*Mustela erminea*	タヌキ（食肉目）*Nyctereutes procyonoides*	ツキノワグマ（食肉目）*Ursus thibetanus*	ニホンザル（霊長目）*Macaca fuscata*	ヒヨドリ（スズメ目）*Hypsipetes amaurotis*	ヤマガラ（スズメ目）*Parus varius*
体重(kg)	♂:1.3-1.8 ♀:0.8-1.2	♂:0.20 ♀:0.16	4.1 ± 0.9	♂:40-84 ♀:28.5-43.5	♂:8.5-13.5 ♀:6.3-11.7	0.06-0.08	0.02
社会システム	単独	単独	単独／ペア	単独	群れ	群れ	群れ
行動圏面積(km²)	♂:0.8-2.5 ♀:0.5-2.0	♂:0.40-0.83 ♀:0.18-0.50	0.1-6.0	♂:226.8-284.6 ♀:161.8-247.8	0.3-26.7	0.026	0.11
利用空間	地上／樹上	地上	地上	地上／樹上	地上／樹上	樹上	樹上
種子散布距離(m) 平均(ないし中央値)	770	10-80	115-411	1250	301-500	?	< 50
レンジ	0-5001	0-1800	0-462	250-22000	0-1200	0-300	0-210
腸内通過時間(h) 平均	9.7	?	?	18.5-19.1	37-54	< 1	?
レンジ	0.6-51.8	?	?	3.2-44.3	22-109	?	?

　液果類の多くは，ほかの果実食性哺乳類によっても散布される．つまり，これらの樹種はサル以外の動物でも散布は代替可能ということである．さらに，小型の種子をつける液果類については，鳥類も一次散布者となりうるだろう（Hanya *et al.*, 2014）．国内の果実食者各種による種子の散布距離を比較したところ，サルの散布距離はクマやホンドテンよりも短いが，タヌキや鳥類よりも長く，中距離に特化した散布を行っていた（Tsuji *et al.*, 2016；表 11.1）．植物の立場では，散布距離の異なる複数の動物をパートナーにすればさまざまな場所に種子をばらまくことができ，子孫を確実に残すことができる．ただし，定点観察によってヤマモモやアコウ（*Ficus superba*）の持ち去り量を評価したところ，いずれの樹種もサルがもっとも多くの果実を持ち去って

いた（Otani, 2001；寺川ほか，2008）．つまり，サルは特定の植物と強い結びつきを持つことはないが，散布量の面で重要な一次散布者であることは間違いない．

　熱帯地域の研究では，霊長類が不在の森林では，実生の種多様性が低くなり，下層の植生構造が単純化する（Chapman and Onderdonk, 1998）．ゆえに，わが国の森林でもサルの消失が散布樹種の減少や散布パターンの単純化を引き起こしているかもしれない．果実食者によるヤマモモの果実の持ち去り量を，屋久島低地林と，サルが1960年代に絶滅した鹿児島県種子島との間で比較したところ，種子島では鳥類はサルの役割を代替できなかった（図11.8）．下層の実生構造の変化は，より長期的には森林の植生構造を変える可能性をはらんでいる．ゆえに，サルがいない森林では，数百年レベルの時間スケールで植生構造が大きく変化する可能性がある．東北地方にはかつて多くのサルが生息していたが，明治時代からの狩猟圧で個体群が激減したと

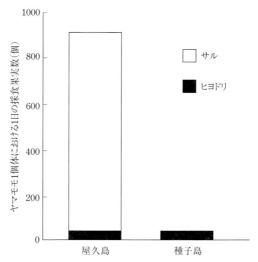

図 11.8　ヤマモモ（*Myrica rubra*）の1個体における1日の採食量．サルのいる屋久島とサルが絶滅した種子島において，サルとヒヨドリ（*Hypsipetes amaurotis*）が1日あたりに採食した果実数を示す（寺川ほか，2008より改変）．

いう歴史がある（三戸・渡邊，1999）．このような歴史的背景がこの地域の森林動態にどう影響するのか，長期的なモニタリングが必要である．

（4） 花粉散布

最近，サルが送粉者として機能している可能性を示唆する事例が報告された（Kobayashi *et al.*, 2015）．ウジルカンダ（*Mucuna macrocarpa*）は東南アジアから九州まで広域分布する植物で，雄蕊と雌蕊は花弁の突き出した部分に格納されており，送粉のためには花を開く特定のパートナーを必要とする．沖縄ではクビワオオコオモリ（*Pteropus dasymallus*）がその役割を担っているが，オオコウモリが生息しない大分県では，サルが両手を使ってウジルカンダの花を裂開していた（図11.9）．サルによる送粉機能代替がこの植物の繁殖に影響しているか否かはまだ不明だが，サルがたんに花を採食するだけの存在ではないことが示された点は興味深い．マダガスカルではエリマキキツネザル（*Varecia variegata*）とタビビトノキ（*Ravenala madagascariensis*）の間で，送粉を介した共進化と考えられる例も報告されているが（Kress *et al.*, 1994），サルと植物の間では，このような特異的な組み合わせ

図 **11.9** ウジルカンダの花を手で開くサル（大分県佐伯市蒲江）（写真提供：小林峻氏）．

はまだ知られていない．

（5） 胞子散布者としての可能性

　サルは多様なキノコ類を採食する（辻ほか，2012；第1章参照）．とくに屋久島では，1日の20%以上をキノコ食に費やす季節があるし（Hanya, 2004），金華山島ではナラタケ（*Armillaria mellea*）が生えるとサルはわざわざ回り道をしてまで食べにいく．固着生活をするキノコにとって，分布を拡大する手段は自らの胞子を散布することである．北米やオーストラリアでは，齧歯類や有袋類の力を借りて胞子を散布しているキノコがあることが知られている（Lamont *et al.*, 1985）．澤田（2014）は，サルの行動圏の大きさ，体サイズ，多様性の高さなどから，彼らによるキノコ食が胞子散布に貢献している可能性を指摘した．消化管通過後の胞子の発芽能力，ほかの胞子散布者と比較したときの，サルの相対的な貢献などについてはまだ不明な部分が多いが，近年の遺伝子解析技術は，糞に含まれる胞子の遺伝子情報から種を同定することも可能にした．近い将来，胞子散布者としてのサルの役割が評価されるときがくるだろう．

11.4　今後の展望と課題

　わが国の霊長類学はもともと自然人類学の一分野として出発し，その問題意識はヒトの持つ行動特徴の起源や，その淘汰圧を探ることにあった．サルについての研究の多くは行動の記録とその解釈に比重を置いており，サルが他種に与える影響，あるいは他種から受ける影響を評価する試みは，まだ十分とはいえない．ある環境で，サルがいかに自らの適応度を高めようとしているか，サル以外の生物にまで視野を広げて考える——これは，サルの行動的形質の進化的意義を調べるために重要な視点である．今後，生態系の一員としてのサルという視点がわが国の霊長類研究者に根づき，群集構造に着目した研究を展開できれば，霊長類学の枠に留まらない重要な知見が，数多くもたらされるだろう．

引用文献

Agetsuma, N., Y. Agetsuma-Yanagihara and H. Takafumi. 2011. Food habits of Japanese deer in an evergreen forest：litter-feeding deer. Mammalian Biology, 76：201-207.

Chapman, C. and D.A. Onderdonk. 1998. Forests without primates：primate/plant codependency. American Journal of Primatology, 45：127-141.

Enari, H. and H. Sakamaki. 2010. Abundance and morphology of Japanese mulberry trees in response to the distribution of Japanese macaques in snowy areas. International Journal of Primatology, 31：904-919.

Enari, H. and H. Sakamaki-Enari. 2014. Synergistic effects of primates and dung beetles on soil seed accumulation in snow regions. Ecological Research, 69：653-660.

Estes, J.A., M.T. Tinker, T.M. Williams and D.F. Doak. 1998. Killer whale predation on sea otters linking oceanic and nearshore ecosystems. Science, 282：473-476.

Hanya, G. 2004. Diet of a Japanese macaque troop in the coniferous forest of Yakushima. International Journal of Primatology, 25：55-69.

Hanya, G., M. Fuse, S. Aiba, H. Takafumi, R. Tsujino, N. Agetsuma and C.A. Chapman. 2014. Ecosystem impacts of folivory and frugivory by Japanese macaques in two temperate forests in Yakushima. American Journal of Primatology, 76：596-607.

Iida, T. 1999. Predation of Japanese macaques *Macaca fuscata* by mountain hawk eagle *Spizaetus nipalensis*. Japanese Journal of Ornithology, 47：125-127.

伊沢紘生．1982．ニホンザルの生態──豪雪の白山に野生を問う．どうぶつ社，東京．

伊沢紘生．2009．野生ニホンザルの研究．どうぶつ社，東京．

金井塚務．2002．野外博物館の試み．（大井徹・増井憲一，編著：ニホンザルの自然誌）pp.193-212．東海大学出版会，東京．

Kobayashi, S., T. Denda, S. Mashiba, T. Iwamoto, T. Doi and M. Izawa. 2015. Pollination partners of *Mucuna macrocarpa* (Fabaceae) at the northern limit of its range. Plant Species Biology, 30：272-278.

Koda, H. 2012. Possible use of heterospecific food-associated calls of macaques by sika deer for foraging efficiency. Behavioral Process, 91：30-34.

Koike, S. 2010. Long-term trends in food habits of Asiatic black bears in the Misaka Mountains on the Pacific coast of central Japan. Mammalian Biology, 75：17-28.

小池伸介・正木隆．2008．本州以南の食肉目3種による木本果実利用の文献調査．日本林学会誌，90：26-35.

Koike, S., T. Masaki, Y. Nemoto, C. Kozakai, K. Yamazaki, S. Kasai, A. Nakajima and K. Kaji. 2011. Estimate of the seed shadow created by the Asiatic black bear *Ursus thibetanus* and its characteristics as a seed disperser in

Japanese cool-temperate forest. Oikos, 120：280-290.
Kress, W.J., G.E. Schatz, M. Andrianifahanana and H.S. Morland. 1994. Pollination of *Ravenala madagascariensis*（Strelitziaceae）by lemurs in Madagascar：evidence for an archaic coevolutionary system? American Journal of Botany, 81：542-551.
Lamont, B.B., C.S. Ralph and P.E. Christensen. 1985. Mycophagous marsupials as dispersal agents for ectomycorrhizal fungion *Eucalyptus calophylla* and *Gastrolobium bilobum*. New Phytologist, 101：651-656.
三戸幸久・渡邊邦夫．1999．人とサルの社会史．東海大学出版会，東京．
Nishikawa, M. and K. Mochida. 2010. Coprophagy-related interspecific nocturnal interactions between Japanese macaques（*Macaca fuscata yakui*）and sika deer（*Cervus nippon yakushimae*）. Primates, 51：95-99.
大西賢治・山田一憲・中道正之．2010．ニホンザルによるムササビへの攻撃反応．霊長類研究，26：35-49.
Otani, Y. 2001. Measuring fig foraging frequency of the Yakushima macaque by using automatic cameras. Ecological Research, 16：49-54.
Otani, T. 2010. Seed dispersal by Japanese macaques. *In*（Nakagawa, N., M. Nakamichi and H. Sugiura, eds.）The Japanese Macaques. pp.129-142. Springer, Tokyo.
澤田晶子．2014．霊長類のキノコ食行動──今後の課題と可能性．霊長類研究，30：5-21.
Takatsuki, S. 2009. Effects of sika deer on vegetation in Japan：a review. Biological Conservation, 142：1922-1929.
Terakawa, M., Y. Isagi, K. Matsui and T. Yumoto. 2009. Microsatellite analysis of the maternal origin of *Myrica rubra* seeds in the feces of Japanese macaques. Ecological Research, 24：663-670.
寺川真理・松井淳・濱田知宏・野間直彦・湯本貴和．2008．ニホンザル不在の種子島におけるヤマモモ種子散布効果の減少．保全生態学研究，13：161-167.
Tsuji, Y. 2010. Regional, temporal, and interindividual variation in the feeding ecology of Japanese macaques. *In*（Nakagawa, N., M. Nakamichi and H. Sugiura, eds.）The Japanese Macaques. pp.99-127. Springer, Tokyo.
Tsuji, Y. 2014. Inter-annual variation in characteristics of endozoochory by wild Japanese macaques. PLOS ONE, 9：e108155.
Tsuji, Y. and S. Takatsuki. 2004. Food habits and home range use of Japanese macaques on an island inhabited by deer. Ecological Research, 19：381-388.
Tsuji, Y. and M. Morimoto. 2016. Endozoochorous seed dispersal by Japanese macaques（*Macaca fuscata*）：effects of temporal variation in ranging and seed characteristics on seed shadows. American Journal of Primatology, 78：185-191.
辻大和・和田一雄・渡邊邦夫．2012．野生ニホンザルの採食する木本植物以外

の食物.霊長類研究,28:21-48.
Tsuji, Y., M. Shimoda-Ishiguro, N. Ohnishi and S. Takatsuki. 2007. A friend in need is a friend indeed : feeding association between Japanese macaques and sika deer. Acta Theriologica, 52:427-434.
Tsuji, Y., T. Okumura, M. Kitahara, and Z.W. Jiang. 2016. Estimated seed shadow generated by Japanese martens (*Martes melampus*): comparison with forest-dwelling animals in Japan. Zoological Science, 33:352-357.
Tsujino, R. and T. Yumoto. 2009. Topography-specific seed dispersal by Japanese macaques in a lowland forest on Yakushima Island, Japan. Journal of Animal Ecology, 78:119-125.
横田直人・長岡壽和.1998.高崎山のニホンザルの個体数増加と森林への影響.ワイルドライフ・フォーラム,3:163-170.
Yumoto, T., N. Noma and T. Maruhashi. 1998. Cheek-pouch dispersal of seeds by Japanese monkeys (*Macaca fuscata yakui*) on Yakushima Island, Japan. Primates, 39:325-338.
Wada, K. 1983. Long-term changes in the winter home ranges of Japanese monkeys in the Shiga Heights. Primates, 24:303-317.
Watanuki, Y., Y. Nakayama, S. Azuma and S. Ashizawa. 1994. Foraging on buds and bark of mulberry trees by Japanese monkeys and their range utilization. Primates, 35:15-24.

III
人間生活とニホンザル

12 動物園の現状と課題

青木孝平

　動物園のニホンザル（以下サル）は多くの場合，コンクリートでできた閉鎖環境で飼育され，オスの移出入がなく，量や質が一定の餌を与えられている．このような飼育環境は，本来の生息環境とは大きく異なるため，サルの社会，行動，生理に影響すると考えられる．動物園には，動物の自然状態での生態を飼育下でできるだけ再現することが求められており，これらを実現するためには，飼育下と野生下との違いを知り，その要因を調査・研究することで理解する必要がある．また，展示や教育普及活動などにおける来園者の多様なニーズを満たすとともに，サルの福祉にも配慮しなければならない．本章では，動物園のサルの生態が野生のサルのそれとどのような点で異なり，それらの違いがどのような問題を引き起こすのかを紹介するとともに，その問題を解決するための動物園の取り組みを紹介する．

12.1　飼育の歴史

　わが国におけるサル飼育の最古の記録は1885（明治18）年で，恩賜上野動物園（以下，上野動物園）にオス1頭，メス1頭の計2頭が飼育されていた（東京都，1982）．その後各地に動物園がつくられ，サルを飼育する動物園は増えていった（三塚，2014）．初期の飼育方式はケージ内での少頭数飼育が多かったが，1931年に上野動物園に柵で囲わない無柵放養式の展示施設，いわゆる「サル山」が完成すると（図12.1），1940年代以降，ほかの動物園においてもサル山が徐々に取り入れられるようになり，その後のサル飼育方式は，多頭数飼育が主流となっている（上野動物園，2012）．国内の動

図 12.1 戦前の上野動物園サル山.

物園でサル山が建設されたのは 1970-1980 年代に集中しており，サル山の完成に合わせて野生個体が各動物園に導入された．野生個体の導入元は，2009年に例外的に上野動物園が青森県下北半島由来の個体を導入したが（青木，2013），すべて長野県以西の地域であり，その多くが有害鳥獣駆除の対象個体だった（上野動物園，2012）．上野動物園では，終戦直後の 1948-1950 年にかけて，宮崎県産のホンドザル（オス 1 頭，メス 3 頭）と鹿児島県屋久島産のヤクシマザル（オス 4 頭，メス 4 頭）を基礎個体として導入し，亜種間交雑群を編成した（川口ほか，1971）．当時は，亜種間交雑の保全遺伝学的な問題（ホージーほか，2011）がさほど重視されていなかったため，現在でも複数の動物園が亜種間交雑群を展示しているが，上野動物園では 2010 年よりそれまでの亜種間交雑群の展示を中止した．

12.2 飼育の現状と問題点

2016 年 1 月現在，日本動物園水族館協会（以下，日動水）に加盟している 88 園館のうち 51 園館がサルを飼育しており，飼育総数は 1826 頭（ホンドザル 1275 頭，ヤクシマザル 174 頭，亜種間交雑 136 頭，亜種不明 241

頭：日動水会員専用ホームページ飼育動物一覧より推定）である．この数は中型の哺乳類の飼育頭数としてはきわめて多く，国内施設の収容力から見て飼育頭数は飽和状態にあると思われる．サルを飼育する動物園が抱える最大の課題は，個体数管理である．

各園館が飼育する群れは，閉鎖的な集団である．既存の飼育群への新規個体の導入は，導入直後に激しい闘争が生じる可能性があるため，個体の怪我防止の観点から基本的には行われていない（大橋，2014）．そのため，動物園のサルの群れのほとんどは，40年ほど前に導入された基礎個体からの累代繁殖で維持されている．サルは本来，オスが群れ間を移動するため（第5章参照），このような飼育下閉鎖環境はサル本来の生活様式を歪めてしまう．さらに，長期にわたる累代繁殖にともなう遺伝的多様性の消失も懸念される．

全国の動物園を対象に行ったアンケート調査によると，サルの飼育方式はサル山が51%，ケージが38%，残る11%が自然の山の斜面を利用した施設ないしサファリ形式だった（藤本，2014）．サル山やケージの床はコンクリート製で，清掃作業が簡便なうえ衛生管理上のメリットがある．しかし，コンクリートには夏場に熱を帯びると施設内の温度を外気温より上げるという欠点があり，またコンクリートの擬岩でできたサル山での展示は，サルが岩場に生息する動物だという誤解を来園者に与えてしまう．さらに，このような生息地とは逸脱した環境では，サルの行動レパートリーや活動時間配分が野生のそれとは異なったものとなるだろう．

動物を飼育するうえでもっとも重要となるのが餌の内容と給餌方法である．栄養状態はその個体の健康・生理・繁殖状態に影響するため，飼育環境では給餌する食物の種類や量に注意する必要がある．また，その与え方は動物の行動に影響する．動物園では，群れの個体が均等に採食できるよう，餌を細かく切り，広範囲にまいて与えるなどの給餌方法の工夫がなされている．しかし，飼養密度が高いと十分な個体間距離を確保できず，優劣関係があらわとなり，優位個体の採食量が多くなってしまう．採食量の少ない劣位個体の栄養状態を良好に維持しようと給餌量を増やせば，採食量の多い優位個体が肥満になってしまう．肥満はさまざまな疾病の原因となるため，動物園ではとくに問題視されている．さらに，良好な栄養状態は，餌付け群ではない純野生下ではまれな連年出産を可能にするため（上野動物園にはかつて16年

連続で出産した個体がいた例もある），群れ内の個体数増加を引き起こす．

12.3　問題点に対する取り組み

（1）　繁殖制限とその影響

　サルの繁殖は飼育条件の影響をさほど受けず，たとえペア飼育でも繁殖できる（加藤，2014）．そのため，適切な繁殖管理が行われない限り，サルの個体数は増加し続ける．飼養密度の高まりは攻撃的交渉の頻度を高め，多量の糞尿は健康上のリスクを上昇させるため，動物福祉の点から望ましくない．サルの繁殖を抑制する方法には，雌雄を分離する単性飼育，オスの去勢，メスの発情抑制剤の使用などがある．動物園には，対象個体群，飼育施設，飼育員や獣医師の技量などに応じた適切な判断が求められる．

　札幌市円山動物園では，1996年からメスの体内に発情抑制剤を挿入するという方法で，全国に先駆けてサルの繁殖制限を試みた．しかし，霊長類では毛づくろいの際などに薬剤を取り出してしまうことがあり（ウォルフェンソン・ホーネス，2007），処置を施したはずのメスが出産し，確実な避妊ができなかった（三浦ほか，2001）．同園では，次いでオスの精管切除術を実施した．精巣摘出はオスの性行動を消失させるため展示上不適切だと考えられたことや，精管切除術ならば精管再疎通術を施すことで繁殖を再開することもできると考えたためである．しかし処置後2年目に精管が自然に再疎通して数頭のメスが出産し，この方法もうまくいかなかった（山本ほか，2005）．以上の経緯を受けて，円山動物園は最終手段としてオスの精管切除に踏み切り，ようやく繁殖制限に成功した（山本ほか，2005）．しかしこの方法には，その飼育個体群が高齢化し，死亡による個体数の減少から展示を維持することがむずかしくなるという問題がある．円山動物園では，この解決策として人工授精（直腸電気刺激と尿道カテーテル挿入法で採集した精子（高江洲ほか，2013）を使用している）による個体数調整の実施を検討している．人工授精には，発情したメスを捕獲するための施設が必要であること，サルの子宮頸管が特殊な形状をしているため人工授精器の挿入が困難であることなど，多くの課題が残されている．

雌雄を分離する単性飼育は，基本的に群れで生活するサルの社会に大きな変化をもたらす．動物福祉の面からも，このような繁殖制限は避けるべきだが，飼育条件によっては実施が必要な場合もある．上野動物園では，2014年から単性飼育を試みた（青木，2015a）．当時繁殖可能であったタチウオ，サンマ，ググドというオス3個体を交尾期に群れから分離し，交尾期終了後に復帰させたところ，この3個体はいずれも復帰後に社会的順位を大きく落とした（表12.1）．なかでも，最優位であったタチウオは復帰後に群れのすべてのオスの中で最劣位となった．また，タチウオは分離前には0-1歳の幼獣との親和的交渉を頻繁に行っていたが，復帰後は幼獣との親和的交渉が見られなくなった．幼獣を抱えるメスは群れの中心部に位置するため，復帰後に順位を落としたタチウオは彼らに近づけなくなったためと考えられた．タチウオの復帰時に攻撃を加えた個体のほとんどは，分離されずに群れに残った若いオスたちだった．宮崎県幸島では，新しい群れが形成された際に順位を上げた個体は，かつて自身より優位であった個体に集中的に攻撃したことが知られており（宮藤，1986），上野でも同様の交渉が生じた可能性がある．したがって，単性飼育を行う場合，群れのすべてのオスを同時に分離し，分離前後のオス個体間の条件を統一することで，分離解消後の社会関係の混乱，負傷のリスクを回避できる可能性がある．現状の課題さえクリアできれば，単性飼育は繁殖を制限する有効な方法だろう．

（2） 閉鎖環境が群れの社会関係にもたらす影響

自然状態では，オスは性成熟を迎えるころに出自群から離れ，オスグループやハナレザルとして過ごしたり，ほかの群れに移籍し数年後に移出するという生活を繰り返す（第5章参照）．飼育下では既存の群れに新規個体を導入すると攻撃の対象となり，逃げ場のない閉鎖空間ではときに死に至ることもある（豊嶋，2014）．このため，飼育下でオスの移出入を再現することは非常に困難である．結果として，飼育下ではオスも生涯出自群に在籍し，自然状態とは異なる社会生活を営む．

1950-2010年までの60年間，上野動物園のサル山で飼育されていた群れの場合，最優位個体はこれまでに13頭記録されている．その内訳はオスが9頭，メスが4頭と，群れ内でメス個体が最優位になるケースも頻繁に見ら

表 12.1A 分離前の敵対的交渉から見た社会的順位.

		分離前																								
	優位行動を示した個体	劣位行動を示した個体																								
順位	個体名(年齢)	アザミ	ミズホ	タチウオ	ライラック	ダリア	バラ	ナノハナ	サザンカ	ググド	アジ	タンポポ	ホクト	サクラ	サンマ	ヘイワ	ガーベラ	スカイライナー	カスミソウ	アヤメ	ヤマビコ	アブラナ	アジサイ	ガラッコ	マーガレット	パンジー
1	カジキ(10)	12	9	4	1	7	2	4	3	4	2	3	1	2	1	1	2	3	3		1	4		1		
2	アザミ(15)		5	7	4	6	4		2	3	2		1	1	4	3	1	3	4			2	2	2	1	
3	ミズホ(4)			6	7	3	5	8	3	2	4	1	5	2	2			6	1	3	3	3		4		
4	<u>タチウオ(6)</u>				9	3	3	2	1	3	9	2	3	1	3		2	2	3	2	3	2	3			3
5	ライラック(7)					3	1	7	3	2	2		1		2		1	1	4	1	2	2	1			1
6	ダリア(10)						3	1	3	1		1			1		2	2	1		2		3	3		
7	バラ(11)							2	3	1	1	2	1	1		1	2	1	2	5		2	1	1		1	1
8	ナノハナ(8)						1		2	3		1			1			1	2	2				1		
9	サザンカ(10)									1	1			1	1	1	1		1	4	2	6			2	1	1
10	<u>ググド(5)</u>										2		2		5			1	1			2			1
11	<u>アジ(10)</u>											1		6	1	2		1	3	3	1	1	2			2
12	タンポポ(11)												1		1	5	3	3	5	1	1	2	3	1		
13	ホクト(4)														2	1		1								
14	サクラ(16)														1		2		1						2	2
15	<u>サンマ(7)</u>															1		1					2	2	1	
16	ヘイワ(4)							1									2	3	1	1	1		2	3		1
17	ガーベラ(13)																	4	4		1	1	2			
18	<u>スカイライナー(4)</u>						6				2							1	1		1	4	2	2	1	
19	カスミソウ(13)																		1		1	1	1	1		
20	アヤメ(15)																			2	3	2	2	5		
21	<u>ヤマビコ(4)</u>						3											2		1	4			2	1	
22	アブラナ(16)																								1	
23	アジサイ(12)																							3	2	
24	ガラッコ(5)																								1	1
25	マーガレット(7)																									
26	パンジー(9)																									

数値は観察された敵対的交渉数.個体名の下線はオス個体,網かけは分離実施個体(青木,2015a より改変).

れている.通常,自然状態ではオスは群れのすべてのメスよりも優位になるはずだが,オスの移出がない飼育環境では,オスも母系集団に見られる家系内・間の順位関係(母親を家長とした母系集団を1つのまとまりとし,集団間で順位が決定されること,集団内では母親が子より優位であり,兄弟姉妹間では年少であるほど優位であるとされる,いわゆる川村の法則;川村,1958)に組み込まれる可能性がある(青木ほか,2014).自然状態では,血

表 12.1B　分離後の敵対的交渉から見た社会的順位.

		分離後																								
	優位行動を示した個体	劣位行動を示した個体																								
順位	個体名（年齢）	アザミ	ミズホ	ライラック	アジ	ダリア	バラ	ナノハナ	サザンカ	サクラ	タンポポ	ホクト	ガーベラ	アブラナ	ヘイワ	スカイライナー	ヤマビコ	カスミソウ	アヤメ	サンマ	ググド	アジサイ	ガラッコ	タチウオ	マーガレット	パンジー
1	カジキ(10)	3	5	7	3	5		6	6	2			2	2	4		5			4	1		4	1	1	
2	アザミ(15)		5	6	1	5	8	5	3	2		2	1	5	1	10	1	2	1	10	1	2	3	3		
3	ミズホ(4)			8	6	1	2	2	3	3	1	6		4	7	6	8	1	3	5	5	1	9		2	2
4	ライラック(7)				2	6	5	4	4	3	2	2		10		2	4	3	5	1		5	1	2	2	
5	アジ(10)			1		4	2	6	1			3	1	1	6	6	3	3		15	7		2	3		1
6	ダリア(10)						9	1	4	6	5	3	1	8	1	2	2	1	2		2		3	1	1	
7	バラ(11)							1	6	2		1	1		1		3	1	1				1	1	1	
8	ナノハナ(8)				1				5	2	1			2	2		3	1	1		2	4	5	1		3
9	サザンカ(10)									3	4	2	3	5			2	1	10	1	3	2	2		1	3
10	サクラ(16)										2	2		3	1	1	3	4	2		4	4	2			
11	タンポポ(11)											1	2	1	1	2		2	3			2	1	2		
12	ホクト(4)													1	3	3		1	2	1	3					
13	ガーベラ(13)													2		1	2	5	4							1
14	アブラナ(16)														2	2				2	4	3	1	6		
15	ヘイワ(4)															4		2	1	3		1	2			
16	スカイライナー(4)																2	2	1	6	1	2	11	2	1	
17	ヤマビコ(4)																	2		2	2	2	7		5	
18	カスミソウ(13)																		5		3	1			1	
19	アヤメ(15)													1						1	5	8			3	7
20	サンマ(7)																				5		1	27		
21	ググド(5)																			1		2	1	30		2
22	アジサイ(12)																						2		2	3
23	ガラッコ(5)																					1		2		
24	タチウオ(6)																								1	
25	マーガレット(7)																									1
26	パンジー(9)																							1		

数値は観察された敵対的交渉数．個体名の下線はオス個体，網かけは分離実施個体（青木，2015a より改変）．

縁にある幼獣のオスは，性成熟が近づくにつれ群れのオス同士で行動することが増えるため，血縁集団の影響が薄れると考えられている（小山，1977）．オスはある程度大きくなると群れを離脱するが，飼育下では群れからの離脱が起こらない点で自然状態と異なる．図12.2は，2009年時点の上野動物園の母系血縁集団と各個体の順位を表す．メス個体は川村の法則によくあてはまることがわかる．一方，オスは母親が生存している場合，血縁であるメス

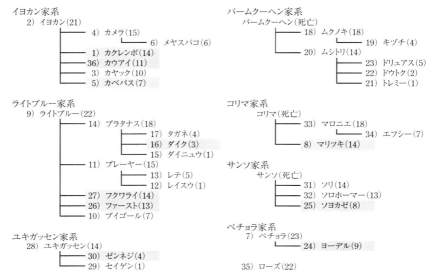

図 12.2　上野動物園の母系血縁集団と各個体の順位．個体名の前にある右カッコの数字は個体の順位を，個体名の後ろにあるカッコ内の数字は年齢を，網かけはオス個体を表す．バームクーヘン，コリマ，サンソは調査時の生存個体ではないが，血縁関係を示すため家系長の名前として表記した（青木，2014より改変）．

よりも劣位となる傾向が強く，母親が生存していない場合では，血縁であるメスの順位と関係なく優位になる傾向が見られる．幼獣のオスは，幼獣のメスに比べ母親と過ごす時間が成長とともに少なくなっていく（中道，1999）．そのため，オスはメスよりも母親との近接関係が薄く，母親の順位の影響を受ける血縁集団の順位形成では，姉妹よりも劣位になる傾向にあると推測される．血縁集団内の順位は群れの核となる家系長のメスに維持されており，そのメスの死が血縁集団の分裂を引き起こすことがある（宮藤，1986）．また，飼育下のオスの順位は，交尾期などに優位なメスと親和的関係を築くことで上昇することがあり（川口，1996），母親の死亡により血縁集団の順位システムの影響がなくなったオスは，親和的関係を築いた非血縁のメスの順位によって，自らの順位を変化させると考えられる．このように，血縁集団の順位形成に組み込まれる飼育環境のオスの順位には，母親の存在が強く影響すると思われる．

12.3 問題点に対する取り組み

　閉鎖環境から強く影響を受ける行動に，繁殖に関するものが挙げられる．餌付け群では，オスが性成熟した後も群れに留まることがあるが，親和的関係にある母系血縁個体間の交尾は，基本的に回避されている（高畑，1985）．上野動物園の群れでも，母系血縁個体間の交尾は基本的に回避されているが，1組の母–息子間（図12.2のイヨカンとカクレンボ）で交尾が観察された（青木ほか，印刷中）．イヨカンとカクレンボは，それぞれ当時群れの最優位メス，最優位オスだった．高順位オスは高順位メスを交尾相手として選択する傾向が強く，このような高順位メスとの親しい関係を求めるのは，交尾の機会を確保するためではなく，ほかのオスとの闘争時に高順位メスからの積極的な支援を取りつけ，自身の順位を維持するためと考えられている（中道，1999）．一方，高順位メスにとっては，ほかのメスが高順位オスと親和的関係を構築すれば，そのメスに順位を逆転される可能性があるため，自身が高順位オスとの親和的関係を維持する必要がある．ゆえに，イヨカンとカクレンボの母–息子間で見られた交尾は，最優位である雌雄が，おたがいの順位を維持するための行動と解釈できる（なおイヨカンとカクレンボが子供を残したかどうかは，現時点では不明である）．

　群れが出自個体だけで形成されていれば，遺伝的多様性の消失は避けられない．自然状態では，性成熟を迎えるころにオスが群れを移ることにより母系血縁間の交尾が避けられている．また，ほかの群れから移入してきたオスが繁殖した場合も，娘が性成熟する前にその群れから出ていくため，父系血縁個体間での交尾も基本的には回避される．しかし，サルは父系血縁を認知しないため，オスの移出がない飼育群では近親交配が成立する（Inoue et al., 1992）．表12.2は，上野動物園および多摩動物公園の飼育群と，オスの移出入がある京都府嵐山，宮崎県幸島，屋久島の野生群の遺伝的多様性（アリル多様度を指標とする）を示している．嵐山群の遺伝的多様性が7.9ときわめて高いことがわかるが，幸島および屋久島の野生群と，60年間遺伝子流入のない上野動物園の飼育群ではアリル多様度に差がなかった．上野の飼育群はホンドザルとヤクシマザルの亜種間交雑群であるため，異系交配が行われたことで高い遺伝的多様性が保持された可能性がある（青木ほか，2016）．これに対して，島嶼集団の幸島と屋久島は，ボトルネックを経験している可能性から野生群としては低い遺伝的多様性を示したと考えられる．

表 12.2 各群れの遺伝的多様性.

マーカー	上野[1] Na	マーカー	多摩[2] Na	嵐山[2] Na	マーカー	幸島[3] Na	屋久島[3] Na
D10S611	5	D10S611	4	7	D10S611	6	6
D19S582	4	D19S582	3	5	D19S582	6	4
D6S493	7	D6S493	3	8	D6S493	5	5
D5S820	5	D5S820	4	6	D17S1290	8	8
D6S501	4	D6S501	5	8	D20S484	5	4
MFGT18	6	MFGT18	2	8	D7S821	8	9
MFGT22	5	MFGT22	1	12	D14S306	3	4
MFGT5	6	MFGT5	2	7	D3S1768	7	4
MFGT21	7	MFGT21	1	10	D12S375	2	6
D17S1290	4	MFGT25	5	10	D5S1470	8	5
D20S484	5	D12S67		6	D7S1826	5	4
D7S821	6				D1S548	3	2
D14S306	4				D1S533	5	5
D3S1768	5				D18S537	1	1
MFGT27	2						
MFGT24	5						
EGR3inl	4						
アリル多様度[4]	4.94		3.00	7.91		5.14	4.79

[1] 青木ほか, 2016. [2] 大橋, 2014. [3] 庄武・山根, 2002.
[4] アリル多様度とは, 染色体上の DNA の 1 領域にあたる遺伝子座のアリル数 (Na) の平均値であり, 一般に遺伝的多様性が高いとされる集団で 4 以上を示すことが多い (フランクハムほか, 2007).

また, 1968 年に 29 頭のホンドザルを導入して以来遺伝子流入のない多摩の飼育群はアリル多様度が低く, ゆえに遺伝的多様性が失われつつあると考えられる.

(3) 環境を豊かにする試み

コンクリートに囲まれた環境で飼育されている動物園のサルは行動レパートリーが減少し, 刺激の少ない生活を送ることになる. このような環境は, 同じ場所を行き来する常同行動や, 自身の毛を引き抜くなどの異常行動を引

き起こすことがある（ホージーほか，2011）．動物園では，このような望ましくない行動を予防・改善するための福祉的な配慮として，環境エンリッチメントを実施している．環境エンリッチメントとは，その種が自然環境で見せる行動レパートリーと活動時間配分を，飼育環境においても可能な限り再現できるよう環境を豊かにしようとする試みである（松沢，1999）．

　自然環境のサルは，冬期に落ち葉や雪をかき分け，その下にある落果などを探索し採食する（中川，1994）．そこで上野動物園ではサルが飼育環境でも索餌行動を自発的に行えるよう，落ち葉を使用した環境エンリッチメントを実施した（青木，2015b）．上野動物園のサル山には大小2つのプールがあり，飲み水も兼ねている（図12.3A）．秋に大プールに落ち葉を敷き詰め，米などの細かい餌を落ち葉の上に不定期にまいた（図12.3B）．サルが行動レパートリーから自発的に索餌行動を選択する頻度を調査するため，飼育員による給餌が行われない時間帯に観察を行ったところ，幼獣メスでは索餌行動がよく見られた（図12.4）．普段行われる飼育員による給餌は，それまでサルがとっていた行動をいわば強制的に採食行動に変化させてしまう．環境を変化させることで行動レパートリーを増やすことができれば，個体の性や年齢，生理状態によって，優先すべき行動をサル自身が選択可能になる．

　環境エンリッチメントの目的は，対象種の本来持っている行動レパートリーとその活動時間配分を野生のそれに近づけることである．たとえば高木を登り降りする行動を再現するのであれば，枝が折られ，樹皮が剥がされ枯れてしまう可能性のある実際の樹木ではなく，管理のしやすい鉄塔などの人

図 12.3　上野動物園のサル山プール．A：水を張ったプール．B：落ち葉を敷き詰めた大プール．

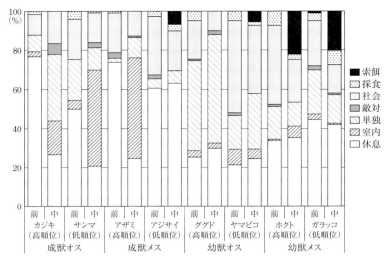

図 12.4　環境エンリッチメントによる活動時間配分の変化．行動カテゴリーは，索餌（ゆっくりと地面を見回す，かき分けるなどの動き），採食（飲水，食物をかじる，咀嚼するなどの動き），社会的行動（毛づくろい，マウンティング，交尾，他個体と体の一部を接触した休息など），敵対的交渉（威嚇，追走，攻撃，逃走，防御的表出など），単独行動（追従を含む移動や立位，ひとり遊びなどの他個体との交渉のない動き），室内（室内へ入り死角にある状態），休息（座位や伏臥などの静止状態）の7種類とした．図中の「前」「中」は，それぞれ「環境エンリッチメント実施前」と「環境エンリッチメント実施中」の活動時間配分であることを示す（青木，2015bより改変）．

工物で代用されることが多い．しかし，人工物は，展示物として魅力的なものでない場合が多い．来園者は植生の多い自然的な飼育環境を好み，またそのような飼育環境ほど動物福祉がより実現されていると感じる（ホージーほか，2011）．より自然的な飼育環境は，動物にとっても有益であり，サルと来園者双方のニーズを満たすことができるが，植生の維持，衛生管理の面からサルを緑の中で展示することは困難だった（川口，1996；松林，2005）．

熊本市動植物園では，サルを草木の生い茂る緑の中で展示している．この展示施設は2012年10月にオープンしたもので，盛り土によって築山をつくり，築山には地被植物を植え，その上に倒木などを多く配置することで地面を守っている（若生，2013）．コンクリート製のサル山とは異なる，新しいタイプのサル飼育施設である．しかし，展示施設を新たにつくるには莫大な

図 12.5 到津の森公園の展示と植樹風景.

費用が必要であり，ほかの園館が類似の施設を新設することは非常に困難である．北九州市にある到津の森公園では，既存のサル山の中に緑をつくってサルを展示している．サル山内に木枠の土留めを作成して土を入れ，そこに植樹を行った（図 12.5）．当然サルが葉や樹皮を食べてしまうが，不定期に植え替えを行い，植樹を継続することで緑を維持している．サル山は来園者が観察しやすいように開けたつくりになっているため，闘争時の逃避場所や日陰が少ないという問題があったが，植樹した木々によってこれらを提供できるようになっている．また，市民に参加を募り，イベントとして植樹を行うことで，サルと植物との関係について理解を深めてもらえる工夫もしている（石橋，私信）．飼育環境を整えるとき，動物園は動物，来園者，飼育員のニーズを考慮する必要がある．既存施設での緑の中の展示は，土留めの補修や土の補充，清掃など，飼育員の負担に拠っており，この負担をいかに軽減するかが課題となる．

（4） 栄養状態の評価と操作

飼育動物の肥満は深刻な問題である．多くの場合，肥満は個体の健康生理に害をおよぼすため，動物園では飼育動物の栄養状態を自然状態のものに近づける努力をしている（ホージーほか，2011）．サルの餌付け群では体重に関する資料が多く残されている（松岡，2000；Kurita et al., 2002；濱田，2008）．餌付け群と飼育群の体重を比較することで，飼育群の栄養状態をある程度評価することができる．飼育下サルの体重のモニタリングには体重計と個体識別が必須となる．上野動物園にはサルの体重を来園者に知ってもらうことを目的に，サル山内に体重計を常設して，この体重計に乗った個体の

図 12.6 上野動物園サル山の体重計．

体重を記録している（図12.6）．

　個体の栄養状態と個体群パラメータは密に関係しているが，同じ飼育群内でも，栄養状態の年間の変動が異なれば，個体ごとの繁殖成功度に差が見られる．たとえば上野動物園のサル山で2010年まで展示していた亜種間交雑群は，基礎個体の母系血統から見たホンドザル系とヤクシマザル系で繁殖成功度に差が見られ，ホンドザル系はヤクシマザル系に比べ出産率が高く，出産間隔が短かった（青木・川口，2015）．この群れの出産のピークが7月であることから，1-6月を妊娠期，7-12月を育児期として繁殖可能なメスを対象に体重を調査したところ，前年に出産のなかった年，つまり生後半年から1年半になる子供が存在しなかったメスで，ホンドザル系は妊娠期に比べ育児期に体重が増加したのに対し，ヤクシマザル系では妊娠期に比べ育児期に体重が減少した（図12.7）．両系統の年間の平均体重に差がなかったことから，ホンドザル系のメスで秋に見られる脂肪蓄積量がヤクシマザル系のメスよりも多かったことが示唆される（青木ほか，投稿中）．この対象集団は亜種間交雑群だったが，サルの脂肪蓄積には地域個体群特有の遺伝的特性が認められており，生息環境の異なる地域個体群では脂肪蓄積量も大きく異なる

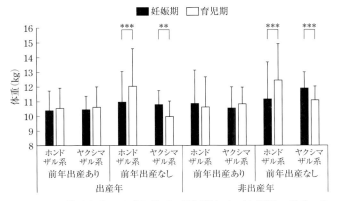

図 12.7 亜種混合群の母系血統別の妊娠期および育児期の体重．出産年はその年に出産があった場合の体重記録を，非出産年はその年に出産がなかった場合の体重記録をそれぞれ集計したもの．**：$p < 0.01$，***：$p < 0.001$（青木ほか，投稿中aより改変）．

（濱田，2008）．ゆえに，基礎個体群とは異なる地域の個体を既存集団に新たに導入すると，脂肪蓄積量が異なれば，繁殖成功度に差が生じ，遺伝的な偏りが生じる可能性がある．

　つねに十分量の餌が与えられる飼育群の栄養状態は，年間を通じて良好だと考えられる．個体の体重の増加は，オスで8歳ごろ，メスで6歳ごろに頭打ちになった（藤本ほか，2011）．これは下北半島の野生群のそれと比べて早く，ゆえに飼育群は野生群よりも成長が早いと考えられる（濱田，2008）．また，飼育群には野生群で見られる体重の季節変化が見られない（藤本ほか，2011）．上野動物園（2012）の調査によれば，全国のサルの飼育群の出産は3月から10月の長期間にかけて確認され，上野動物園は7月に出産のピークがあるが，3月や10月にも出産が見られた（青木・川口，2015）．換毛は2月から11月にかけて見られ，群れによっては換毛開始から終了までに8ヵ月を要する場合があった．出産時期と換毛時期に，動物園の場所や基礎個体の産地による違いは検出されなかった．以上より，飼育下の良好な栄養状態がサル本来の繁殖・生理状態に影響したと考えられる．動物園では動物をただ健康に飼育するのみではなく，自然状態における生理・行動・社会などを可能な限り再現する努力が求められており，これらを改善するには，栄養

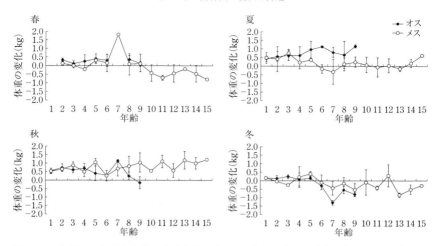

図 12.8 各年齢における体重の季節変化．春（4-6月），夏（7-9月），秋（10-12月），冬（1-3月）それぞれの前季節との体重差．春の1歳は前季節の0歳時点の記録を対象外としたためデータがない（Aoki *et al.*, 2015より改変）．

状態の季節変化を自然状態のものに近づける必要があるだろう．上野動物園では2011年以降，給餌飼料の種類と量を自然状態にならって季節変化させ，与える餌の総量を春と秋に増やし，夏と冬に減らして与えている（Aoki *et al.*, 2015）．各季節の体重を調べたところ，春と秋の体重増および冬の体重減が観察されたが，エネルギー量を大幅に減らした夏には，春からの体重減少が見られなかった（図 12.8）．この要因として，夏に局所的な日陰を利用して休息するなどの極端な運動量の低下，すなわち消費エネルギー量が低下することが示唆された．このことから，自然状態で見られる夏の体重減を再現するには，給餌飼料中のエネルギー量の操作だけでは不十分であり，夏期の運動を実現できる十分な日陰のあるスペースの確保が必要と考えられる．

12.4 今後の展望

ここまで述べてきたように，現状の飼育ザルにはさまざまな問題点があり，飼育法を見直す時期にきている．もっとも大きな課題は，群れ管理者と来園者のニーズができるだけ合致する飼育法を確立することである．飽和状態に

ある飼育頭数を考えれば，厳格な繁殖制限を実施するべきだが，動物園における群れ展示の代表ともいえるサル山で，新生子を抱く母親が見られなくなることは，多くの園館が避けたいと考えている．現在では，個々の動物園が独自の展示目的を果たすだけでは，飼育動物を維持管理することがむずかしい．日動水では，JAZA collection planを策定し，動物園動物の地域収集計画を推進している．これは，1つの動物園では繁殖や個体群管理が困難な種において，国内の動物園にいるすべての個体を1集団として考え，繁殖や個体群管理の計画を立てようとするものである．この中でサルは個体群動態を管理する種に選定されている．今後は，母系血縁集団を飼育する園館，成獣オス個体のみを飼育する園館など，各動物園が分担してサルを管理する必要がある．成獣オスのグループは野生状態でも確認されており（Nishida, 1966；第5章参照），上野動物園での単性飼育においても形成できた．成獣オスを移動することは，野生群のオスの群れの移出を再現することにもなる．また，個体群管理を優先する場合，自然状態の群れとは異なるが，普段は成獣オスが在籍しないよう母系血縁集団を管理すれば，オスの新規導入に対し敵対的に振る舞う既存のオスがいないうえ，それを交尾期に行うことで，繁殖機会を求めるメスはオスの新規導入に対する許容が広がり，スムーズなオスの群れへの加入が可能になるかもしれない．このような群れ管理が実現すれば，繁殖が必要となった場合にのみ成獣オスをほかの園館から導入することで，新規個体による遺伝子流入も可能だと思われる．

　飼育ザルの個体群管理には，今後多くの困難が予想される．そのような状況で，保全優先種とはいえないサルを動物園で飼育展示していくことに，はたして意義はあるのだろうか．その問いに対する1つの答えとして，教育普及活動がある（正田，2000）．大丸（2005）は，動物園は野生動物を展示する施設であることから，野生動物の代弁者たるべきだと述べている．サルは農作物被害などを起こすため，近年では有害捕獲頭数が年間2万頭を超えている（環境省，2016）．ヒトとサルとの軋轢について，動物園は「生」を体験できる場として，ヒトと野生動物との問題を考えるきっかけを提供できるのではないか．その目的のためには，動物園のサルが来園者の興味を惹くよう，いきいきとした姿を見せる必要がある．心身ともに健康なサルを展示するには，飼育環境における生態，行動，生理，福祉についてより深く理解す

ることが重要であり，動物園には研究意識を持って飼育に取り組み，サルと来園者双方のニーズを満たすような，魅力的な展示を行っていく努力が求められる．

引用文献
青木孝平．2013．上野動物園のサル山．どうぶつと動物園，65：18-21.
青木孝平．2014．飼育下ニホンザルの毛づくろい交渉から見た社会関係．動物園水族館雑誌，55：63-69.
青木孝平．2015a．エンクロージャからの一時的な隔離が飼育ニホンザル（*Macaca fuscata*）の順位及び社会関係に与える影響．霊長類研究，31：109-118.
青木孝平．2015b．飼育下ニホンザルの自発的な索餌行動の生起を目的とした環境エンリッチメントの効果測定．動物園水族館雑誌，55：104-110.
青木孝平・川口幸男．2015．ニホンザル亜種混合群の母系統間にみられた繁殖特性．動物園水族館雑誌，56：103-111.
青木孝平・辻大和・川口幸男．2014．飼育下ニホンザルにおける α 個体の推移．霊長類研究，30：137-145.
青木孝平・藤本卓也・川口幸男．投稿中．ニホンザル亜種間交雑群の雌の母系統間にみられた年間の体重変化の違い．動物園水族館雑誌．
青木孝平・藤本卓也・田島日出男・井上－村山美穂．2016．60 年間遺伝子流入のなかったニホンザル亜種混合群の遺伝的多様性について．動物園水族館雑誌，57：53-58.
青木孝平・藤本卓也・田島日出男・井上－村山美穂．印刷中．ニホンザル飼育下閉鎖集団における血縁個体間の交尾回避．動物園水族館雑誌．
Aoki, K., S. Mitsutsuka, A. Yamazaki, K. Nagai, A. Tezuka and Y. Tsuji. 2015. Effects of seasonal changes in dietary energy on body weight of captive Japanese macaques（*Macaca fuscata*）. Zoo Biology, 34：255-261.
大丸秀士．2005．環境教育．（日本動物園水族館協会，編：新・飼育ハンドブック 動物園編 第 4 集 展示・教育・研究・広報）pp.76-82．日本動物園水族館協会，東京．
フランクハム，R., J. P. バルー，D. A. ブリスコー（西田睦，監訳）．2007．保全遺伝学入門．文一総合出版，東京．
藤本卓也．2014．各園の飼育施設．（土居利光・成島悦夫・堀秀正，監修：ニホンザル飼育管理マニュアル）pp.31-34．日本動物園水族館協会，東京．
藤本卓也・青木孝平・横島雅一・鶴見佳史・乙津和歌・阿部勝彦．2011．飼育下ニホンザルの年齢及び年間の体重変化．動物園水族館雑誌，52：1-7.
濱田穣．2008．身体成長と加齢──ニホンザル．（高槻成紀・山極寿一，編：日本の哺乳類学②中大型哺乳類・霊長類）pp.53-75．東京大学出版会，東京．
ホージー，G., V. メルフィ，S. パンクハースト（村田浩一・楠田哲士，監訳）．2011．動物園学．文永堂，東京．
Inoue, M., F. Mitsunaga, H. Ohsawa, A. Takenaka, Y. Sugiyama, G.A. Soumah

and O. Takenaka. 1992. Paternity testing in captive Japanese macaques (*Macaca fuscata*) using DNA fingerprinting. In (Martin, R.D., A.F. Dixson and E.J. Wickings, eds.) Paternity in Primates: Genetic Tests and Theories. pp.131-140. Karger, Basel.
環境省．2016．狩猟及び有害捕獲等による主な鳥獣の捕獲数．環境省，東京．
加藤章．2014．繁殖．（土居利光・成島悦夫・堀秀正，監修：ニホンザル飼育管理マニュアル）pp.77-80．日本動物園水族館協会，東京．
川口幸男．1996．上野動物園サル山物語．大日本図書，東京．
川口幸男・大塚和夫・佐川義明・中川志郎．1971．ニホンザルの集団飼育20年の記録から．動物園水族館雑誌，13：53-57．
川村俊蔵．1958．箕面谷B群に見られる母系的順位構造──ニホンザルの順位制の研究．Primates, 1：149-156．
小山直樹．1977．ニホンザルの社会構造．（伊谷純一郎，編著：人類学講座2 霊長類）pp.225-276．雄山閣出版，東京．
宮藤浩子．1986．メスと社会変動．（森梅代・宮藤浩子，著：ニホンザルメスの社会的発達と社会関係）pp.135-171．東海大学出版会，東京．
Kurita, H., T. Shimomura and T. Fujita. 2002. Temporal variation in Japanese macaque bodily mass. International Journal of Primatology, 23：411-428.
松林清明．2005．サルと森との共生条件．京都大学霊長類研究所人類進化モデル研究センター，京都．
松岡史朗．2000．クゥとサルが鳴くとき──下北のサルから学んだこと．地人書館，東京．
松沢哲郎．1999．動物福祉と環境エンリッチメント．どうぶつと動物園，51：74-77．
三塚修平．2014．飼育の歴史．（土居利光・成島悦夫・堀秀正，監修：ニホンザル飼育管理マニュアル）pp.26-30．日本動物園水族館協会，東京．
三浦圭・白水彩・千葉司・向井猛．2001．犬用発情抑制剤（酢酸クロルマジノン；商品名ジースインプラント）を使用したニホンザルの繁殖制限について．平成13年度日本動物園水族館協会北海道ブロック春季飼育技術者研究会，演題10.
中川尚史．1994．サルの食卓──採食生態学入門．平凡社，東京．
中道正之．1999．ニホンザルの母と子．福村出版，東京．
Nishida, T. 1966. A sociological study of solitary male monkeys. Primates, 7：141-204.
大橋直也．2014．飼育管理．（土居利光・成島悦夫・堀秀正，監修：ニホンザル飼育管理マニュアル）pp.57-75．日本動物園水族館協会，東京．
庄武孝義・山根明弘．2002．ヤクニホンザルとホンドザルのマイクロサテライトDNAを標識にした遺伝的変異性の比較．ヤクニホンザルの実験動物化研究成果報告書，1-13．
正田陽一．2000．動物園における展示のあり方．（渡辺守雄・西村清和・浅見克彦・正田陽一・池上俊一・日橋一昭・中村禎里・山本茂行・柏木博，著：動物園というメディア）pp.105-129．青弓社，東京．

高江洲昇・川洋二郎・永野昌志・兼子明久・今井啓雄・岡本宗裕・下鶴倫人・坪田敏男．2013．尿道カテーテル法を応用したニホンザルの精液採取．第19回日本野生動物医学会大会，演題72．
高畑由起夫．1985．ニホンザルの生態と観察．ニュー・サイエンス社，東京．
東京都．1982．上野動物園百年史——資料編．東京都，東京．
豊嶋省二．2014．健康管理．（土居利光・成島悦夫・堀秀正，監修：ニホンザル飼育管理マニュアル）pp.88-97．日本動物園水族館協会，東京．
上野動物園．2012．国内におけるニホンザルの飼育及び個体群管理の現状．動物園水族館雑誌，52：105-115．
若生謙二．2013．熊本市動植物園，飯田市動物園に新たな展示をつくる．芸術：大阪芸術大学紀要，36：127-138．
ウォルフェンソン，S., P. ホーネス（吉田浩子，訳）．2007．サルの福祉——飼育ハンドブック．昭和堂，京都．
山本秀明・白水彩・伊藤真輝．2005．ニホンザルの精管切除術の再実施について．平成17年度日本動物園水族館協会北海道ブロック秋季飼育技術者研究会，演題4．

13 共存をめぐる現実と未来

江成広斗

　人口減少時代を迎えた日本．ニホンザル（以下サル）は人の生活圏に頻繁に侵入するようになり，被害問題は深刻化している．この要因として，昨今のサル分布拡大はよく指摘される．実際，分布拡大は個体群と群れの2つのスケールで進行している．ただし，前者は過去の乱獲や生息地破壊によって退縮した個体群の分布回復として，後者は本種の潜在的な資源選択に由来する現象としてとらえるべきもので，昨今の分布拡大はけっして「異常」な現象ではない．一方，被害問題に関わる人側の要因として，被害防除，さらには個体群や生息地の管理に関わる知見の不足や技術普及の遅れを指摘する声も少なくない．しかし，問題の主因は人口減少にともなう「空洞化」の連鎖にこそある．集落の未来に対する閉塞感は，主体的に問題解決を目指す住民の意欲を低下させている．本章では，こうした多角的視点からサル問題の発生要因を整理することで，人口減少時代における人とサルとの持続可能な共存の未来を切り開くために必要な視点を探っていく．

13.1　広がる軋轢

　連綿と続いてきた農村における日々の生活と生業は，郷愁を誘う日本固有の景観をつくりだしてきた源である．都市への人口流出により農村人口が減少に転じた高度経済成長期以降，そうした固有の景観は加速度的に消失し始めている．管理放棄された人工林，そしてその周辺には耕作放棄地や空き家が点在し，人気がなく静まり返った集落．こうした農村の景観は今や珍しくない．2011年，近代以降初めての都市域を含む全国規模の人口減少時代に

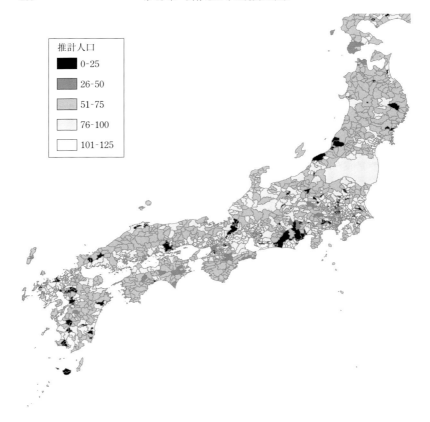

図 13.1 2015年人口を100とした2040年の地域別将来推計人口（国立社会保障・人口問題研究所による2014年3月推計結果より作成）．東日本大震災にともない人口推計が困難な福島県においては，県の平均値のみ表示．

足を踏み入れた日本の多くの地域において，過疎そして消失へと向かう景観の変化は回避できないことが予想されている（図13.1）．

農村に足を運ぶと，別の異なる景観の変化に気づく．それは，過疎化とは逆行する形で急速に導入され始めた侵入防止柵という異質な景観要素の登場である（図13.2）．この変化は，サルをはじめとする鳥獣による農業被害が，深刻な社会問題として広く認識され始めている現況を象徴している．

農林水産省が公表する統計データにもとづくと，サルによる農業被害は

図 13.2 サルの被害対策ために設置されている侵入防止柵．この写真はネット式電気柵で，6000-8000 ボルトのパルス電流が流れている．

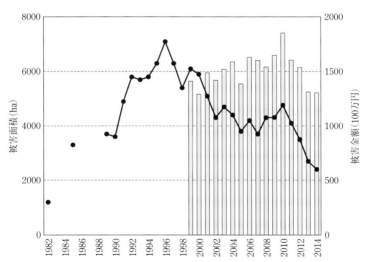

図 13.3 サルによる全国の農作物の被害面積（折れ線）および被害額（棒，1999 年以降）の推移（農林水産省公表データより作成）．

1980年ごろから全国各地で報告されている（図13.3）。被害面積はしだいに増加傾向を示し，1996年にピークを迎えた．その後，被害面積は減少傾向を示している．これは，侵入防止柵などの対策技術の普及による成果も含まれるが，サル被害多発農地における営農放棄による影響も無視できない．実際，農林水産省による農林業センサスにもとづくと，1995年に約350万戸だった全国の農家数は，2005年約280万戸，2015年220万戸へと急減している．また，農業被害額は被害面積と必ずしも一致した傾向は示さず，近年において顕著な減少傾向は見られていない．この傾向は，営農を継続する農家への農業被害が最近になってより深刻化している可能性を示唆している（江成，2016）．また，統計データは未整備だが，家屋侵入や咬傷事故といった生活被害も各地で深刻化しつつあり，サル由来の感染症の伝播に関する懸念も広がっている．

これまでしばしば誤解されてきたが，サルによるこうした被害は，現代になって初めて経験する「異常」な事態ではない．たとえば，江戸時代の日本の農村においても，サル被害は各地で認知されており，見張りや追い払いなどの多種多様な対策に着手していたことは文献調査から明らかにされている（三戸・渡邊，1999）．では，なぜ近年になってサルによる被害が「問題」として認識され始めたのだろうか．ここに解決のヒントが隠されているはずである．本章ではこの原因をサル側の生態学的要因と，人側の社会的要因の双方から紐解いていく．類似の試みは，これまでにも何度か行われてきた（たとえば，解説書としては和田，1998；三戸・渡邊，1999；渡邊，2000；室山，2003）．ここではそれら先行研究を基礎とし，近年の研究成果をさらなる足がかりにこの作業をもう一歩前進させていく．そして，冒頭で示したような「人口減少」をキーワードに，現在進行形で急変する社会環境を直視することで，サルと持続的に共存可能な未来について考えていきたい．

13.2 サルの分布拡大と問題発生

被害問題を深刻化させているサル側の要因として，本種の分布拡大がしばしば指摘される．ここで指摘される分布拡大は異なる2つの空間スケールに大別される．都府県スケールから見た「個体群の分布拡大」と，集落スケー

ルから見た「群れの分布拡大」である．これら2つのスケールの分布拡大と問題発生との関係についてまず検証する．

（1） 個体群の分布拡大

サル個体群の時系列的な分布拡大の様子は，日本の哺乳類の中でもっともよく調べられてきた．現在も採用されている5kmメッシュ（5倍地域メッシュ）の解像度で図示可能な全国規模の分布地図の作製は，1923年（長谷部言人による調査データから復元：天笠・伊藤，1978）に始まり，その後1950年（岸田，1953），1970年（竹下完によるデータから作成：渡邊，2000），1978年（古林ほか，1979），1998年（渡邊，2000；ただし九州・四国は未調査），2003年（生物多様性センター，2004），2009年（生物多様性センター，2011），2015年（環境省，2016）に行われている．東日本における近年の分布拡大に注目すると，5kmメッシュ換算で862個ある2015年現在のサルの群れ分布のうち，436個（割合にして約5割）が被害発生初期の1978年から37年間にかけての分布拡大域である（図13.4）．ただし，これらの分布拡大個所を，江戸から明治時代のサルの分布を旅行記や産物記録から復元した地図（三戸，1992；ただし北東北に限られる）と重ねると，これは新規の「分布拡大」ではなく，過去の森林伐採による生息地破壊や乱獲によって縮退した個体群の「分布回復」と解釈するのが正確である（Enari and Suzuki, 2010；江成，2013）．そのため，個体群の分布変化という現象だけを抜き出し，それを昨今の問題発生の直接的な要因として結びつけるのはやや強引である．ただし，サルが連続的に分布していた近代日本と，生息地破壊・乱獲後の回復期にある現代日本において，農村集落の生業・生活の質や規模はまったく異なるという点は無視できない．現代日本の骨格が形成され始めた戦後を起点としたサルの分布拡大の意味については，次節であらためて検討したい．

（2） 群れの分布拡大

地域住民の言葉を借りれば，「最近になって山からサルが下りてきた」という感覚で語られるのが群れの分布拡大である．実際，群れは奥山から里山へ，さらには里山から人里へと行動圏を移出させる変化が長期観察によって

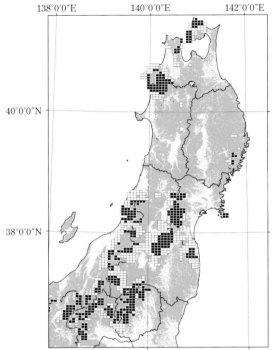

図 13.4 東日本における 2015 年現在のサルの群れ分布（環境省，2016 より作成）．1978 年から継続して分布する個所は■，新規個所は□．背景の網かけ地域は森林分布を示す．

確認されている地域も少なくない（石川県白山：滝澤ほか，1985；富山県黒部峡谷：赤座，2002；長野県志賀高原：和田，1998；岐阜県木曽：渡邊，1994；福井県若狭：渡邊，2000；神奈川県箱根：岡野，2002；青森県下北半島：三戸・渡邊，1999；青森・秋田県白神山地：江成，未発表）．サルの行動圏と人の生活圏の「近接化」は，農業・生活被害の発生頻度を高める近因になることは論をまたない．ここでは，個体群の回復期にある現代日本に時間枠を絞り，群れの分布拡大が生じている要因を，個体数増加と生息地変化の2つの視点から探っていく．

個体数増加

　異なる野生群が空間的に近接した場合，衝突回避のためにたがいにその場から離れるか，資源防衛のために闘争に至ることが知られている（Sugiura et al., 2000）．こうした同所的共存がむずかしい群間関係を持つサルにおいて，群れ数の増加を意味する群れ分裂は，結果的に群れ分布の拡大につながる（Maruhashi, 1982；伊沢，2009）．また，群れ分裂は，人為的な影響（たとえば捕獲や追い払い）にともなう突発的な社会構造の変化が生じた場合を除き，群れサイズ（群れを構成する個体数）の増加が原因であり，地域ごとの資源量に規定される群れサイズの上限値を超過した際に生じやすくなる（Yamagiwa and Hill, 1998）．

　それでは，「近接化」はサルの個体数増加によってもたらされていると考えてよいのだろうか．個体数増加を深刻化する昨今の被害問題の近因とみなすには，「過去と比べて，近年の個体数増加率は『異常』と判断できるほど高い」という仮説の妥当性が問われる．この検討において，都府県スケールで顕著な個体群の分布回復が確認されている地域は除外したい．なぜなら，東北地方のような潜在的生息地に対してサルの分布が限定的な地域（Enari and Suzuki, 2010；図13.4）は，過去と異なり，サルの個体数が環境収容力（ある生息地に維持可能な最大の個体数）に対して著しく低く，個体群成長に密度効果も作用していないため，集落スケールでも個体数が顕著に回復している場合が想定されるためである．

　純野生群の個体群動態を長期モニタリングした事例は，宮城県金華山島や鹿児島県屋久島に分布する島嶼個体群を除いて存在しない（半谷，2009）．そのため，「異常」な個体数増加の発生有無は，個体数増加につながる要因から間接的に判断せざるをえない．昨今のサルの個体数増加の要因として，①捕食者の絶滅や減少，②餌付け，③気候変動，④狩猟者減少と狩猟鳥獣からの除外，などがこれまでよく議論されてきた（渡邊，2000）．ここではそれぞれの要因の妥当性をあらためて検討する．

　　①捕食者の絶滅や減少：サルの潜在的な捕食者となりうるニホンオオカミ（*Canis lupus*）は1905年までに絶滅した．同様に，捕食者となりうる野犬（第11章参照）は1950年の狂犬病予防法の施行にと

もなう取り締まりにより大幅に減少した．捕食リスク効果（捕食されるリスクが被食者の行動様式に与える効果）からの解放は，サルを樹上や岸壁から地上を主とする生活者へと変化させたと同時に（三戸・渡邊，1999），群れサイズを小規模化させた可能性（Hill and Lee, 1998）が示唆されている．しかし，捕食者の存在が個体数増加を顕著に抑制していたことを裏づける証拠は見つかっていない．

②餌付け：1960年代以降，サツマイモ，小麦，大豆といった人工的な餌を与える計画的な餌付けは，直接観察による研究推進の目的や，野猿公苑を活用した観光振興を目的に，全国40カ所以上で行われた（Yamagiwa and Hill, 1998；三戸・渡邊，1999）．餌付けが局所的に顕著な個体数増加をもたらしたことはよく知られている（Sugiyama and Ohsawa, 1982；和田，1998）．しかし，計画的な餌付けの多くは1980年代までに中止されており，それが昨今の個体数増加に直接的に影響しているとは考えにくい．観光客などによる単発的な餌付けは一部地域で見られるが，餌付けによる農業・生活被害が激化した栃木県日光市における2000年の餌付け禁止条例の制定を皮切りに，類似の条例を定める自治体は増えている．そのため，観光客による餌付けが個体数増加におよぼす影響は限定的と考えられる．

③気候変動：サルの個体数密度を決定する要因は，餌資源の質や量が1年の中でもっとも低下し，寒さのための体温調節コストが増加する冬期（ボトルネック期）の環境条件である（Nakagawa *et al.*, 1996；Hanya, 2010）．この観点にもとづけば，暖冬・寡雪傾向はサルの個体数増加に貢献することになる．しかし，近年の気候変動にともなう暖冬・寡雪化は，複数年を単位とした移動平均から検出される傾向であり，年単位では大寒波をもたらす異常気象（爆弾低気圧）の発生頻度は高まっている（川村，2008）．大寒波はサルの出生率を大幅に低下させたり（伊沢，2009），大量死を招いたりすることがある（太郎田，2002；伊沢，2009）．このことから，近年の気候変動が個体数増加に寄与していると判断するのは早計である．

④狩猟者減少と狩猟鳥獣からの除外：狩猟者は1970年の53万人をピークに，2013年現在19万人まで大幅に減少した．また，残された

狩猟者の7割近くは60歳以上である．しかし，狩猟者の減少や高齢化はサルの捕獲数減少につながっているわけではない．サルが狩猟鳥獣であった大正から昭和初期の狩猟による捕獲数は総じて2000頭以下（林野庁狩猟統計より）であったが，狩猟鳥獣から除外された1947年以降，有害捕獲や個体数調整捕獲により捕獲数は右肩上がりで，1998年に1万頭，2010年には2万頭を突破した（環境省鳥獣関係統計より）．これは個体群の分布回復にともない，より多くの都府県で捕獲が恒常的かつより強度に行われている実態を象徴するものである（江成ほか，2015）．

　上記①-④に示したように，サルの個体数増加率が近年になって「異常」なほど高まっていることを示唆するものは見つからない．これらとは別に，農作物の採食が，サルの初期死亡率低下や繁殖率向上につながっていることもしばしば指摘される（室山，2003）．しかし，これは「近接化」が生じた近因ではなく，近接化が開始されて以降に生じうる集落近隣での個体数密度の増加を助長する要因として考えるべきである．なぜなら，奥山に分布する野生群は農作物を採食可能な餌として認識しておらず（室山，2003），集落における農作物の存在は近接化につながる誘因効果を持たないためである．
　サルの個体数増加率を評価した研究事例は少ないが，餌付け群では10-15%（Sugiyama and Ohsawa, 1982；Watanabe *et al.*, 1992），人為の影響を無視できる純野生群で5%程度（Sugiyama and Ohsawa, 1982；伊沢，2009）と考えられている．ただし，純野生群において，毎年この割合で個体数が増加し続けているわけではない．捕食者が不在で捕獲も実施されていない状況でも，個体数は減少に転じる年もある．気象条件や餌資源の豊凶などの年変動がその要因であり，このことから個体数は増減を繰り返すことのほうが常態と考えるべきである（伊沢，2009；半谷，2009）．

生息地変化

　ある一塊の森林内における総個体数に顕著な変動は見られない場合においても，それら個体の空間分布（＝個体数密度分布）は一定であると仮定することはできない．ほかの一般的な野生動物と同様に，サルの群れは，生息地

に均一に広がるのではなく，経時的に変動しながら，空間的に不均一に分布する（Enari and Sakamaki-Enari, 2013）．サルの分布に不均一性と変動をもたらす要因の1つは，異なる適性を持つ生息地の分布とその変化である．生息地の適性は，餌場・泊り場・隠れ場・水場など，その種が生存するために必要な生物的・非生物的な各種「資源」の利用可能量によって決定される．ここでは，各種資源の質や量の分布変化と，人とサルの近接化の関係を見ていきたい．

　上述した個体数増加とは異なり，生息地変化から昨今の近接化という現象を具体的に説明する研究例は少なくない．その典型は，山間地におけるリゾート施設（ゴルフ場，スキー場）やダムなどの大規模開発による生息地の「機能の消失」である（和田，1998）．とくに，ダム開発の適地である広大な集水域を背後に持つ低標高地（谷地）の山林は，サルにとって好適な生息地となっている場合が多い．そのため，ダム開発にともなう生息地の消失はサルの分布を下流方向に押し出す効果を持つことが知られている（富山県黒部ダム：赤座，2002；宮城県二ツ石ダム：伊沢，2009；青森県津軽ダム：Enari and Sakamaki-Enari, 2014）．

　生息地の変化のうち，奥山林の「機能の低下」を近接化の要因として指摘する声も多い．その典型例は，1960-1970年代に見られた政府主導の拡大造林政策である．この政策では，戦後復興期の木材需要の増加に応えるために，老齢過熟林分（老化により生産性の低い林分）と当時呼ばれていた奥山の天然林を皆伐し，その跡地に成長の早いスギやヒノキなどの一斉林施業地を大規模に造成した（太田，2012）．この結果，1950年ごろにおいて500万ha（現在の森林総面積の約20%）であった人工林は，2000年ごろに1000万ha（同面積の約40%）を超え，この半世紀で約2倍に増加したことがわかる．スギ一斉林施業が，サルの生息地，とくに餌資源の生物量におよぼす影響は知られている（Hanya *et al*., 2005；Agetsuma, 2007）．針葉樹植栽前に施される皆伐や整地作業などの強度攪乱により，好適な餌資源となりやすいパイオニア植物（たとえば液果類）は植栽初期に一時的に増加するが，植栽木による林冠閉鎖段階（スギ無間伐林の場合，暖温帯では20年程度：Hanya *et al*., 2005；冷温帯では40年程度：Sakamaki *et al*., 2011）において加速度的に減少していく．植栽から林冠閉鎖までの期間に見られる餌資源の一時的増

加は群れサイズの増加をうながし，その後の餌資源消失にともなう環境収容力の低下は群れ分裂を誘発し，群れ分布の近接化をもたらした可能性はある．こうしたプロセスを裏づける科学的データは残念ながら存在しないが，昨今の近接化を説明する有力な仮説の1つとして挙げられる（Agetsuma, 2007）．

一方，生息地の変化のうち，「機能の向上」が見られた地域もある．集落に隣接する森林，すなわち里山である．里山は生物多様性の豊かな森というイメージを抱かれやすいが，江戸期から昭和初期にかけて，森林資源の継続的かつ過剰な収奪により，実際は禿山であった地域が多い（太田，2012）．こうした禿山に加え，近代日本の里山は，採草地（柴山）として，さらには焼畑として利用されていた地域も少なくない（氷見山，1992）．こうした荒地や草地という景観は，その後，放置されて天然生林へと遷移するか，針葉樹が植栽されることで，森林へと転換していった．こうした歴史的経過は，集落近隣に広葉樹林という餌場を，さらには針葉樹林という人目を回避するために好適なカバー（Imaki et al., 2006）をモザイク状につくりだし，結果的に里山はサルにとって好適な資源のそろった生息地になったと考えられる．

このように，奥山における生息地としての機能の消失や低下，さらには里山における機能の向上は，時間的に重複し，空間的に隣接することで，「近接化」へとつながるサルの分布変化を後押しした可能性はある．

（3） そもそも「近接化」は異常か

ここまで，被害問題を招いた昨今の「近接化」の要因として，分布拡大を個体群と群れの2つのスケールから評価した．後者の群れスケールの議論では，現代日本という時間枠に限定したため，「最近になって山からサルが下りてきた」という現代の住民感覚に結びつくように，「近接化」を新たな現象としてとらえてきた．この感覚は，多くの住民が「サルを山の動物」，さらには「近接化を異常な現象」と非意識的に考えていることを意味する．サルは「森の動物」という理解に異論をはさむ余地はないだろう．しかし，「山の動物」と考えることは妥当なのだろうか．人自身や，人の生活や生業を支える無機質な土地利用というサルの資源選択に負の影響をもたらす要因を除けば，平地より山地を好むことを示唆する研究結果はない．実際，暖温帯では個体数密度の評価（屋久島において，標高300 m 以下の沿岸の常緑

樹林のほうが，標高 300 m 以上の山地の常緑樹林より 2-3 倍個体数密度は高い（Hanya, 2010））から，冷温帯では資源選択性の評価（図 13.5）から，山林よりも低標高の平地を潜在的に好むことは明らかである．

このように，「近接化」という現象はサルの基本ニッチ（捕食者や競争者が不在な土地における潜在的な資源選択）に由来するものである．そのため，この節で述べてきた近接化へとつながる要因は，直接の駆動因というよりも，「サルの実現ニッチ（捕食者や競争者による制約のもとで達成可能な資源選択）を基本ニッチに近づけた」と判断するのが正確である．ここの議論をさらに深めるためには，実現ニッチに制約をもたらし，近接化という現象をこ

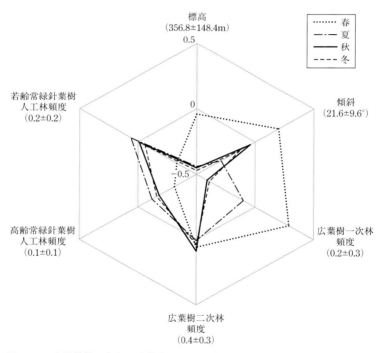

図 13.5 冷温帯林の奥山に分布するサルの群れのニッチ辺縁因子の係数の比較（Enari and Sakamaki-Enari, 2013 より作成）．正／負の係数値は，各環境条件に対する正／負の選択性を示す．カッコ内の数値は調査地全体の平均と SD．春を除き，高標高域に多く分布する一次林（おもにブナ）よりも，低標高平坦地にある広葉樹二次林をより好むことは明らかである．

れまで阻んできた近因である「人」に焦点をあてる必要がある．次の 13.3 節では，昨今の人口減少にトピックを展開し，被害問題における人側の要因（ヒューマン・ディメンション：桜井・江成，2011）に踏み込む．

13.3 人間社会の空洞化と問題発生

　問題の現場である農山村では，高度経済成長期以降，都市への若者流出（人口の社会減）にともなう人口減少と少子高齢化が顕在化し始めた．そして，人口減少時代（人口の自然減）を迎えた今，全国規模で縮小社会が始まったことを意味する．人口の維持もしくは増加傾向が現在見られる一部の大都市も，将来的には例外ではない．あまり現実味はない仮定だが，なんらかの人口政策により，日本の合計特殊出生率（女性 1 人あたり生涯産子数．2015 年現在 1.46）が人口置換水準（人口が増減せず，均衡状態になる合計特殊出生率）である 2.07 を超えたとしても，その後数十年間，人口減少は止まらない．UIJ ターン（人口還流）の促進政策などによって，人口減少対策に成果が見られる自治体もある．しかし，この成功は，結果的にほかの自治体の人口減少をさらにひっ迫させる可能性がある．繰り返すが，日本は都市を含め，全国規模で人口減少が始まったのである．

　人口減少時代における地域の衰退は，人の空洞化（人口の社会減・自然減），土地の空洞化（農林地の荒廃），むらの空洞化（集落機能の脆弱化．「むら」という表記は，行政単位ではないことを意味する），そして誇りの空洞化（その地域に誇りを持ち，居住を継続する意志の喪失）の順に連鎖的に発生することが指摘されている（小田切，2009）．ここではこの空洞化の連鎖に対応させる形で，現代日本におけるサルの分布拡大がもたらす影響を浮き彫りにする．

（1）　人の空洞化

　慣れによってその程度は変化するが，野生状態にあるサルは基本的に人を恐れ，至近距離で相対すれば逃避行動を示す．また，農業被害を発生させる主要な日本の哺乳類の中で，サルは唯一明瞭な昼行性である．そのため，日常的に生活や生業を営む人さえ集落に確保できれば，基本的に対応が容易な

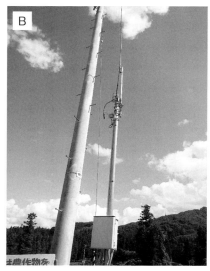

図 13.6　接近警報システム．当該システムを作動させるためには，猿害群に属するメス成獣を捕獲し，VHF 発信機をとりつけると同時に（A），被害発生集落の見晴らしのよい場所に固定型アンテナ設備を事前に設置する必要がある（B）．

動物である．しかし，それゆえに，人の確保を困難にさせる人の空洞化は，サルの「近接化」が開始される第一歩になったと考えられる．ただし，この段階であれば，対策において人の省力化が可能な技術（たとえば，侵入防止柵や接近警報システム：図 13.6）の導入により対処は可能である．

（2）　土地の空洞化

人の空洞化の初期で見られる都市への人口流出（人口の社会減）は，農林地を管理する後継者不足に直結する．その結果，多くの農林地が放棄されていく段階が土地の空洞化である．1980 年代後半から各地で顕在化し始めた現象である（小田切，2009）．林地の管理放棄は，13.2 節（2）項で指摘したように，里山をサルにとって好適な環境へと転換させ，集落侵入の足がかりを提供することになる．あわせて，農地の耕作放棄は，集落のまさに内部に餌場や隠れ場という資源を提供することになり，侵入行動に対するサルの心理的障壁を低下させる．耕作放棄が歯抜け状に発生すると，複数農地を集

13.3 人間社会の空洞化と問題発生　　279

約して設置した侵入防止柵の管理は困難になりやすい．また，集落内外に隠れ場が増えることによって，たとえ接近警報システムを導入しても，効果的な追い払いがむずかしくなる．

(3) むらの空洞化

集落としての機能を維持するためには，個人による日常的な自助（たとえば自宅脇の草刈り）だけではなく，地域内組織の互助（隣近所で実施する集落道脇の草刈りやため池管理など），地域住民全体による共助（生産活動や

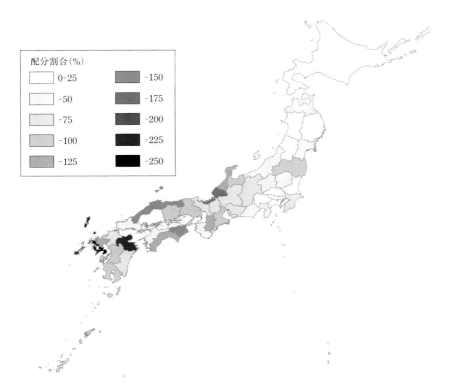

図 **13.7** 鳥獣による農業被害総額（平成26年度）に対する鳥獣被害防止総合対策交付金配分額の割合（平成28年度）．被害開始年代が相対的に早かった西日本において配分割合が高く，被害総額を上回る交付金を受け取っている自治体も見られる（農林水産省公表データより作成）．

福祉活動などを効率化するための制度化された協同組合など），行政支援を意味する公助の4つが必要である．人の空洞化により自助が果たせる役割が制限され，土地の空洞化により互助や共助としての活動は停滞していく．こうした集落機能の喪失という変化は1990年代初頭からすでに各地で確認され始めている（小田切，2009）．本来農作業の一環であるサルの被害対策（三戸・渡邊，1999）は，自助・互助・共助を基本として進められるべきものであるが，それが立ち行かなくなるのが「むらの空洞化」である．

　空洞化が進む集落における被害対策において，公助が果たす役割が年々高まっている．これは補助金や交付金の近年の増額傾向からも明らかで，今や農業被害額以上の対策予算が組まれている地方自治体もある（図13.7）．しかし，公助だけでは被害問題は解決しない．たとえば，行政施策（公助）として，その地域に生息する群れに発信機を装着し，接近警報システムを導入する事例は各地で見られる．しかし，警報による知らせを受けて，群れを実際に追い払うのは自助・互助・共助のいずれかの役割であるため，むらの空洞化が進行し，それらの役割を満足に果たせない地域では，こうした公助は機能しない．

　類似の事例として，各地方自治体で実施されている森林環境税を用いた里山林整備事業（地域により若干名称は異なる）も挙げられる（図13.8）．この事業では，かつて人と野生動物の領域境界線となっていた緩衝帯機能を持

図 **13.8**　里山林整備事業として，林縁部の森林を高木も含めて帯状伐採した地域（A）と，下刈りのみ実施した地域（B）の例（ともに山形県）．こうした強度攪乱は，継続的な管理が継続されない場合，整備作業以前よりマント・ソデ群落（つる植物や灌木）が繁茂し，サルにとってより好適な環境が形成されやすい．

つ里山を再生させるために，林縁部において大規模な間伐や下刈りを公助により支援するというものである．一般的に，公助による財政支援は短期的である．そのため，事業終了とともに予算や担い手を集落内で確保できず，里山の整備作業が滞る地域は少なくない．従来，里山は管理することが目的ではなく，その地の生活や生業の影響を受けて，結果的に生じた空間である．そのため，生活や生業と結びつけられない，形だけの里山（緩衝帯）の維持や再生活動において，その日常的な管理コストは空洞化した集落にとって重荷になっている．

（4） 誇りの空洞化

人・土地・むらの空洞化が進むことにより，集落に対する住民の誇りは失われ，生活や生業を継続することへの意欲は低下する．これが誇りの空洞化である（小田切，2009）．サルの被害対策は，それを実施すること自体は目的ではない．基本的には「被害発生地における生活や生業を維持させること」を目的とした手段である．誇りの空洞化が生じた集落において，その目的を達成する動機や意欲は概して低い．13.3節（3）項で示した公助による支援強化により，目的はたとえ曖昧であっても，手段としての被害対策は半ば強制的に進められている集落は少なくない．しかし，住民合意にもとづく目的のない対策では，それを公助により無理に進めても，住民は満足感を得ることはできない（江成，2016）．誇りの空洞化にともない，サルだけでなく，被害対策事業そのものが，空洞化する集落をさらに疲弊させていく．これが人口減少時代にともなう空洞化の連鎖がもたらした今日の被害問題の実態である．

13.4　未来を創造する

野生動物の保護や人との軋轢調整のための科学技術体系として野生動物管理がある．この分野では，被害防除・個体数管理・生息地管理の3つが基層となっている．サルの被害防除に関する科学や技術は長年にわたり蓄積されており，多様かつ実用的なオプションはこれまでも提示されてきた（渡邊，2000；室山，2003；鈴木ほか，2016）．また，図13.7で示したように，そう

した被害防除の普及を後押しする公助（行政による被害対策研修会の開催や，侵入防止柵設置費用の補助など）も近年急速に拡大している．一方で，個体数管理と生息地管理に関わる研究は乏しく，残された課題としてこれまで指摘されてきた．しかし，個体数管理において，選択捕獲・部分捕獲・群れ捕獲といった，サルの加害レベルに応じた捕獲オプションが近年提案され（鈴木ほか，2016），すでに実用段階に入っている（たとえば，2016 年に公表された環境省によるサル保護管理のためのガイドライン https://www.env.go.jp/nature/choju/plan/plan3-2d/ に掲載されている）．個体群の保護に関する基準づくり（たとえば最小存続可能個体数）については課題として残されているが，勘や経験を頼りに実施されてきた捕獲の現場において，捕獲オプションの整理とその適用範囲の提示は大きな前進である．生息地管理においては，昨今の地理情報システムや空間統計学の進展にともない，環境改変や，それに対する代償措置としての森林再生がサルの生息地におよぼす影響を可視化する環境アセスメント（生息地評価手続き）が可能になっている．適用例はまだ限られるが，生息地を対象とした，大規模ダム開発の影響やスギ一斉林施業地の異なる管理シナリオの比較を扱った評価はすでに試みられている（Enari and Sakamaki-Enari, 2014）．

　管理の 3 つの基層に関わる科学や技術の進展とは裏腹に，サル被害問題は解決に向かっているという確かな実感を私たちの多くは得ていない．この原因として，詰まるところ，13.3 節で述べた人口減少にともなう空洞化の連鎖を想定して，管理のための科学や技術が形づくられてきたわけではないこと，さらには「なにをもって問題は解決したとみなすのか」について，多くの利害関係者が合意できる達成可能な目標像を持ち合わせていないこと，が考えられる．当面は実施可能な優れた管理オプションでも，将来を見通すと継続できないものも少なくない．その土地で人が生活する限り，管理は継続されなければならない．一時的な被害軽減では，地域の生活や生業の維持は望めない．

　人口減少時代に適合した管理を推進する方向性として，管理に要する人的・経済的コストの徹底した削減が挙げられる．これは集落ごとの自助・互助・共助が求められる被害防除だけでなく，公助として実施される個体数管理や生息地管理においても同様である．しかし，右肩下がりの担い手減少を

受けて，管理コストの削減は際限なく要求される．科学や技術の今後の進展を考慮したとしても，その要求に今後も応え続けることはほんとうにできるのだろうか．

　ここで発想の転換が求められる．人口減少がもたらす諸問題に現実的に対処していくために，拡大社会から縮小社会へのパラダイム・シフトを受け入れること，すなわち「生活や生業を今のまますべてを維持することはもはや困難である現実」を直視することが第一歩である．そこで，サル被害問題への対処として，管理コストの削減を管理に関わる科学や技術だけに求めるのではなく，人口減少に適合した土地利用再編（集約化）にも求めていく必要があるだろう（江成，2010）．これは，既出の被害問題に対応する管理コストを削減するだけでなく，潜在的に発生しうる被害問題（軋轢）の総量そのものを減少させていくという発想である．現代日本の土地利用は，過去の乱獲や生息地破壊により，サルをはじめとした多くの大型哺乳類が不在の中でその骨格が計画されてきた経緯がある．野生動物が人間社会にもたらす脅威を想定した土地利用計画は，当時の日本において不要であったためである．その結果，不規則に広がった人の生活圏は森林内にも複雑に配置され，野生動物との軋轢が生じる林縁（＝両者の領域境界線）は野放図に延長された．人が減り動物が増える現代，そしてその傾向が加速する未来，多様化し深刻化する野生動物がもたらす脅威は，国土利用を考えるうえでもはや軽視できない段階にある．

　土地利用再編はもはや机上の空論ではない．人口減少時代に適合する国土利用に関して，すでにさまざまな研究分野で議論は開始され，国レベルの政策検討も進められている（林・齋藤，2010；広井，2013；増田，2014）．今が問題解決の好機である．空洞化が生じる人口減少時代だからこそ，土地利用再編は地域の将来ビジョンを策定する際の選択可能なオプションとなるからである．希望ある集落の将来ビジョンは「誇りの再建」に不可欠である（林・齋藤，2010）．そして，「誇りの再建」は，被害問題に対して前向きな解決目標を住民が主体的に検討する足がかりとなる．世界に先駆けて人口減少時代を迎えた日本だからこそ，サルを含む森林動物との「新たな共存」を模索する未曾有の挑戦が必要であり，それを直接的に支えるための科学や技術，さらには合意形成を促進するための制度づくりが今求められている．

引用文献

Agetsuma, N. 2007. Ecological function losses caused by monotonous land use induce crop raiding by wildlife on the island of Yakushima, southern Japan. Ecological Research, 22：390-402.

赤座久明．2002．ダムに追われるニホンザル．（大井徹・増井憲一，編：ニホンザルの自然誌）pp.117-140．東海大学出版会，東京．

天笠敏文・伊藤仁子．1978．大正時代のニホンザルの分布──長谷部アンケート調査による．にほんざる，4：96-106．

江成広斗．2010．森林の野生動物の管理を変える．（林直樹・齋藤晋，編：撤退の農村計画──過疎地域からはじまる戦略的再編）pp.154-161．学芸出版，京都．

江成広斗．2013．東日本におけるニホンザルの分布変化に影響する社会・環境要因．哺乳類科学，53：123-130．

江成広斗．2016．サル問題の「解決」に向けた次の一手．（關義和・丸山哲也・奥田圭・竹内正彦，編：とちぎの野生動物──私たちの研究のカタチ）pp.239-243．随想舎，栃木．

Enari, H. and T. Suzuki. 2010. Risk of agricultural and property damage associated with the recovery of Japanese monkey populations. Landscape and Urban Planning, 97：83-91.

Enari, H. and H. Sakamaki-Enari. 2013. Resource use of Japanese macaques in heavy snowfall areas：implications for habitat management. Primates, 54：259-269.

Enari, H. and H. Sakamaki-Enari. 2014. Impact assessment of dam construction and forest management for Japanese macaque habitats in snowy areas. American Journal of Primatology, 76：271-280.

江成広斗・渡邊邦夫・常田邦彦．2015．ニホンザル捕獲の現状──全国市町村アンケート結果から．哺乳類科学，55：43-52．

古林賢恒・岩野泰三・丸山直樹．1979．カモシカ・シカ・ヒグマ・ツキノワグマ・ニホンザル・イノシシの全国的生息分布ならびに被害分布．生物科学，31：96-112．

半谷吾郎．2009．霊長類の個体群動態──長期調査に基づく個体数変動．霊長類研究，24：221-228．

Hanya, G. 2010. Ecological adaptations of temperate primates：population density of Japanese macaques. In（Nakagawa, N., M. Nakamichi and H. Sugiura, eds.）The Japanese Macaques. pp.79-97. Springer, Tokyo.

Hanya, G., K. Zamma, S. Hayaishi, S. Yoshihiro, Y. Tsuriya, S. Sugaya, M. Kanaoka, S. Hayakawa and Y. Takahata. 2005. Comparisons of food availability and group density of Japanese macaques in primary, naturally regenerated, and plantation forests. American Journal of Primatology, 66：245-262.

林直樹・齋藤晋（編）．2010．撤退の農村計画──過疎地域からはじまる戦略的再編．学芸出版，京都．

Hill, R. and P. Lee. 1998. Predation risk as an influence on group size in cercopi-

thecoid primates: implications for social structure. Journal of Zoology, 245: 447-456.
氷見山幸夫．1992．日本の近代化と土地利用変化（文部省科学研究費重点領域研究——近代化と環境変化）．北海道地図，北海道．
広井良典．2013．人口減少社会という希望——コミュニティ経済の生成と地球倫理．朝日新聞出版，東京．
Imaki, H., M. Koganezawa and N. Maruyama. 2006. Habitat selection and forest edge use by Japanese monkeys in the Nikko and Imaichi area, central Honshu, Japan. Biosphere Conservation, 7: 87-96.
伊沢紘生．2009．野生ニホンザルの研究．どうぶつ社，東京．
環境省．2016．平成 27 年度ニホンザル保護及び管理に関する検討会資料．環境省，東京．
川村隆一．2008．大気海洋相互作用からみた気候変動．地学雑誌，117: 1063-1076.
岸田久吉．1953．代表的林棲哺乳動物ホンザル調査報告書．農林省林野庁，東京．
Maruhashi, T. 1982. An ecological study of troop fissions of Japanese monkeys (*Macaca fuscata yakui*) on Yakushima Island, Japan. Primates, 23: 317-337.
増田寛也．2014．地方消滅．中公新書，東京．
三戸幸久．1992．東北地方北部のニホンザルの分布はなぜ少ないか？　生物科学，44: 141-158.
三戸幸久・渡邊邦夫．1999．人とサルの社会史．東海大学出版会，東京．
室山泰之．2003．里のサルとつきあうには．京都大学学術出版会，京都．
Nakagawa, N., T. Iwamoto, N. Yokota and A.G. Soumah. 1996. Inter-regional and inter-seasonal variations of food quality in Japanese macaques: constraints of digestive volume and feeding time. *In* (Fa, J.E. and D.G. Lindburg, eds.) Evolution and Ecology of Macaque Societies. pp.207-234. Cambridge University Press, Cambridge.
小田切徳美．2009．農山村再生——「限界集落」問題を超えて．岩波書店，東京．
岡野美佐夫．2002．温泉街に棲む．（大井徹・増井憲一，編：ニホンザルの自然誌）pp.155-176．東海大学出版会，東京．
太田猛彦．2012．森林飽和——国土の変貌を考える．NHK 出版，東京．
Sakamaki, H., H. Enari, T. Aoi and T. Kunisaki. 2011. Winter food abundance for Japanese monkeys in differently aged Japanese cedar plantations in snowy regions. Mammal Study, 36: 1-10.
桜井良・江成広斗．2011．ヒューマン・ディメンションとは何か——野生動物管理における社会科学的アプローチの芽生えとその発展について．ワイルドライフ・フォーラム，14: 16-21.
生物多様性センター．2004．種の多様性調査——哺乳類分布調査報告書．環境省，東京．

生物多様性センター．2011．平成 22 年度自然環境保全基礎調査　特定哺乳類生息状況調査及び調査体制構築検討業務報告書．環境省，東京．
Sugiura, H., C. Saito, S. Sato, N. Agetsuma, H. Takahashi, T. Tanaka, T. Furuichi and Y. Takahata. 2000. Variation in intergroup encounters in two populations of Japanese macaques. International Journal of Primatology, 21：519-535.
Sugiyama, Y. and H. Ohsawa. 1982. Population dynamics of Japanese monkeys with special reference to the effect of artificial feeding. Folia Primatologica, 39：238-263.
鈴木克哉・江成広斗・山端直人・清野紘典・宇野壮春・森光由樹・滝口正明．2016．人とマカクザルの軋轢解消にむけた統合的アプローチを目指して．哺乳類科学，56：241-249．
滝澤均・伊沢紘生・志鷹敬三・水野昭憲．1985．白山地域に生息するニホンザルの個体数と遊動域の変動について——その 4．石川県白山自然保護センター研究報告，16：49-63．
太郎田均．2002．豪雪の谷に生きる．（大井徹・増井憲一，編：ニホンザルの自然誌）pp.93-116．東海大学出版会，東京．
和田一雄．1998．サルとつきあう——餌付けと猿害．信濃毎日新聞社，長野．
渡邊邦夫．1994．木曽研究林のニホンザル——これまでの研究史と野生ニホンザルをめぐる諸問題．（渡邊邦夫，編：野生ニホンザルの近年における人里への接近と行動の変容にかかわる調査研究——平成 5 年度科学研究費補助金　一般研究 C 研究成果報告書）pp.5-26．文部科学省，東京．
渡邊邦夫．2000．ニホンザルによる農作物被害と保護管理．東海大学出版会，東京．
Watanabe, K., A. Mori and M. Kawai. 1992. Characteristic features of the reproduction of Koshima monkeys, *Macaca fuscata fuscata*：a summary of thirty-four years of observation. Primates, 33：1-32.
Yamagiwa, J. and D. Hill. 1998. Intraspecific variation in the social organization of Japanese macaques：past and present scope of field studies in natural habitats. Primates, 39：257-273.

14
福島第一原発災害による放射能汚染問題

羽山伸一

　2011年3月11日に発生した東日本大震災にともなう東京電力福島第一原子力発電所の爆発によって，大量の放射性物質が放出された．福島県東部地域では，土壌1m^{2}あたりに数十万から数百万Bqの放射性物質が沈着し，放射能の影響は人の生活や健康だけではなく，地域の野生動物や生態系へもおよぶと懸念されている．これまでに，さまざまな野生動物を対象とした影響調査が行われてきたが，観察された動物の異常と放射性物質による被ばくとの明白な因果関係を明らかにした研究は現状では少ない．本章では，福島市に生息する野生ニホンザル（以下サル）を対象として，被ばくの実態や健康影響について，これまでに発表した研究の概要を紹介する．

14.1　原発の爆発と放射能汚染

　2011年3月11日に発生した東日本大震災の地震と津波で，東京電力福島第一原子力発電所（以下，原発）は全電源喪失に陥った．その結果，12-15日に相次いで起こった炉心溶融による水素爆発で，東日本の広大な地域は原発から放出された放射性物質で汚染された．この放射性物質の放出は，INES（国際原子力事象評価尺度）でもっとも深刻な「レベル7」と評価され，このレベルの原子力災害は1986年のチェルノブイリ原発の事故に次いで人類史上2例目となった．

　とりわけ福島県東部地域は，土壌1m^{2}あたりに数十万から数百万Bqの放射性物質が沈着し，16万人以上の住民が避難を余儀なくされた．しかも，この原発災害による影響は，人間の生活や健康だけではなく，地域の野生動

物や生態系へもおよぶと懸念されている．これまでに，アブラムシ類（*Tetraneura sorini, T. nigriabdominalis*；Akimoto, 2014），ヤマトシジミ（*Zizeeria maha*；Hiyama et al., 2012），ツバメ（*Hirundo rustica*；Møller et al., 2012），コイ（*Cyprinus carpio*；Suzuki, 2015），ネズミ類（*Apodemus argenteus, Mus musculus*；Kubota et al., 2015）などを対象とした影響調査が行われ，徐々にその実態が明らかになりつつある．しかし，観察された動物の異常と放射性物質による被ばく（以下，被ばく）との明白な因果関係を明らかにした研究は現状では少なく，結論が出ているわけではない．

筆者らの研究チームは，この原発災害に関連した野生動物問題，とりわけ被ばくによる野生ザルの健康影響について調査を行ってきた．いまだ研究途上であるが，本章ではこれまでに発表した筆者らの研究（羽山，2012；Hayama et al., 2013；Ochiai et al., 2014；羽山，2015）の概要を紹介したい．

ただし，筆者らは放射性物質や放射能影響の専門家ではない．こんな原発災害が起こらなければ，おそらく一生このような研究分野には足を踏み入れなかったと思う．しかし，不幸にも筆者らは未曾有のこの災害に立ち会ってしまった．現場を知る者が見過ごすことはできないという単純な使命感だけで，この研究に取り組み始めたわけだが，同時に，こんな大きな問題に専門外の人間が関わってよいのかという恐れを抱いたのも事実だ．それでも，立ち会ってしまった者しか残せない事実が必ずあると筆者らは考えた．

後になって聞けば，福島の現場で調査を継続している野生動物の研究者たちも同じ思いだったようだ．そんな状況から始まった研究なので，専門家から見れば不十分な内容かもしれない．読者には，これらの点をご理解いただけると幸いである．

14.2　研究のきっかけ

筆者は，獣医学を立ち位置として，野生動物と人間が共存するための科学である野生動物学を専門としている．これまで日本産希少野生動物を中心に研究してきたが，学位論文を指導していただいた和秀雄先生がサルの研究者だったこともあり，筆者が一番長く関わってきた動物はサルである．

筆者が研究を始めた30年前，第二次世界大戦までの乱獲の影響などでサ

ルの地域個体群は各地で分断され，IUCN（国際自然保護連合）のレッドリストでは絶滅危惧種にリストされていた．1947年にサルが狩猟鳥獣から除外されたことによる捕獲規制の効果もあり，個体数の回復が見られる一方で，サルによる農作物被害も深刻化しつつあった．すでに年間数千頭のサルが有害捕獲されていたが，当時は野生状態での個体群動態すらほとんど研究がなかった．

そこで筆者は，捕殺されたサルを分析することで野生個体群の妊娠率や性成熟年齢などの繁殖生物学的パラメータを明らかにする研究に取り組み始めた（Hayama et al., 1997）．野生のサルはもともと繁殖率が低いはずだが，当時は餌付け群と一部の野生群を対象とした直接観察のデータしか知られていなかった．また，農作物を荒らすようになったサルでは，繁殖率が上昇する傾向にあると考えられていたが，どのようなメカニズムで繁殖率が変化するかなど，不明なことはたくさんあった．

とりわけ，筆者が関心を持ったのは雪国のサルたちだ．雪国に生息するサルは，Snow monkeyと呼ばれ，世界最北限の野生霊長類である．本来，熱帯から亜熱帯起源の霊長類が，雪国の厳しい環境に適応してきたとはいえ，どのように子孫を残しているのかなど興味は尽きない．もっとも，長らく雪国のサルは絶滅危惧個体群と評価され，捕獲数も少なかったため，当時は関東以南のサルを中心に研究を進めることにした．

ようやく，今世紀に入ったころには南東北地方や青森県などで個体数が回復し，2008年に環境省のレッドリストから削除されるまでになった．一方で，地域的に深刻な農作物被害や人身被害が発生しており，雪国のサルをふたたび絶滅危惧個体群にすることなく人間社会との共存が可能な対策は重要な研究課題となっている．

本章の舞台である福島県は，2007年に鳥獣の保護及び狩猟の適正化に関する法律（現在は，鳥獣の保護及び管理並びに狩猟の適正化に関する法律）にもとづくニホンザル保護管理計画（現在は，ニホンザル管理計画）を策定し，安定的な個体群を維持することを前提に，市町村が適切な実施計画を策定して個体数調整を行う方針を示した．そこで，福島市では果樹を中心に年間1億円以上の農作物被害が発生していたため，この計画にもとづいてサルの個体数調整に踏み切った．一方で，雪国のサルの繁殖率は低いと予想され，

個体群管理は慎重に行う必要があると考えられたことから，2008年から筆者らの研究グループは福島市と連携して，捕殺されたサルの性年齢構成や妊娠率などの個体群管理学的な調査を開始した（Hayama et al., 2011）．

こうして筆者らは毎年，福島へ通うようになったわけだが，2011年3月，福島のサルたちは世界で初めて原発災害で被ばくしたヒト以外の霊長類となった（図14.1）．この事態を受けて，いったいサルたちがどれほど被ばくし，そして彼らの健康にどのような影響があるのか，その実態を明らかにすべく，筆者らは東日本大震災発生の約1カ月後（2011年4月）から長期的なサルの健康影響調査に乗り出した．

雪国のサルは，50-100頭程度の母系の群れで約4-27 km^{2}の行動圏内に定着して暮らす（Wada and Ichiki, 1980; Imaki et al., 2000; Enari and Saka-maki-Enari, 2013）．オスは5歳くらいで性成熟に達すると群れから離脱してハナレザルとなり，放浪生活を始める．一方でメスは生涯を生まれた群れで過ごす．30年近く生きる個体もあり，日本産野生動物の中では長寿命といってよい．

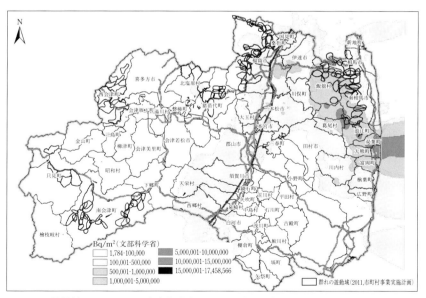

図14.1 放射性セシウムの土壌沈着濃度とサルの群れ分布．

このように，強い定着性と長寿命という生物学的特質から，いまだに評価が定まらない低線量長期被ばくによる生物影響を明らかにするためには，サルを研究対象にすることは意義深い．また，人間と分類学的にもっとも近縁な動物であるため，サルの研究成果は人間の低線量長期被ばくの健康影響に対しても重要な知見を提供できるかもしれないと，筆者らは考えた．

ただし，筆者らの調査は福島市のサルに限定されている．図14.1からも明らかなように，高濃度に放射性物質で汚染された原発周辺地域にも多くのサルの群れが生息しているので，本来であればこうしたサルを調査すべきだろう．しかし2011年当時には，この地域へ立ち入ることすら許されず，また福島市と違って，ほとんどのサルの群れに発信機が装着されていなかったため，追跡が困難であった．2013年からは，東北大学の福本学教授（当時）らの研究チームが，南相馬市などで捕獲された個体の収集を始めているため（Takahashi *et al.*, 2015），この地域に生息するサルの健康影響が順次明らかにされるものと期待している．

14.3 被ばく量の推定

(1) 筋肉中セシウム濃度の経時的変化

チェルノブイリ原発災害における野生動物の被ばく影響の研究では，被ばく個体の筋肉中セシウム濃度を測定し，その蓄積濃度にともなって変化する生物影響を明らかにする手法がおもに採用されていた．

そこで，まず福島市で捕殺されたサルの骨格筋（以下，筋肉）1 kg あたりの放射性セシウム（^{134}Cs + ^{137}Cs，以下セシウム）濃度を測定することにした．図14.2は，2011年4月から2012年10月までの測定結果を経時的に示したものである．筋肉中セシウム濃度は，2011年4月に10000から25000 Bq/kg ともっとも高い濃度を示した．その後3カ月あまりかけて1000 Bq/kg 程度にまでいったん減少したが，2011年12月から2000から3000 Bq/kg に達する個体が散見された．越冬後の2012年4月以降では，ふたたびほとんどの個体で1000 Bq/kg 以下に低下した．筋肉中セシウム濃度が冬期間に上昇した現象（Hayama *et al.*, 2013）は，2012年度も観測された

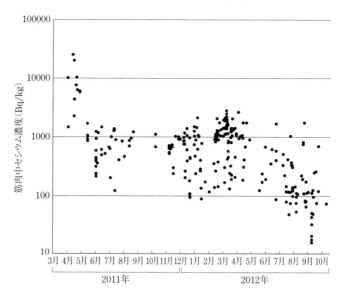

図 14.2 福島市のサルにおける筋肉中セシウム濃度の経時的推移 (2011年4月から2012年10月までの測定結果).

が, それ以降は漸減する傾向にある (図 14.3).

　サルの筋肉中セシウム濃度が冬期間に上昇したのは, より高濃度にセシウムが蓄積した植物を彼らが採食していたからだと考えられる. ノルウェーのトナカイ (*Rangifer tarandus*) では, チェルノブイリ原発災害後, 筋肉中セシウム濃度が冬期間に上昇する季節変動を示すことが明らかとなっている (Eikelmann et al., 1990). これは, トナカイが冬期間に食べるコケ類に高濃度のセシウムが含まれるためと考えられている. 福島市のサルが生息する地域は, 落葉広葉樹林が主体の森林で, 冬期間に積雪が 1-3 m 程度ある. そのため, 冬期間におけるサルの食物は, 冬芽や樹皮の形成層が主体となる (Watanuki et al., 1994; Tsuji et al., 2015). セシウムは, 土壌から樹木に吸収され, 冬芽や形成層などに高濃度で蓄積することが明らかとなっている (Yoshida et al., 2011). したがって, これらが主食となる冬期間では, サルのセシウム摂取量は上昇するため, その結果として筋肉中セシウム濃度の高い個体が観測された可能性がある.

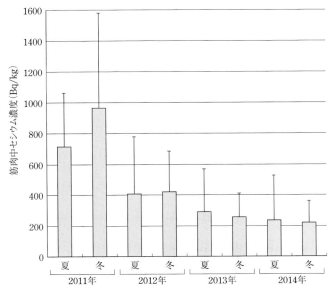

図 14.3　福島市のサルにおける筋肉中セシウム濃度の季節的変化.

（2）　筋肉中セシウム濃度と土壌汚染レベルの関係

　研究を開始した時点では，筆者らはサルの個体レベルにおける被ばく量を高い精度で推定可能であると予想した．なぜなら，サルは定着性が高いため，その外部被ばく量は捕獲地点における空間線量や放射性物質の土壌沈着量で代用可能と考えたからだ．これらは文部科学省などが地図化して公表しているので，それぞれの地図データを利用できる．一方で，内部被ばく量を個体ごとに追跡することは不可能だが，土壌沈着量のレベルが同等のエリアで捕獲されたサルの放射性物質蓄積量を経時的に追跡すれば，エリアごとの累積被ばく量が推定可能であると考えた．

　そこで，文部科学省が公表しているセシウムの土壌沈着量データ（2011年7月2日換算）とサルの捕獲地点を地理情報システム（GIS）でラスター変換して，捕獲地点のセシウム土壌沈着量を推定した（図 14.4）．この推定値と捕獲個体の筋肉中セシウム濃度とを比較した．その結果，土壌沈着量と筋肉中セシウム濃度には有意な相関が認められた（図 14.5）．一方で，同一

第 14 章　福島第一原発災害による放射能汚染問題

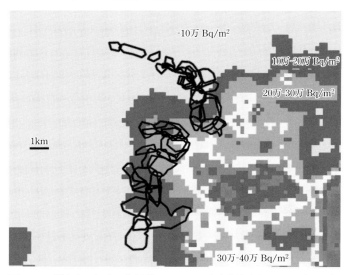

図 14.4　福島市における放射性セシウム土壌沈着濃度とサルの群れ分布.

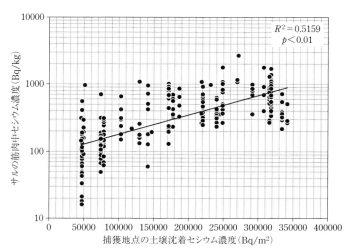

図 14.5　サルの捕獲地点における土壌中セシウム濃度と筋肉中セシウム濃度の関係（2012 年度のデータ）.

地点で捕獲されていても，筋肉中セシウム濃度の個体差が10倍以上あったことから，季節変動のみならずセシウム摂取量に大きな個体差があると推察される．また，サルの筋肉中セシウム濃度が2013年以降に顕著な季節変動を示さなくなったのは，セシウムの物理的半減期にしたがって筋肉中濃度が低下するとともに，季節変動が個体差より小さくなったためと考えられた．

　セシウムの生物学的半減期は動物の体重に比例し，サルの場合，約3週間程度と考えられ，筋肉中セシウム濃度は捕獲前数週間に採食したものの汚染レベルが反映される．しかも，環境中に放出された放射性物質をどのように野生動物が摂取するのかを個体レベルで知ることはほぼ不可能である．また，セシウム以外の放射性物質による被ばく量は不明であり，とくに半減期が短いものは推定が困難である．このことは，筋肉中セシウム濃度をトレースすることで推定される内部被ばく量は，土壌汚染レベルが大きく異なる地域での相対的な差として利用することができるとしても，実際の被ばく量を必ずしも反映していないことを意味している．実際，福島の現場で空中線量を計測すると，数m離れただけで大きく線量率が変化するのがわかる．また，野生生物における放射性物質の蓄積濃度は種差や個体差が大きく，いまだに生態系における放射性物質の挙動は十分明らかにされていない．したがって，放射性物質で汚染された食物しか食べることができない野生動物では，累積被ばく量を正確に知ることは困難であるといわざるをえない．

14.4　健康影響

　福島市のサルにおける相対的な被ばく量の経時的変化を明らかにすることはできたが，その結果から過大に見積もっても，被災直後は別として，せいぜい年間数十mGy程度（全身X線CT検査1回分が約10 mGyに相当）の被ばく量となり，健康影響が出るレベルではないと考えられていた．

　チェルノブイリ周辺に生息する野生哺乳類の健康影響に関する先行研究は少なく，むしろサルと比較できるのは人間に関するものである．メンフィス大学のカルマウス教授（当時サウスカロライナ大学）らの研究チームは，1993-1998年にウクライナの子供たちを対象に血液検査を行い，血球数や血色素濃度の低下を報告している（Stepanova *et al.*, 2008）．これは，チェル

ノブイリ原発災害後10年近く経った時点の知見であり，低線量長期被ばくの健康影響を考えるうえで貴重な結果である．

そこで筆者らは，2012年4月から2013年3月の期間に福島市および対照として青森県で捕獲されたサルについて，捕獲時に採血した血液の白血球数，赤血球数，ヘモグロビン，ヘマトクリット，血小板，白血球百分率の血液検査値および筋肉中セシウム濃度を測定した（Ochiai et al., 2014）．この期間における筋肉中セシウム濃度は，福島市のサルでは78-1778 Bq/kgの範囲であったが，青森県ではすべて検出限界未満であった．

血液学的検査結果を比較した結果，青森県のデータは，既存研究とほぼ同様であったが，福島市では，白血球数，赤血球数，ヘモグロビン量，およびヘマトクリット値が青森県より有意に低いことが明らかとなった．たとえば白血球数について見ると，青森県の幼獣（$N = 17$）では148.6 ± 33.6（×100/μl，以下同様），成獣（$N = 8$）は137.1 ± 76.7と野生ザルで報告されている既存研究（Inoue et al., 1964; Nigi et al., 1967）と同等の値であったが，福島市では，幼獣（$N = 24$）は68.3 ± 39.9，成獣（$N = 27$）は85.7 ± 47.0であった．

さらに，幼獣は成獣に比べ白血球数の減少傾向が認められたことから，幼

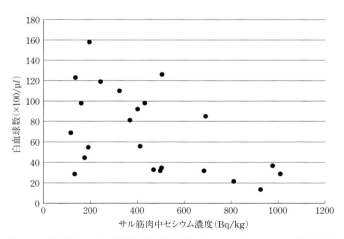

図14.6 福島市のサル若齢個体（4歳以下）におけるセシウム濃度と白血球数の関係（Ochiai et al., 2014より改変）．

獣について筋肉中セシウム濃度と白血球数の関係を分析した．その結果，幼獣の白血球数は筋肉中セシウム濃度との間に有意な負の相関が認められた（図 14.6）．

こうした現象は，被ばく影響だけではなく，低栄養や感染症などほかの原因も考えられる．しかし，栄養状態に地域差はなく，現状ではほかの原因を裏づけるデータもないため，被ばく影響を否定することはできない．また，血球数の低下を，ただちに健康被害ということはできないが，この結果として免疫力が低下していることが予想され，感染症の流行などで大量死が発生する可能性は否定できない．

これ以外の健康影響について，筆者らは繁殖への影響に着目した調査を進めているところだ．福島市のサルに関しては，被ばく前から解剖調査を行っているため，被ばく前後での妊娠率や胎子の成長などに変化を比較することが可能である．もしかしたら，被ばく時の年齢も関係するかもしれない．また，2011 年以降に生まれたサルのメスの多くは，2017 年から出産できるようになる．いずれにしても，繁殖への影響は長期的な追跡調査が必要である．

14.5 低線量長期被ばく影響の考え方

これらのサルに関する論文を公表したところ，マスコミは大きな関心を寄せてきた．とくに，血液学的変化の論文に対しては，英国のガーディアン紙や米国のワシントンポスト紙など海外メディアでも取り上げられていた．

各紙からコメントを求められた専門家の多くは，標本が少なすぎる，データのばらつきが大きすぎる，より高レベルの汚染地域でのデータがない，といった批判的な意見を述べたうえで，本研究が被ばくと健康影響の因果関係を証明していないと主張していた．筆者も，これらの指摘には同意する．しかし，前述したように，個体レベルでの累積被ばく量を正確に知ることはむずかしい．

1986 年のチェルノブイリ原発災害においても同様で，被ばくによる人間や野生動物の健康影響について，いまだに大きな意見の対立がある．とくにロシア科学アカデミーのヤブロコフ博士らがおもにスラブ系言語で書かれた1000 本以上の論文や報告書を総覧してとりまとめた『チェルノブイリ被害

の全貌』（ヤブロコフほか，2013）では，IAEA（国際原子力機関）やWHO（世界保健機関）などが出した影響評価に対して「過小評価」であると批判しているのが象徴的だ．

　じつは，先のような専門家からの批判的意見を，1990年代に始まった環境ホルモン問題の際に，筆者は何度も受けた経験がある．いわゆる環境ホルモンも放射性物質のように環境中の動態が複雑であり，かつ多様な化学物質によって複合的に影響を与えている可能性が高い．そのため，毒性学でよく用いられる「用量反応曲線」のように，化学物質の暴露量と健康影響との明確な因果関係を示すことは困難であった．

　しかし，個体ごとに異なる複合的な暴露状態を再現して，その健康影響を評価する実験など不可能である．むしろ，実際の臨床症状や検査データの異常が観察された事実から，疫学的に原因へアプローチするのが未知の環境災害に対する科学的な態度だろう．こうした健康影響に関する意見対立は，原爆による被ばく影響や水俣病事件など，これまでも何度も繰り返されてきたが，この背景には通底する科学的態度があるのではと想像される．

　前述したカルマウス教授らの研究グループは，先の研究を継続する形で2008-2010年にも同様の血液検査を実施している（Lindgren *et al.*, 2015）．このときは，合わせて体内に存在する放射性物質を体外から計測する装置（ホールボディーカウンター）によるセシウム測定も行った．この場合でも累積被ばく量を実測できないが，セシウム蓄積濃度の対数値と赤血球数や血色素濃度などで統計的に有意な負の相関を明らかにしており，その変化は筆者らの研究結果と酷似している．

　さらに，同研究グループは上記と同じ集団を対象に血液中の免疫グロブリンを測定し，セシウムによる居住地域の土壌汚染レベルと相関する変化を見い出した（McMahon *et al.*, 2014）．これはなんらかのメカニズムで被ばくによる免疫機能への影響があることを示唆している．

　いずれにしても，チェルノブイリ災害から30年近く経てもなお，こうした新たな事実が報告される状況を見れば，福島の放射能汚染問題と向き合うには淡々と事実を積み上げるのが科学者の務めなのだと確信している．

14.6　放射能による生態系影響は評価できるか

チェルノブイリでは，当時の政治体制の影響などによって，被ばく直後の調査がほとんどなされておらず，実態がいまだに把握されているとはいい難い．2000年代に入って国際機関などが行った科学的な検証では，データ不足ゆえに放射性物質による影響の評価が分かれる結果となってしまった．福島では，同じ轍を踏まぬようにしなければならない．

環境省は，ようやく2012年度中に生態系への影響を評価するためのモニタリング調査に着手する方針を明らかにした（2012年から4年間の調査結果は，環境省HPに掲載 http://www.env.go.jp/jishin/monitoring/results_wl_d160830.pdf）．しかし，具体的な調査内容は十分に検討されているとはいい難い．こうした調査に十分な予算が割けないという事情が背景にはあるようだが，調査対象とする野生生物は，ICRP（国際放射線防護機関）が指定した12種の「指標動植物種（reference animals and plants）」に限定するとしている．この指標動植物種とは，2007年にICRPが勧告した「環境防護」を実現するための概念的なモデルとして選定されたものだ（表14.1）．

ICRPは，あらゆる被ばくの状況において，生物の多様性を維持し，種の

表 14.1　ICRPによる指標動植物種とその特性．

指標動植物種名	生息環境 陸上	生息環境 淡水	生息環境 海水	野生生物保全に関連する法規制	毒性検査での利用	人間にとっての資源性	放射性物質蓄積に関するデータ	放射線影響に関するデータ	追加的研究の容易さ
シカ	○			+		++	+	+	+
ラット	○			+	+++		++	+++	+++
カモ	○	○		+++		+	+	+	+++
カエル	○	○		++		+	+	+	++
マス		○	○	++	+++	+++	+	+++	++
カレイ			○		+	+++	+++	++	++
ミツバチ	○			+	+	++	++	+	++
カニ		○	○		+	+++	+++	+	++
ミミズ	○			+++			++	+	+++
マツ	○			+		+++	++	+++	+++
草本（イネ科）	○	○			+	+++	++	+++	+++
褐藻			○			+	+++	+	++

出典：ICRP（国際放射線防護機関）による2007年勧告の付表を筆者が翻訳して作成．

保存と生態系の健全性を保護するために,「環境防護」という指標が必要であると勧告した（ICRP, 2007）．この結果，各国の規制当局は，環境が防護されていることを明確に示すことが求められるため，環境中の放射性物質への曝露と被ばく線量率との関係，被ばく線量と作用との関係，そして作用と影響との関係を評価する枠組みをつくることになった．

しかし，すべての野生生物を対象にこのような関係を検討できないことから，モデルとしての指標動植物を選定したわけだ．つまり，指標動植物種は，特定のタイプの動物や植物，分類学上同一の「科」に分類される生物種に共通するような生物学的特性を有した仮想的な存在である．ただし，指標動植物種は，線量評価，影響評価のための基礎的情報を提供するために導入された概念であり，これらの動植物を現実の放射線防護の対象にしようとするものではない．

以上の説明からも明白だが，ICRP は指標動植物種を実際の生態系影響評価の対象にすべきであるとして指定しているわけではない．確かに，これらの生物では，一定以上の科学的知見があることも事実だが，必要なのは福島の現場で生態系への影響を把握し，評価することである（山田ほか，2013）．

単純な問題点を1つだけ挙げておこう．12種の指標動植物種のうち哺乳類はシカとネズミの2種類である．このうち，シカは15年以上の寿命を持ち，長期間にわたる健康影響の影響を評価するには適当と考えられる．しかし，もっともモニタリングを必要とする福島県浜通り地方にシカは生息していない．福島では，少なくとも「実際に生息している」サルのような長寿命の野生動物を調査すべきである．

14.7　生態系をモニタリングするための視点

福島原発災害後，一連の野生動物に対するモニタリングへの行政対応を見ると，またしても人間中心主義といわざるをえない．かつての環境ホルモン問題でも，人間中心の視点では問題解決がむずかしいと繰り返し指摘されたが，その教訓が今回も生かされていない．レーチェル・カーソンの著書『沈黙の春』（カーソン，1987）を挙げるまでもなく，人工化学物質による人間への影響をいち早く教えてくれるのは野生動物であった．だからこそ，彼ら

の健康影響を真摯に監視し続ける必要があるのだ.

ところで，わが国における環境ホルモン問題は，1997年にコルボーン博士らによる著書『奪われし未来』（コルボーン，1997）の出版によって広く認識されるようになった．人間の健康への影響もさることながら，野生動物への影響も社会の大きな関心事となったため，当時の環境庁はダイオキシンや環境ホルモンによる野生動物への健康影響調査のために研究班を設置した．

じつは，すでに環境庁では野生動物における化学物質の蓄積状況調査を1974年から実施していた（化学物質環境実態調査 http://www.env.go.jp/chemi/kurohon/）．この調査は，ウミネコ（*Larus crassirostris*）などの鳥類をはじめ，魚介類など11種の野生動物種を対象としたものだったが，野生動物の健康影響を評価するものではなかった．むしろ，驚くべきことに，人間の食品としての野生動物という視点で調査設計されており，たとえば，魚類は三枚におろし，また鳥類では胸肉部分の，それぞれ筋肉だけが化学物質の測定試料となっていた．もっとも，ウミネコなどが食用になることはほとんどないはずで，このような調査手法が取られたのは人間中心主義の表れと思うしかなかった．

このような調査では野生動物，ひいては生態系への影響を明らかにできないため，既存研究などをふまえて，研究班では2002年に新たな指標種を選定した（環境省ダイオキシン類等野生生物影響調査）．これらは陸生および海生の鳥類と哺乳類で，カワウ（*Phalacrocorax carbo*），アカネズミ（*Apodemus speciosus*），サル，スナメリ（*Neophocaena phocaenoides*）などの12種である．当然，健康影響を明らかにするため，化学物質の測定とともに，病理学的，臨床学的な検査も実施された．

ところが，さまざまな生理的，病理的変化が観察されたにもかかわらず，このモニタリング調査は奇しくも2010年度に廃止された．理由は，対象種で顕著な個体数減少などの影響が観測されなかったためだ．しかし，個体レベルでの健康影響が個体群，ひいては生態系へ波及するプロセスを明らかにするためには長期的な監視が必要であるという認識が行政にはなく，財政当局への説明もできなかったようだ．また，野生動物の個体レベルにおける健康影響を政策的に評価する仕組みも存在しなかった．

それでも，こうしたモニタリング調査が国家プロジェクトで実施されたの

は初めてのことで，環境政策上も画期的と評価できる．ただ，このエピソードは，日本がいまだに野生動物から学べない国であることを示している．福島では，もう一度，野生動物たちから学べる仕組みを構築し，後世へ事実を引き継ぐことが国家の責任であると考える．

引用文献

Akimoto, S.I. 2014. Morphological abnormalities in gall-forming aphids in a radiation-contaminated area near Fukushima Daiichi：selective impact of fallout? Ecology and Evolution, 4：355-369.

カーソン，R.（青樹簗一，訳）．1987．沈黙の春．新潮社，東京．

コルボーン，T., J.P. マイアーズ，D. ダマノスキ（長尾力，訳）．1997．奪われし未来．翔泳社，東京．

Eikelmann, I.M.H., K. Bye and H.D. Sletten. 1990. Seasonal variation of cesium 134 and cesium 137 in semidomestic reindeer in Norway after the Chernobyl accident. Rangifer, Special Issue, 3：35-38.

Enari, H. and H. Sakamaki-Enari. 2013. Resource use of Japanese macaques in heavy snowfall areas：implications for habitat management. Primates, 54：259-269.

羽山伸一．2012．野生動物から見た放射能汚染問題．環境と公害，42：27-32．

羽山伸一．2015．原発災害による野生動物の健康影響を考える――ニホンザルを例に．環境と公害，44：47-50．

Hayama, S., S. Kamiya and H. Nigi. 1997. Morphological changes of female reproductive organs of Japanese monkeys with reproductive conditions. Primates, 38：359-367.

Hayama, S., S. Nakiri and F. Konno. 2011. Pregnancy rate and conception date in a wild population of Japanese monkeys. Journal of Veterinary Medical Science, 73：809-812.

Hayama, S., S. Nakiri, S. Nakanishi, N. Ishii, T. Uno, T. Kato, F. Konno, Y. Kawamoto, S. Tsuchida, K. Ochiai and T. Omi. 2013. Concentration of radiocesium in the wild Japanese monkey (*Macaca fuscata*) 15 months after the Fukushima Daiichi nuclear disaster. PLOS ONE, 8：e68530.

Hiyama, A., C. Nohara, S. Kinjo, W. Taira, S. Gima, A. Tanahara and J.M. Ohtaki. 2012. The biological impacts of the Fukushima nuclear accident on the pale grass blue butterfly. Scientific Reports, 2：570.

ICRP. 2007. The 2007 Recommendations of the International Commission on Radiological Protection. Publication 103. Annals of the ICRP, 37：2-4.

Imaki, H., M. Koganezawa, T. Okumura and N. Maruyama. 2000. Home range and seasonal migration of Japanese monkeys in Nikko and Imaichi, central Honshu, Japan. Biosphere Conservation, 3：1-16.

Inoue, M., C. Itakura, N. Takemura and S. Hayama. 1964. Peripheral blood of wild Japanese monkeys (*Macaca fuscata fuscata* and *M. f. yakui*). Primates, 5 : 75-112.

Kubota, Y., H. Tsuji, T. Kawagoshi, N. Shiomi, H. Takahashi, Y. Watanabe, S. Fuma, K. Doi, I. Kawaguchi, M. Aoki, M. Kubota, Y. Furuhata, Y. Shigemura, M. Mizoguchi, F. Yamada, M. Tomozawa, S.H. Sakamoto and S. Yoshida. 2015. Chromosomal aberrations in wild mice captured in areas differentially contaminated by the Fukushima Dai-Ichi nuclear power plant accident. Environmental Science and Technology, 49 : 10074-10083.

Lindgren, A., E. Stepanova, V. Vdovenko, D. McMahon, O. Litvinetz, E. Leonovich and W. Karmaus. 2015. Individual whole-body concentration of 137cesium is associated with decreased blood counts in children in the Chernobyl-contaminated areas, Ukraine, 2008-2010. Journal of Exposure Science and Epidemiology, 25 : 334-342.

McMahon, D.M., V.Y. Vdovenko, W. Karmaus, V. Kondrashova, E. Svendsen, O.M. Litvinetz and I.Y. Stepanova. 2014. Effects of long-term low-level radiation exposure after the Chernobyl catastrophe on immunoglobulins in children residing in contaminated areas : prospective and cross-sectional studies. Environmental Health, 13 : 36.

Møller, A.P., A. Hagiwara, S. Matsui, S. Kasahara, K. Kawatsu, I. Nishiume, H. Suzuki, K. Ueda and T.A. Mousseau. 2012. Abundance of birds in Fukushima as judged from Chernobyl. Environmental Pollution, 64 : 36-39.

Nigi, H., T. Tanaka and Y. Noguchi. 1967. Hematological analyses of the Japanese monkey (*Macaca fuscata*). Primates, 8 : 107-120.

Ochiai, K., S. Hayama, S. Nakiri, S. Nakanishi, N. Ishii, T. Uno, T. Kato, F. Konno, Y. Kawamoto, S. Tsuchida and T. Omi. 2014. Low blood cell counts in wild Japanese monkeys after the Fukushima Daiichi nuclear disaster. Scientific Reports, 4 : 5793.

Stepanova, E., W. Karmaus, M. Naboka, V. Vdovenko, T. Mousseau, V.M. Shestopalov, J. Vena, E. Svendsen, D. Underhill and H. Pastides. 2008. Exposure from the Chernobyl accident had adverse effects on erythrocytes, leukocytes, and, platelets in children in the Narodichesky region, Ukraine : a 6-year follow-up study. Environmental Health, 7 : 21.

Suzuki, Y. 2015. Influences of radiation on carp from farm ponds in Fukushima. Journal of Radiation Research, 56 : i19-23.

Takahashi, S., K. Inoue, M. Suzuki, Y. Urushihara, Y. Kuwahara, G. Hayashi, S. Shiga, M. Fukumoto, Y. Kino, T. Sekine, Y. Abe, T. Fukuda, E. Isogai, H. Yamashiro and M. Fukumoto. 2015. A comprehensive dose evaluation project concerning animals affected by the Fukushima Daiichi Nuclear Power Plant accident : its set-up and progress. Journal of Radiation Research, 56 (Suppl. 1) : i36-i41.

Tsuji, Y., T.Y. Ito, K. Wada and K. Watanabe. 2015. Spatial patterns in the diet of the Japanese macaque, *Macaca fuscata*, and their environmental determi-

nants. Mammal Review, 45：227-238.
Wada, K. and Y. Ichiki. 1980. Seasonal home range use by Japanese monkeys in the snowy Shiga heights. Primates, 21：468-483.
Watanuki, Y., Y. Nakayama, S. Azuma and S. Ashizawa. 1994. Foraging on buds and bark of mulberry trees by Japanese monkeys and their range utilization. Primates, 35：15-24.
山田文雄・竹ノ下祐二・仲谷淳・河村正二・大井徹・大槻晃太・羽山伸一・堀野眞一・今野文治．2013．放射能影響を受ける野生哺乳類のモニタリングと管理問題に対する提言．哺乳類科学，53：373-386.
ヤブロコフ，A. V., V. B. ネステレンコ，A. V. ネステレンコ，N. E. プレオブラジェンスカヤ（星川淳，監訳）．2013．チェルノブイリ被害の全貌，岩波書店，東京．
Yoshida, S., M. Watanabe and A. Suzuki. 2011. Distribution of radiocesium and stable elements within a pine tree. Radiation Protection Dosimetry, 146：326-329.

終章
これからのニホンザル研究

辻 大和

15.1 ニホンザル研究の「いま」

　霊長類学の黎明期（1940-1950年代），日本の研究者はニホンザル（以下サル）の社会・行動について先駆的な研究を行い，世界に衝撃を与えた（たとえば Kawamura, 1958; Kawai, 1965）．「サルの研究」と聞いて，多くの日本人が思い浮かべるのは，第4章でも紹介した，イモ洗い行動をはじめとする文化的行動だろう．群れのメンバー間に直線的な順位関係があることを知っている人も多いだろう．理由は簡単で，この時代の先輩諸氏は，研究の枠に留まらず，自らの成果を市民に積極的に発信したからである．彼らが著した『高崎山のサル』（伊谷，1954）や『ニホンザルの生態』（河合，1964）は，サルの生態・行動についてのよい解説書であると同時に，研究の楽しさを伝えてくれる第一級の読み物でもある．またイモ洗い行動に関する文章（河合，2016）は現行の中学校国語科教材として1社（学校図書）が使用しているほか，平成2年度版までは，別の1社（光村図書出版）の教科書にも，類似の記事が掲載されていた（佐々木，私信）．秩序だったサルの社会構造についてはやや曲解され，「ボスザルが群れを支配する階級社会で，ボスザルは勇気があって敵と戦う」というイメージが定着した．1970-1980年代の野生のサルを対象とした研究から（たとえば伊沢，1981），群れには人間社会でいうボスはいないことが示されたのだが，今日でもサル山を訪れる客の質問の多くがボスザルに関するものだという（山田・中道，2009）．その是非はさておき，これらの事実から，黎明期のサルの研究成果は，専門家だけでなく一般市民にも広く認知されていることが示唆される．

さて，半世紀余りが過ぎた現在，サルを研究する組織や研究者の数は増え，またサルの研究がカバーする学問分野も，本書で紹介したように分子生物学から個体群管理学まで大幅に拡大した．サルに関する論文も，それを掲載する学術誌も，半世紀前とは比べものにならないほど増えた．そういう背景だから，世界の研究者をうならせる大発見が，サルの研究からいくつか生まれてもよさそうだが，少なくとも筆者の専門分野においては，日本のサル研究が引き金となって学問の大きなうねりを引き起こしたことはない．また，サルに関する近年の研究成果が市民に知られているかと問われると，こちらも心もとない．残念ながら，サルの研究には往年の勢いはないと認めざるをえない．

サルの研究が，かつての輝きを取り戻すためには，なにが必要なのだろうか．本書の締めくくりとなる本章では，まず研究対象としてのサルの強みを確認し，次に，その強みを最大限生かすために，現状をいかに改善すべきかについての私見を述べたい．

15.2　研究対象としてのサルの強み

日本の霊長類学の初期，サルは人類進化のモデル動物と位置づけられ，多くの研究者がヒトの行動や社会の萌芽をサルに見い出そうと，餌付け群を中心に詳細な観察を行った．その過程で発見されたのが，第4章で紹介した文化的行動であり，そのプロセスが詳細に記録されていたからこそ，世界に驚きをもって迎えられたのだ．しかし現在では，このような比較社会学的な視点でサルを観察する研究者は少数派だろう．ある研究者は，動物の社会交渉に関心があり，なんらかの仮説を検証する材料としてサルを選んだのだろうし，将来海外での野生動物の研究を目指しており，一種のトレーニングとして国内でサルを研究する人もいるかもしれない．農作物被害など，ヒトとサルとの軋轢を軽減するため業務でサルを相手にしている人もいるだろう．単純に「野生動物の生活を調べたい」と考え，もっとも身近で観察がしやすいという理由でサルを選んだ人も少なくないだろう．さらにもっと単純に，サルが好きだから，という人もいるかもしれない．

さて，理由はどうあれ，研究者は，研究対象についてわかったことを論文

にして公表する義務がある．日本におけるサル研究の歴史は半世紀以上におよぶから，今や「サルが新しいものを食べていた」，「サルが変わった行動をしていた」という事例を報告しただけでは，学術的価値の高い仕事とはみなされない．観察をもとに，あらかじめ設定した仮説を検証する，あるいは，さまざまな条件下で検討して，一般性を導き出そうとする．あることを明らかにするのにふさわしい場所，着目する行動，データの記録法を選ぶ必要があり，ここに研究者としてのセンスが問われる（中川，1992）．筆者は，各地のサルの採食生態を調べる中で，サル（ニホンザル）が他種の霊長類，あるいはわが国の他種の動物に比べて有利な，いくつかの条件を備えていることを実感した．とくに生態学・行動学の立場から，研究対象としてのサルの強みを以下に挙げる．

（1）温帯に生息するマカク類である

多くの現生霊長類が熱帯地域に生息する中で，温帯地域まで分布を広げたグループはごくわずかである．アジアの温帯地域には，日本を除けば中国にアカゲザル（*Macaca mulatta*）の一部とシシバナザル類（*Rhinopithecus* spp.）が，ヒマラヤ地域に数種のマカク類（*Macaca* spp.）とコロブス類（*Semnopithecus* spp., *Trachypithecus* spp., *Presbytis* spp.）が生息する程度だ．温帯地域は，熱帯地域に比べて果実生産量が少なく，またその結実時期は限られる（Hanya et al., 2013）．気温が低く，積雪はときに数 m に達して地上の食物を覆い隠す．このような過酷な温帯環境への適応は，行動，形態，生理，生活史など，サルのさまざまな形質に反映されているはずだから，サルの生態や行動を，熱帯地域の近縁種と比較することにより，いかなる形質がサル（の共通祖先）の温帯への進出を可能にしたかを推論できる．

一例を挙げよう．マカク類の温帯適応を採食の面から調べるため，筆者らは世界各地のマカク類の食性データを収集してメタ解析を行った（Tsuji et al., 2013）．熱帯地域のマカク類は果実と動物類が主食であるのに対し，サル（ニホンザル）を含む温帯地域のマカクの主食は葉と樹皮だった（図15.1）．そして，年降水量と平均気温がこの地域変異をよく説明していた．マカク類の共通祖先が温帯地域に進出した際，淘汰圧が葉・樹皮への高い依存性という，新たな行動形質の獲得をもたらしたことが示唆された．生息地

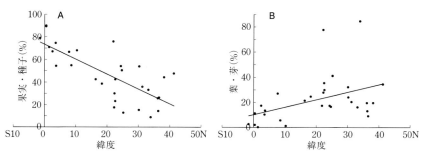

図 15.1 緯度の変化に対する果実・種子（A）および葉・芽（B）の採食割合の変化（Tsuji *et al.*, 2013 より改変）．高緯度地域に生息するマカク類であるサルは果実の採食割合が低く葉の採食割合が高い傾向がある．

の食物環境に応じて主要食物を変更できる可塑性が，今日のマカク類の繁栄をもたらした主要因であっただろう．

（2） 社会構造に種内変異が認められる

マカク類の中には社会構造に変異があり，もっとも専制的な（despotic）社会を示す種からもっとも寛容的な（tolerant）社会を示す種まで，4 カテゴリーに分けられる（Thierry, 2011）．サルは，長らくもっとも専制的な種として位置づけられてきたが，餌付け群では兵庫県淡路島や香川県小豆島の群れ，餌付けされていない純野生群では鹿児島県屋久島の群れが，寛容的な性質を持つことがわかりつつある．種間変異研究から専制的な群れと寛容的な群れでは，反撃行動の頻度，攻撃の激しさ，仲直り行動の頻度，乳母行動の頻度，社会的遊びの継続時間の長さなど，さまざまな行動が異なることが予測される（中川，2013）．こうした違いをもたらすのが環境か遺伝か，といった要因論も含め，もともと種間比較でしか明らかにできなかった課題にチャレンジできる．

（3） 豊富な既存資料・長期継続データを活用できる

本書で紹介した中でいえば，岡山県真庭市（第 2 章），京都府嵐山（第 3 章），宮崎県幸島（第 4 章），宮城県金華山島（第 5 章）では，群れのメンバーが個体識別され，その母系血縁関係，順位関係，年齢までもが長期にわ

たって詳細に記録されている．毛づくろいを通貨とした短・長期的な利益の回収に関する研究（第2章参照）や，メスの発達にともなう交渉相手や交渉内容の変化（第3章参照）の研究は，群れメンバーの個体識別が完了していること，そして個体間の血縁関係がわかっていることが実施の前提となる．研究開始の時点でこれらの情報が既知である調査地を多数持っている点で，サルの研究者は他種の研究者に対して高いアドバンテージを持つ．一方，地域に腰を据えて長期調査を行っている研究グループは，それぞれの地域のサルの貴重な観察データを豊富に持っている．サルの農作物被害対策に従事する調査員も，業務の過程でサルの観察を継続している．これらの膨大な情報は，先端的方法論との親和性が高く，またある場所で観察した現象の普遍性，ないし特殊性を判断する際に役立つリファレンスとなる．第8章で述べているように，先輩諸氏が残した遺産を活用できる点は，私たちサル研究者の最大の強みといえる．野生本来の姿が歪められているとして批判されがちな餌付け群も，環境要因と群れサイズ・社会構造の関係を調べる野外実験場としての価値は，非常に高い（Sugiyama, 2015）．

既存データを活用した例を1つ紹介しよう．筆者らは，サルの食性を決める生態学的な要因を明らかにするため，文献データベースを利用して各地のサルの食性データを収集したのち，地理的要因（緯度と標高），環境要因（降水量，気温，積雪，植生指数）を関連づけた（Tsuji et al., 2015；図15.2）．サルの主要な採食部位は果実・種子，葉，樹皮・冬芽の3つで，森林の生産性の高い場所，および寡雪地域にすむサルは果実食性の傾向が高く，豪雪地域では，葉や樹皮・冬芽の採食の程度が高かった（図15.3）．すなわち，雪と森林の生産性が，各調査地のサルの食性を特徴づけていたのだ．じつは，このモデルの原型は，1960-1970年代にすでに示されていた（Suzuki, 1965；上原，1977）．当時はまだデータが利用できる調査地が少なく，環境要因の情報もそろってはいなかった．それから約半世紀．生息域のほぼすべてを網羅する膨大なデータセットを利用したことで，他種ではほとんど不可能な，頑健な解析を実施できたのである．

（4） 動物園・博物館および各種インフラが充実している

わが国には現在，サルを飼育する施設が野猿公苑を含めると100近くもあ

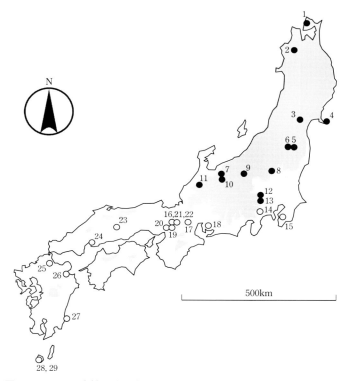

図 15.2 サルの食性の地域変異の解析を行った調査地の分布（Tsuji *et al.*, 2015 より改変）．黒丸は冷温帯地域（網かけ部分），白丸は暖温帯地域を表す．1. 青森県下北半島，2. 青森／秋田県白神山地，3. 宮城県奥新川，4. 宮城県金華山島，5. 福島県飯舘，6. 山形県吾妻山，7. 富山県黒部峡谷，8. 栃木県日光，9. 長野県志賀高原，10. 長野県上高地，11. 石川県白山，12. 埼玉県秩父山地，13. 東京都奥多摩，14. 神奈川県丹沢，15. 千葉県房総半島，16. 京都府京都盆地，17. 滋賀県土山，18. 愛知県額田，19. 京都府宇治，20. 大阪府箕面，21. 京都府比叡山，22. 京都府嵐山，23. 岡山県臥牛山，24. 広島県宮島，25. 福岡県香春岳，26. 大分県高崎山，27. 宮崎県幸島，28. 鹿児島県屋久島低地林，29. 鹿児島県屋久島針葉樹林．

る（第12章参照）．ゆえに，毛づくろい（第2章参照），ロコモーション（第7章参照）などを，複数の調査地で収集してサンプル数を増やす，あるいは飼育条件の異なる園間でデータを比較し，傾向の類似性・相違を確認す

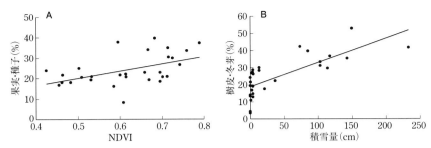

図 15.3 サルの食性と環境要因の関連性（Tsuji *et al.*, 2015 より改変）．NDVI（標準化差植生指数，植生の濃さの指標）の高い場所では採食品目に占める果実・種子の割合が高く（A），積雪量の多い場所では採食品目に占める樹皮・冬芽の割合が高い（B）．

ることができる．国内の大都市にはたいてい自然史博物館があり，そこには各地で収集されたサルの標本が所蔵されているから，形態資料の分析も容易だ．繁殖生理（和，1982），餌量と体重・脂肪蓄積量の関係（羽山ほか，1998；Aoki *et al.*, 2015），食物の消化率（Sawada *et al.*, 2011）や腸内通過時間の推定（Tsuji *et al.*, 2010）など，飼育個体からしか得られない，重要なデータも多くあり，研究の実施場所が多数確保されている点は，サル研究の強みといえよう．

さらに，わが国にはきめ細かい気象観測網が整備されているので各地の降水量や気温，積雪についてのデータを容易に入手できるほか，調査地へのアクセスもたやすい．ゆえに研究者は，気象観測機器を持ち込む必要がなく，光熱や通信のための電源を確保する必要もない．また，各地の植生や植物相の資料も充実している．したがって，ほかの国の霊長類を対象に同様な調査をするよりもはるかに容易に，行動・形態・遺伝学的データをこれらの環境データとリンクさせることができる．

このように，研究対象としてのサルは，行動・生態学的な研究の対象として高いポテンシャルを持ち，またわが国には組織的な研究を行う基盤も整っている．この強みを活用できれば，サルの研究は霊長類学の枠を超えた，一般性の高いものに発展しうる．現状の問題点は，まずその成果が国内のサル研究者だけにしか知られていないという，いわばサル研究の「閉鎖性」，そして，各地の情報を集約できるシステムの不備だ．次節では，私たちがこれ

らの問題をいかに改善していくべきか，考察したい．

15.3 なにをすべきか

（1） 情報の積極的な発信，および国際共同研究の推進

　大学や専門機関に属する研究者は，まず第一に国際誌に論文を積極的に投稿し，サルの論文の相対的な比率を高めて，国際的な存在感や影響力をアップする必要がある．日本人研究者によるサルの論文は毎年のように発表されているのだが，ほかの霊長類種に比べて出版ペースが鈍化しているように，筆者には思える．第二に，先輩諸氏が発表した論文には，独創的なアイデアが示されていながら，英文でないために外国人研究者に知られていない場合がある．これらのデータを精錬し，英文で公表することは，彼らの名誉，そしてわが国の研究成果のプライオリティを守るために必須となる．そして第三は，海外の研究者と共同でマカク類の行動，ならびにその生息地の地域間比較を行うことだ（たとえば Hanya et al., 2011；Tsuji et al., 2013）．これらの活動が，温帯に生息するマカクとしてのサルの存在感アップにつながる．

　近年，アジア諸国でマカク類による農作物被害や人との軋轢が社会問題となっている（Fuentes et al., 2011；Jaman and Huffman, 2013；Sha and Hanya, 2013）．近年，欧米の研究者が主導して解決のために取り組んでいるが，その場に日本人研究者の姿は見られない．わが国の研究者や調査関係者は，過去数十年にわたってサルの被害防除に取り組んできた実績があり，捕獲・調査技術，被害防除法のみならず，管理の方法論に高いノウハウを持つ（Suzuki and Muroyama, 2010；森光・川本，2015）．その知見は，アジア各国にも応用可能と考えられるので，サル研究者がアジア地域で果たす役割は非常に大きい．とくに，ヒューマン・ディメンションの考え方（第13章参照）はアジア諸国ではまだ根づいていないから，調査員と研究者が連携して，この分野で積極的に発言するとよいのではないだろうか．人の暮らしと野生霊長類の生息を両立するための技術貢献という面だけでなく，わが国のサル研究の存在感向上につなげる意味もある．

　動物園の飼育個体群や餌付け群の群れサイズを一定数に維持する技術の開

発は，管理上の意義が大きい（第12章参照）．複数の施設が協力して役割を分担し，オスの移出の問題（第5章参照）を考慮した個体数管理を実施すれば，遺伝的多様性を維持しつつ，飼育展示を継続できる．これは日本発の技術モデルとして，同じ悩みを抱える他国の動物園に輸出できると思われる．動物園関係者の奮起を期待したい．

　科学の世界の公用語は英語である．英語でのコミュニケーションは，それを母国語としない私たちを，しばしば絶望の淵にたたき込む．が，語学スキルをいいわけにしても仕方がない．まずは国際的な舞台に顔を出すこと，そして積極的にシンポジウムや自由集会を企画し，外国人研究者と正面からぶつかる勇気を持つことが大切だ．かつて先輩諸氏は，自らのデータを携えて欧米諸国を行脚し，成果をアピールしたという（西田，1999）．彼らからバトンを受けた私たちも，その気概を持とうではないか．

（2） 基礎データの積極的な公表と集約

　各地のサルの基礎データ（たとえば，食性，群れサイズ，まれな行動（中道ほか，2009）など）は，15.2節で述べたように，それ単体では研究上の価値は高くない．しかし，他地域のデータと組み合わせたり，別の年代のデータと組み合わせたり，新たな手法や視点で解析したりすることで，公表時点では著者自身も想定しない，新たな価値を生み出すことがある．たとえば第14章で紹介した，福島第一原発事故がサルの健康に与える影響の評価は，事故以前から研究者が同地域のサルのサンプルを長期にわたって収集してきたからこそ可能になった研究である．基礎的な情報は，多くの関係者がアクセスできる媒体（和文誌，紀要，報告書など）に公表し，必要に応じて自由に利用できるようにしておくことが望ましい（杉山，1989, 1990, 1994；中川，1997；辻・杉山，2010）．

　研究者には，さまざまな立場の関係者を，分野や所属の枠を超えて広く集めるイベントを企画し，彼らに話題を提供してもらって情報を関係者で共有・集約できる体制をつくることが求められる．その意味で，京都大学霊長類研究所でほぼ毎年開催しているサル関係者の集会「ニホンザル研究セミナー」の果たす役割は大きい．関連して，調査関係者が時間的・技術的な理由で，自身でデータを公表することに困難さを感じているならば，一度研究者

に相談してみてはどうだろうか（辻・杉山，2010）．多くの研究者は，調査結果にどのようなデータを補充すればよいか，あるいは，意義づけをどうするかなど，公表の手助けをしてくれるはずだ．

日本各地から調査員が情報を積極的に発信することで，サルに関する基礎データが蓄積されれば，それはわが国のサル研究の強力な武器になる．かつて河合（1964）が誇らしげに語った「フィールドノートの蓄積から生み出される恐るべき成果」を具体化できる日も，遠くはない．研究者のもう1つの役割は，ある仮説のもとで断片的なデータを集約し，そこから一般性を見い出すことである（15.2 節（3）項参照）．

（3） ほかの研究コミュニティーとの交流・連携

サルの研究者は，成立の経緯の違い，また独自の学会を持つという事情から，これまでほかの哺乳類の研究者とはそれほど深く交流してこなかった（序章参照）．サルをはじめ，多くの霊長類は野生状態での観察が比較的容易であり，本書の中でもそのメリットを生かした研究が数多く紹介されている．ただ，容易に観察できるがゆえに，その生態を知るための新しい調査器材や手法の導入が遅い傾向にある．ほかの研究コミュニティーと交わることで新たな空気を入れることも，学問の発展のためには必要ではないだろうか．

たとえば，クマ類の研究がここ 10 年ほどの間に急速に進んでいるので（坪田・山﨑，2011），クマの研究者と共同研究をする，というのはどうだろう．サルの栄養状態の評価手法や消化生理の研究手法（第 1 章参照）はクマに応用可能であるし，逆にクマの研究者が高いノウハウをもつ GPS 発信機を使った調査からは，私たちサル研究者は学ぶことが多い．相手の得意なところは取り入れ，相手の不得意なところを補うことにつながる．さらに，両者が手を組めば，食物をめぐる両種の種間競争や種子散布者としてのパフォーマンスの違い（第 11 章参照）について，興味深い事実がわかるかもしれない．また，どちらも堅果類に強く依存する動物だから，結実の豊凶と行動圏利用の関係には類似性もあるはずで，この知見は人との軋轢の軽減に大いに役立つだろう．もう 1 つ，サルの個体数の問題も，他分野との連携が必要な分野だろう．わが国にサルが何頭生息しているのか，正確な数字はいまだにわかっていない．ニホンジカ（*Cervus nippon*）では，個体数管理を目的

として各種モデルにもとづいた個体数推定の技術が開発されつつある（梶ほか，2006）．この手法を応用するとともに，既存の資料（平均的な行動圏サイズ，小スケールでの植生と個体数の関係など）のデータを援用すれば，サルの生息個体数を推測でき，管理上の有用な資料となる．寄生虫との関連性（第10章参照）は霊長類学でこそ最近注目を集める分野だが，ほかの動物においては老舗の分野であり，多くの研究の蓄積がある．ほかの動物の知見を積極的に取り込むことにより，サルの健康への影響や，寄生虫とサルの社会との関連性，そして霊長類と寄生虫の共進化など，興味深い事実が今後明らかになっていくだろう．

味覚遺伝子や性格遺伝子など，行動の遺伝的基盤の研究（第6章参照）や，群れの維持機構の研究（第9章参照）は，サルを対象にした仕事がほかの動物に比べて一歩抜き出している．とくに，たんなる遺伝情報の解析ないし位置情報の解析に留まらず，環境要因との関連性にまで踏み込んでいる点は優れている．これらの分野については，ノウハウをほかの動物の研究者に積極的に提供すれば，おたがいのデータを補強し合うことでこの分野の発展につながり，益するところ大だろう．

サルの認知の分野では，他分野との連携が先行している．認知やコミュニケーションを支える神経基盤やメカニズムは長らくブラックボックスだったが，近年は実験研究者と野外研究者が手を結ぶことにより，各種の実験を通じて複雑な認知過程を脳機能や生理学的なメカニズムに還元することができるようになってきた（第8章参照）．かつて先輩諸氏が記載した現象を，生物学的な根拠をともなって説明できるようになるかもしれない．

（4） 一般向けの本を著す

黎明期の先輩諸氏は，学術論文と並行してサルに関する一般向けの優れた本を執筆した（たとえば伊谷，1954；河合，1964）．それに続く世代も，彼らの著作を読んで研究を志し，一般向けの本を著してきた（たとえば中川，1999；中道，1999；高畑・山極，2000）．自然科学の分野では近年，学術論文のみが業績として評価される傾向が強く，執筆に時間やエネルギーのかかる本を書こうという研究者は，あまり多くない．しかし，これからのサル研究を担う私たちの世代は，自らの研究成果を一般の人々に伝える努力をもっ

としたらよいのではないだろうか．サル以外の霊長類を対象としたものであれば松田（2012）や金森（2013）が一般向けの本を執筆しているし，若手研究者から大学院生の研究紹介が中心となって編纂した本（中川ほか，2012；田島ほか，2016）やサルを含む哺乳類の調査方法に関する本（井上ほか，2013；關ほか，2015）も出版されている．手前味噌で恐縮だが，筆者も中学校国語の教科書や子供向けの本に文章を執筆してきた（辻，2016a, 2016b）．私たちが書いた本を読んだのがきっかけでサルの研究の道に進んでくれる若者が現れるかもしれない……．そんな期待を込めて，新しい企画を出版社に持ち込もう．

（5） これから研究を始める人へ

　これから新たにサルを研究しようと考えている人は，研究初期の段階では，オリジナルな視点にこだわりすぎないほうがよいのではないだろうか．あるテーマが，すでにほかの動物で研究されている，あるいはある場所で調べられていたとする．では，同じことをサルで調べる，ないし別の場所で調べることは，無意味なのだろうか．筆者の考えは違う．経験が浅いうちは，まずは確実にデータを収集できるテーマを設定し，調査／実験スキルの向上を優先させる，というのも1つの方法だ．学位を取得し，最終的にプロの研究者を目指すという長期的な視野に立てば，データをもとに論文を書き，投稿・査読のプロセスを早くに経験することが，論理的な思考法を身につけるうえで効果的である．限られた期間で研究成果を出すことが求められる現状に合ったやり方ともいえよう．ただし，ここで述べたのは，あくまでも研究初期の段階である．学位論文ともなると，相応にオリジナルな着眼が要求されるので，初期の研究で培った論理的な思考を，この段階で役立ててほしい．

　もう1つ，これからサルの研究を始める人に，それぞれの分野の「古典」論文を読むことをお勧めしたい．研究分野の基本的な概念やホットトピックは，最近の本や論文を読めば効率よく学べるかもしれないが，クラシカルな論文は，本筋とはずれるがヒントになる情報，あるいは多くの研究者が見落としている，重要な情報が含まれる宝の山だ．読むたびに新たな発見があると思う．

本章で述べた内容は私見であり，異論を持つ方は多くいらっしゃるはずだ．筆者の知識が限られた分野に偏っているがゆえに，的外れな指摘をしている可能性もある．この論考が，これからのサル研究を考える議論を活性化し，学問の新しい流れを生み出すきっかけとなればよいと思っている．

引用文献

Aoki, K., S. Mitsutsuka, A. Yamazaki, K. Nagai, A. Tezuka and Y. Tsuji. 2015. Effects of seasonal changes in dietary energy on body weight of captive Japanese macaques（*Macaca fuscata*）. Zoo Biology, 34：255-261.

Fuentes, A., A.L. Rompis, I.G.A.A. Putra, N.L. Watiniasih, I.N. Suartha, I.G. Soma and W. Selamet. 2011. Macaque behavior at the human-monkey interface：the activity and demography of semi-free-ranging *Macaca fascicularis* at Padangtegal, Bali, Indonesia. *In*（Gumert, M.D., A. Fuentes and L. Jones-Engel, eds.）Monkeys on the Edge：Ecology and Management of Long-Tailed Macaques and Their Interface with Humans. pp.159-179. Cambridge University Press, Cambridge.

Hanya, G., Y. Tsuji and C.C. Grueter. 2013. Fruiting and flushing phenology in Asian tropical and temperate forests：implications for primate ecology. Primates, 54：101-110.

Hanya, G., N. Ménard, M. Qarro, M. Ibn Tattou, M. Fuse, D. Vallet, A. Yamada, M. Go, H. Takafumi, R. Tsujino, N. Agetsuma and K. Wada. 2011. Dietary adaptations of temperate primates：comparisons of Japanese and Barbary macaques. Primates, 52：187-198.

羽山伸一・水谷苗子・森光由樹・白井啓・和秀雄．1998．ニホンザルにおける体脂肪蓄積の様式と蓄積量の推定．霊長類研究，14：1-6.

井上英治・中川尚史・南正人．2013．野生動物の行動観察法——実践 日本の哺乳類学．東京大学出版会，東京．

伊谷純一郎．1954．高崎山のサル．（今西錦司，編：日本動物記2）光文社，東京．

伊沢紘生．1981．ニホンザルの生態——豪雪の白山に野性を問う．どうぶつ社，東京．

Jaman, M.F. and M.A. Huffman. 2013. The effect of urban and rural habitats and resource type on activity budgets of commensal rhesus macaques（*Macaca mulatta*）in Bangladesh. Primates, 54：49-59.

梶光一・宮木雅美・宇野裕之（編著）2006．エゾシカの保全と管理．北海道大学出版会，札幌．

金森朝子．2013．野生のオランウータンを追いかけて——マレーシアに生きる世界最大の樹上生活者．東海大学出版会，秦野．

河合雅雄．1964．ニホンザルの生態．河出書房新社，東京．

Kawai, M. 1965. Newly-acquired pre-cultural behavior of the natural troop of

Japanese monkeys on Koshima Islet. Primates, 6：1-30.
河合雅雄．2016．若者が文化を創造する．（平成 28 年度中学校国語 2）pp.168-174．学校図書，東京．
Kawamura, S. 1958. The matriarchal social order in the Minoo-B group：a study on the rank system to Japanese macaque. Primates, 1：149-156.
松田一希．2012．テングザル──河と生きるサル．東海大学出版会，秦野．
森光由樹・川本芳．2015．法改正に伴う今後のニホンザルの保全と管理の在り方．霊長類研究，31：49-74.
中川尚史．1992．オリジナリティのある研究とは？　霊長類研究，8：153-157.
中川尚史．1997．金華山のニホンザルの定量的食物品目リスト──付記　霊長類の食性調査法と記載法の傾向．霊長類研究，13：73-89.
中川尚史．1999．食べる速さの生態学──サルたちの採食戦略．京都大学学術出版会，京都．
中川尚史．2013．霊長類の社会構造の種内多様性．生物科学，64：105-113.
中川尚史・友永雅己・山極寿一（編）．2012．日本のサル学のあした──霊長類研究という「人間学」の可能性．京都通信社，京都．
中道正之．1999．ニホンザルの母と子．福村出版，東京．
中道正之・山田一憲・中川尚史．2009．ニホンザルの稀な行動に関する情報の交換と集約．霊長類研究，25：15-20.
和秀雄．1982．ニホンザル──性の生理．どうぶつ社，東京．
西田利貞．1999．霊長類学の歴史と展望．（西田利貞・上原重男，編：霊長類を学ぶ人のために）pp.2-24．世界思想社，東京
Sawada, A., E. Sakaguchi and G. Hanya. 2011. Digesta passage time, digestibility, and total gut fill in captive Japanese macaques (*Macaca fuscata*)：effects food type and food intake level. International Journal of Primatology, 32：390-405
關義和・江成広斗・小寺祐二・辻大和（編）．2015．野生動物管理のためのフィールド調査法──哺乳類の痕跡判定からデータ解析まで．京都大学学術出版会，京都．
Sha, J.C.M. and G. Hanya. 2013. Diet, activity, habitat use and ranging of two neighboring groups of food-enhanced long-tailed macaques (*Macaca fascicularis*). American Journal of Primatology, 75：581-592.
杉山幸丸．1989．編集長より．霊長類研究，5：110.
杉山幸丸．1990．編集長より．霊長類研究，6：40.
杉山幸丸．1994．『霊長類研究』の研究．霊長類研究，10：105-112.
Sugiyama, Y. 2015. Influence of provisioning on primate behavior and primate studies. Mammalia, 79：255-265.
Suzuki, A. 1965. An ecological study of wild Japanese monkeys in snowy areas：focused on their food habits. Primates, 6：31-72.
Suzuki K. and Y. Muroyama, 2010. Resolution of human-macaque conflicts：changing from top-down to community-based damage management. *In* (Nakagawa, N., M. Nakamichi and H. Sugiura, eds.) The Japanese Ma-

caques. pp.359-373. Springer, Tokyo.

田島知之・本郷峻・松川あおい・飯田恵理子・澤栗秀太・中林雅・松本卓也・田和優子・仲澤伸子．2016．はじめてのフィールドワーク①アジア・アフリカの哺乳類編．東海大学出版部，平塚．

高畑由紀夫・山極寿一（編著）．2000．ニホンザルの自然社会――エコミュージアムとしての屋久島．京都大学学術出版会，京都．

Thierry, B. 2011. The macaques：a double-layered social organization. *In* (Campbell, C.J., A. Fuentes, K.C. MacKinnon, S.M. Bearder and R.M. Stumpt, eds.) Primates in Perspective. 2nd ed. pp.229-241. Oxford University Press, Oxford.

辻大和．2016a．シカの落ち穂拾い――フィールドノートの記録から．（平成28年度版 中学校国語）pp.118-125．光村図書出版，東京．

辻大和．2016b．どうぶつの子育て――サル．（高槻成紀，編：玉川百科こども博物誌 動物のくらし）pp.142-149．玉川大学出版部，東京．

辻大和・杉山幸丸．2010．ニホンザルの食性研究の公表実態と，基礎資料の受け皿としての『霊長類研究』．霊長類研究，26：115-119．

Tsuji, Y., M. Morimoto and K. Matsubayashi. 2010. Effects of the physical characteristics of seeds on gastrointestinal passage time in captive Japanese macaques. Journal of Zoology, 280：171-176.

Tsuji, Y., G. Hanya and C.C. Grueter. 2013. Feeding strategies of primates in temperate and alpine forests：a comparison of Asian macaques and colobines. Primates, 54：201-215.

Tsuji, Y., T.Y. Ito, K. Wada and K. Watanabe. 2015. Spatial patterns in the diet of the Japanese macaque *Macaca fuscata* and their environmental determinants. Mammal Review, 45：227-238.

坪田敏男・山﨑晃司（編）．2011．日本のクマ――ヒグマとツキノワグマの生物学．東京大学出版会，東京．

上原重男．1977．食性から見たニホンザルの適応に関する生物地理学的研究．（加藤泰安・中尾佐助・梅棹忠夫，編：形質・進化・霊長類）pp.187-232．中央公論社，東京．

山田一憲・中道正之．2009．野猿公園に対する意識調査――来園者からの質問を手がかりとして．大阪大学大学院人間科学研究科紀要，35：119-134．

あとがき

　本書の企画が実質立ち上がったのは 2015 年 10 月．編者 2 名で構成と執筆者を絞り込み，正式に執筆依頼を出したのが 2016 年 2 月中旬．執筆者には，ニホンザルの研究の最前線を生物系の学部学生以上の読者の方々に紹介するとともに，新知見の得られた分野についてはその内容を同業者に紹介する文章をお願いした．同年 8 月末を一次原稿の，10 月末を最終原稿の締め切りとしたのだが，ひとりの脱落者もないばかりか，概ね予定どおりに，しかも本書の目的をよく汲み取って原稿を執筆してくださったおかげで，本書の完成度は編者の狙い以上のものとなった．

　他方，彼らに執筆を依頼するときにはっきりと伝えてはいなかったのだが，編者が目指したのは，本書を霊長類以外の哺乳類研究者にも手にしてもらえる出版物にする，ということである．現状では，霊長類の研究者とほかの哺乳類の研究者の交流の機会は乏しい．両者がともに顔を出す学会は限られており，また両者が同じセッションで議論を戦わせることがほぼないため，個人的な知り合いでもない限り，たがいにどんなことを研究しているのか，知るすべがない．さまざまな分類群の研究者が情報を交換する，あるいは共同で研究を進めていくような体制をつくることができれば，今後の哺乳類学，霊長類学双方の発展に大きく貢献できるはずだ．私たちは，東京大学出版会の『日本の○○』と題する日本の動物シリーズに加わったことをきっかけに，本書を研究者間の交流の嚆矢にしたいと考えたのだ．このような背景から，私たちは本書の副題を「哺乳類学としてのニホンザル研究」とした．また，序章の末尾でもお断りしたように，本書では，霊長類学でなじみの用語を封印し，哺乳類学で使われている用語に統一した．霊長類学者には多少読みづらい部分や，逆に哺乳類学者にとっつきにくい話題があったとしても，それは執筆者の責任ではなく，ひとえに編者の責任である．そして執筆者には「霊長類学と哺乳類学との融合」という編者の隠れた狙いを，この場で報告することになったことをご容赦いただきたい．

本書の編者は，1960年生まれの中川と，1977年生まれの辻の2名である．世代こそ違うが，ともに宮城県金華山島でサルの生態を研究してきた先輩・後輩の間柄で，また，ニホンザル研究の将来について思いをめぐらし，折に触れて発信してきた点で共通している．本書の編集作業は，中川が多忙なため遅れがちな対応を辻が迅速にフォローし，原稿の改訂に際して辻がやや暴走した部分，逆に控えめすぎた部分を中川がフォローするという形で進んだ．シニアと若手の力がうまく融合し機能した，理想的なコンビであったと思う．

本書で紹介した研究を進める過程で，編者を含む執筆者は多くの先輩や同僚からご指導と貴重なご意見，あるいは写真の提供をいただいた．とくに以下の団体，個人については，名を挙げてお礼を申しあげる（順不同，敬称略）．平井啓久，川本芳，今井啓雄，平崎鋭矢，早川卓志，森本真弓，佐藤杏奈，加藤朱美，柴崎全弘，南雲純治，正高信男，後藤俊二，社会生態研究部門諸氏（以上，京都大学霊長類研究所），村山美穂，杉浦秀樹（以上，京都大学野生動物研究センター），京都大学大学院理学研究科人類進化論研究室諸氏，中道正之，後藤遼佑，山田一憲（以上，大阪大学大学院人間科学研究科），大谷洋介（大阪大学未来戦略機構），加藤卓也，名切幸枝，石井奈穂美，高橋公正，土田修一，落合和彦，近江俊徳（以上，日本獣医生命科学大学獣医学部），山崎秀春（下北半島のニホンザル被害対策市町村等連絡会議），下北の保護管理専門員諸氏，福島市ニホンザル保護管理専門員諸氏，高槻成紀，南正人（以上，麻布大学），姜兆文，奥村忠誠（以上，野生動物保護管理事務所），浅葉慎介園長および職員一同（嵐山モンキーパークいわたやま），郷康広（自然科学研究機構新分野創成センター），中陦克己（近畿大学医学部），松井淳（東京大学大学院農学生命科学研究科），Alban Lemasson（レンヌ第一大学），颯田葉子（総合研究大学院大学先導科学研究科），大西信正（南アルプス生態邑），北原正彦（山梨県富士山研究所），綿貫豊（北海道大学），中山裕理（下北半島のサル調査会），小林峻（琉球大学），江成はるか（雪国野生動物研究会），滝口正明（自然環境研究センター），藤本卓也（東京都多摩動物公園），石橋佑一（北九州市到津の森公園），川口幸男（エレファント・トーク），佐々木恭子（光村図書出版），小林真也（札幌市円山動物園），田中正之（京都市動物園），高江洲昇（札幌市円山動物園），中西せつ子（特定非営利活動法人・どうぶつたちの病院），今野文治（JAふくしま

未来），伊沢紘生（宮城のサル調査会），宇野壮春（東北野生動物保護管理センター），山極寿一（京都大学），井上英治（東邦大学理学部），下岡ゆき子（帝京科学大学），田中伊知郎（四日市大学），松原幹（中京大学），角田隆（千葉県衛生研究所），杉山幸丸，渡邊邦夫，正田陽一，和田一雄，霜田真理子．また，執筆者が担当章で紹介した自身の研究のいくつかは，以下から資金援助を得た．京都大学霊長類研究所・共同利用研究費，私立学校学術研究振興資金，JSPS科研費（基盤C No25517008, No16K08087），住友財団．

　最後に，本書の出版の機会を与えてくださり，また編集の過程で数々の適切なご助言・提案をいただくとともに完成までサポートいただいた，東京大学出版会編集部の光明義文氏に心から感謝を申し上げる．本書に限らずこれまで長きにわたり，霊長類学，哺乳類学，それぞれの成果を世に伝えるのに，さらには両学問の距離を縮めることに多大なる貢献をしていただいたことにも，感謝する次第である．また，氏の計らいで編者2名とも旧知である動物写真家の松岡史朗氏に，写真をご提供いただいた．ニホンザルの生きざまが伝わるすばらしい写真で本書の装幀を飾ってくださった松岡氏にも，感謝の意を表したい．

平成28年12月
辻　大和
中川尚史

索　引

AR（アンドロゲン受容体）　136
COMT（カテコール -O- メチルトランスフェラーゼ）　137
ICRP（国際放射線防護機関）　299
infant handling（乳母行動）　57, 308
MAOA（モノアミンオキシダーゼ）　136
Primates（雑誌）　9
TAS2R（苦味受容体）　130

ア　行

アカゲザル　1, 68, 114, 123, 130, 207, 307
亜種間交雑　246
嵐山（京都府）　3, 59, 78, 153, 253, 308
アリル　124
淡路島（兵庫県）　136, 153, 308
安定同位体　32
石遊び　78, 81, 85, 88-92
移籍　112, 249
伊谷純一郎　1
遺伝的多様性　123-128, 253
移動（ロコモーション）　6, 144, 310
到津の森公園（福岡県）　257
胃内容物分析　19
今西錦司　1, 74
イモ洗い　2, 17, 74-77, 83, 305
栄養要求量　22
餌付け　2, 73, 272
オスグループ　101
落穂ひろい行動　224
恩賜上野動物園（東京都）　7, 245
音声（コミュニケーション）　63-67, 89-90, 188
温泉入浴　81

カ　行

開始コドン　131
解発刺激　167
外部寄生虫　6, 194, 206-213
拡大造林政策　274
活動時間配分　247, 255
勝山（岡山県真庭市）　4, 40, 56, 79, 308
ガーニー　64, 91
花粉散布　237
カルチュア　73
河合雅雄　1, 165
かわいらしさ　166-174
川村俊蔵　1
環境エンリッチメント　255
環境収容力　271
環境防護　300
干渉型競争　221
間接効果　7, 229-230
間接的採食競争　189
寄生（関係）　203, 221
寄生虫　204
ギャロップ　148
救荒食物　22
給餌実験　76, 132
教育普及活動　261
凝集性　183
共生関係　221, 224
競争関係　221-223
共存　283
京都大学霊長類研究所（霊長研）　2, 81, 153, 171, 231, 313
恐怖学習　175
魚食　77-79

金華山島（宮城県） 5, 20, 85, 90, 91, 102, 186, 211, 226, 308
近親交配 253
緊張緩和 91
クーコール 63, 89, 188
熊本市動植物園 256
グラント 64
警戒音 176, 223
血縁（関係） 114, 195, 309
血縁選択仮説 40
血縁びいき 60
血球数 295
毛づくろい 38, 39, 55, 82, 107, 194, 207-212, 225
ゲノム 125
健康影響 295
攻撃 136, 249
幸島（宮崎県） 1, 17, 45, 73, 108, 216, 253
後腸発酵 28
行動圏 185
交尾 85, 106, 253
股関節 155
互恵的利他行動仮説 40
子育てスタイル 58
個体学習 76
個体間距離 136, 191
個体群管理 290
個体数管理 247, 281, 313
小麦洗い 75
コンソート 62

サ　行

採食速度 25
催促行動 45
札幌市円山動物園 248
里山 275
猿まわし 152
（視覚）コミュニケーション 164
視覚性対呈示法 171
視覚探索課題 175
視覚的モニタリング 187
志賀高原（長野県） 76, 216, 228
刺激強調 76
四肢障害 153
視床枕 176
次世代シーケンサー 31, 125
四足歩行 145-150
質的防御 25
指標動植物種 299-300
脂肪蓄積量 258, 311
下北半島（青森県） 5, 20, 76, 90, 216, 226, 246
社会構造 48-51, 84
社会性比（SSR） 102
社会的学習 76
社会的知性 68
（社会的）伝播 75
社会ネットワーク 212
ジャーマン・ベル原理 23
宿主 204
縮小社会 283
種子散布 230-237
出自群 101, 249
シュート（苗条） 226
狩猟者 272
順位（序列） 105-108, 184, 188-190, 195-197, 216, 249-253
（消化管内容物）滞留時間 28
消化率 27, 311
常同行動 254
小豆島（香川県） 3, 84, 308
消費型競争 223
飼養密度 247
食物選択 20-26
（食物の）利用可能性 20, 223
（食物）パッチ 189
白神山地（青森・秋田県） 226, 270
神経伝達物質関連遺伝子 129, 136-138
人口減少 277
人獣共通感染症 214
親和的行動 39, 57, 105
生活史 53, 102
性行動 61-63
性成熟 53, 100, 251

生息地管理　281
生態系エンジニア　228
生物市場理論　44
セシウム　291
前胃発酵　28
選好食物　22
選好注視法　177
全地球測位システム　191
相利共生　222

タ 行

タイワンザル　1, 123
高崎山（大分県）　2, 76, 153, 226
多摩動物公園（東京都）　253
単性飼育　248
地域変異　84, 307-311
着地順序　145
注意バイアス　173
聴覚的モニタリング　6, 187-188
鳥獣の保護及び管理並びに狩猟の適正化に関する法律　289
直接観察　19
直接的採食競争　189
椿野猿公苑（和歌山県）　145, 149
低線量長期被ばく　291
伝承　81
同時個体追跡法　191
島嶼集団　253
同心円二重構造　2
ドットプローブ法　173

ナ 行

内部寄生虫　6, 213-216
仲直り　67, 308
鳴き交わし　64, 188
二次散布　233
二足歩行　151-159
ニッチ　223, 276
ニホンザル管理計画　289
日本哺乳類学会　9
日本モンキーセンター（愛知県）　2, 63, 88-89

日本霊長類学会　9
脳　136, 157, 165
農業被害　266
飲み込み型散布　230

ハ 行

排除法　74
吐き出し散布　230
白山（石川県）　5, 90
発達　26, 56, 168
ハドル（サル団子）　42
ハナレザル　101, 107, 211
ハプロタイプ　127
繁殖制限　248
東日本大震災　7, 287
膝関節　155
被食・捕食関係　221, 223-224
ヒト　53, 74, 130, 136, 149, 154-160, 164-180, 209
肥満　257
ヒューマン・ディメンション　277, 312
福島第一原子力発電所　7, 287, 313
文化　74
文化的地域変異　84-92
（文化の）変容　83
分布拡大　268-270
糞分析　19
ヘテロ接合　124
ヘビ効果　174-178
片害　221
片利共生　7, 222
放射性物質　287
抱擁行動　5, 90-91
母系血縁者　114-115, 184-186
母娘関係　55-56
補償成長　226
捕食者　223-224
ボトルネック　128, 253
ホモ接合　132

マ 行

マイクロサテライト　127

マウンティング　62
末子優位の法則（川村の法則）　2, 250
味覚受容体遺伝子　129-135
ミトコンドリア遺伝子　126
箕面（大阪府）　2, 76
見回し行動　187
宮地伝三郎　2
無柵放養式の展示施設（サル山）　245
群れオス　101
群れ外オス　101
メタゲノム解析　19, 31-32
メール・ボンド　106
模倣　75-76

186, 224, 253, 308
野生動物管理　281
優劣（関係）　61, 108, 184

ラ　行

離散継続時間　197
リップスマック　50, 91
量的防御　25
累代繁殖　247
連合　106
ローマ動物園　246
（ローレンツの）幼児図式　167

ヤ　行

屋久島（鹿児島県）　6, 20, 41, 55, 90, 102,

執筆者一覧 (執筆順)

中川尚史 (なかがわ・なおふみ) 京都大学大学院理学研究科

澤田晶子 (さわだ・あきこ) 京都府立大学大学院生命環境科学研究科

上野将敬 (うえの・まさたか) 京都大学大学院文学研究科

勝野吏子 (かつ・のりこ) 東京大学大学院総合文化研究科

川添達朗 (かわぞえ・たつろう) 中山大学社会学人類学学院

鈴木-橋戸南美 (すずき-はしど・なみ) 京都大学霊長類研究所

日暮泰男 (ひぐらし・やすお) 近畿大学医学部

香田啓貴 (こうだ・ひろき) 京都大学霊長類研究所

西川真理 (にしかわ・まり) 京都大学霊長類研究所

座馬耕一郎 (ざんま・こういちろう) 長野県看護大学

辻 大和 (つじ・やまと) 京都大学霊長類研究所

青木孝平 (あおき・こうへい) 東京都恩賜上野動物園

江成広斗 (えなり・ひろと) 山形大学農学部

羽山伸一 (はやま・しんいち) 日本獣医生命科学大学

編者略歴

辻　大和（つじ・やまと）

1977 年　北海道に生まれる．
2007 年　東京大学大学院農学生命科学研究科博士後期課程修了．
現　在　京都大学霊長類研究所助教，農学博士．
専　門　哺乳類学．
主　著　"The Japanese Macaques"（分担執筆，2010 年，Springer），『野生動物管理のためのフィールド調査法——哺乳類の痕跡判定からデータ解析まで』（編著，2015 年，京都大学学術出版会）ほか．

中川尚史（なかがわ・なおふみ）

1960 年　大阪に生まれる．
1989 年　京都大学大学院理学研究科博士後期課程修了．
現　在　京都大学大学院理学研究科教授，理学博士．
専　門　霊長類学．
主　著　『野生動物の行動観察法——実践 日本の哺乳類学』（共著，2013 年，東京大学出版会），"Monkeys, Apes, and Humans：Primatology in Japan"（共著，2013 年，Springer），『"ふつう"のサルが語るヒトの進化と起源』（2015 年，ぷねうま舎）ほか．

日本のサル——哺乳類学としてのニホンザル研究

2017 年 5 月 25 日　初　版

［検印廃止］

編　者　辻　大和・中川尚史

発行所　一般財団法人　東京大学出版会

代表者　吉見俊哉

153-0041 東京都目黒区駒場 4-5-29
電話 03-6407-1069　Fax 03-6407-1991
振替 00160-6-59964

印刷所　株式会社三秀舎
製本所　誠製本株式会社

© 2017 Yamato Tsuji and Naofumi Nakagawa *et al.*
ISBN 978-4-13-060233-4　Printed in Japan

JCOPY　〈(社)出版者著作権管理機構 委託出版物〉

本書の無断複写は著作権法上での例外を除き禁じられています．複写される場合は，そのつど事前に，(社)出版者著作権管理機構（電話 03-3513-6969，FAX 03-3513-6979，e-mail：info@jcopy.or.jp）の許諾を得てください．

書名	著編者	仕様・価格
日本のネズミ 多様性と進化	本川雅治［編］	A5判・256頁/4200円
日本のクマ ヒグマとツキノワグマの生物学	坪田敏男・山﨑晃司［編］	A5判・376頁/5800円
日本の外来哺乳類 管理戦略と生態系保全	山田文雄・池田透・小倉剛［編］	A5判・420頁/6200円
日本の犬 人とともに生きる	菊水健史・永澤美保・外池亜紀子・黒井眞器［著］	A5判・240頁/4200円
ウサギ学 隠れることと逃げることの生物学	山田文雄［著］	A5判・296頁/4500円
ニホンカモシカ 行動と生態	落合啓二［著］	A5判・290頁/5300円
シカの生態誌	高槻成紀［著］	A5判・496頁/7800円
ニホンカワウソ 絶滅に学ぶ保全生物学	安藤元一［著］	A5判・224頁/4400円
リスの生態学	田村典子［著］	A5判・224頁/3800円
ネズミの分類学 生物地理学の視点	金子之史［著］	A5判・320頁/5000円
哺乳類の進化	遠藤秀紀［著］	A5判・400頁/5400円
野生動物の行動観察法 実践 日本の哺乳類学	井上英治・中川尚史・南正人［著］	A5判・194頁/3200円
野生動物管理システム	梶光一・土屋俊幸［編］	A5判・260頁/4800円
新世界ザル 上 アマゾンの熱帯雨林に野生の生きざまを追う	伊沢紘生［著］	四六判・428頁/3600円
新世界ザル 下 アマゾンの熱帯雨林に野生の生きざまを追う	伊沢紘生［著］	四六判・516頁/4200円
自然がほほえむとき	伊沢紘生・松岡史朗［著］	A5判・228頁/3200円
ゴリラ 第2版	山極寿一［著］	四六判・292頁/2900円
家族進化論	山極寿一［著］	四六判・392頁/3200円

ここに表記された価格は本体価格です。ご購入の際には消費税が加算されますのでご了承ください。